"十二五"普通高等教育本科国家级规划教材

模式识别与智能计算
——MATLAB 技术实现
(第 4 版)

杨淑莹　郑清春　著

电子工业出版社

Publishing House of Electronics Industry

北京·BEIJING

内 容 简 介

本书广泛吸取统计学、神经网络、数据挖掘、机器学习、人工智能、群体智能计算等学科的先进思想和理论，将其应用到模式识别领域中；以一种新的体系，系统、全面地介绍模式识别的理论、方法及应用。全书共分为13章，内容包括：模式识别概述，特征的选择与优化，模式相似性测度，基于概率统计的贝叶斯分类器设计，判别函数分类器设计，神经网络分类器设计，决策树分类器设计，粗糙集分类器设计，聚类分析，模糊聚类分析，遗传算法聚类分析，粒子群算法聚类分析，Memetic算法仿生计算。书中所述理论知识均提供实现步骤、示范性代码及验证实例的效果图示，以达到理论与实践相结合的目的。

本书可作为高等院校计算机工程、信息工程、生物医学工程、智能机器人学、工业自动化、模式识别等学科研究生和本科生的教材或教学参考书，也可供有关工程技术人员参考。

未经许可，不得以任何方式复制或抄袭本书之部分或全部内容。
版权所有，侵权必究。

图书在版编目（CIP）数据

模式识别与智能计算：MATLAB技术实现/杨淑莹，郑清春著．—4版．—北京：电子工业出版社，2019.12
"十二五"普通高等教育本科国家级规划教材
ISBN 978-7-121-35866-1

Ⅰ.①模… Ⅱ.①杨… ②郑… Ⅲ.①模式识别－计算机辅助计算－Matlab软件－高等学校－教材 ②人工智能－计算机辅助计算－Matlab软件－高等学校－教材 Ⅳ.①O235－39 ②TP183

中国版本图书馆CIP数据核字（2018）第292329号

责任编辑：牛平月（niupy@phei.com.cn）
印　　刷：保定市中画美凯印刷有限公司
装　　订：保定市中画美凯印刷有限公司
出版发行：电子工业出版社
　　　　　北京市海淀区万寿路173信箱　邮编 100036
开　　本：787×1092　1/16　印张：19.25　字数：492.8千字
版　　次：2008年1月第1版
　　　　　2019年12月第4版
印　　次：2019年12月第1次印刷
定　　价：78.00元

凡所购买电子工业出版社图书有缺损问题，请向购买书店调换。若书店售缺，请与本社发行部联系，联系及邮购电话：(010)88254888，88258888。
质量投诉请发邮件至zlts@phei.com.cn，盗版侵权举报请发邮件至dbqq@phei.com.cn。
本书咨询联系方式：(010)88254456。

前　言

模式识别已经成为当代高科技研究的重要领域之一，它已发展成一门独立的新学科。模式识别技术迅速发展，已经应用在人工智能、机器人、系统控制、遥感数据分析、生物医学工程、军事目标识别等领域，几乎遍及各个学科，在国民经济、国防建设、社会发展的各个方面都得到了广泛的应用，产生了深远的影响。

第4版以实用性、可操作性和实践性为宗旨，精简内容，去掉了没有实践性代码的理论内容，书中所述理论知识均提供实现步骤、示范性代码及验证实例的效果图示，以达到理论与实践相结合的目的。为使读者更好地理解相关知识，叙述内容更加翔实，补充了Memetic算法仿生计算等新内容。同时，将群体智能的先进思想扩充到模式识别体系中，以一种新的体系，系统、全面地介绍了模式识别的理论、方法及应用。全书共包括3篇（共13章）。第1篇为基础篇，内容包括：模式识别概述，特征的选择与优化，模式相似性测度。这一部分介绍模式识别的基本概念和基本方法。第2篇为分类器设计篇，内容包括：基于概率统计的贝叶斯分类器设计，判别函数分类器设计，神经网络分类器设计，决策树分类器设计，粗糙集分类器设计。这一部分利用手写数字分类识别的具体实例把模式识别方法结合起来，在广大研究工作者和工程技术人员就相关理论的应用中起到借鉴作用。第3篇为聚类分析篇，内容包括：聚类分析，模糊聚类分析，遗传算法聚类分析，粒子群算法聚类分析，Memetic算法仿真计算。这一部分采用含有需要聚类分析的图像形象生动地说明各种聚类算法。

国内外论述模式识别技术的书籍不少，但由于这一领域涉及深奥的数学理论，往往使学习者和实际工作者感到学习困难，大部分书籍只是罗列模式识别的各种算法，见不到算法的实际效果以及各种算法对比的结果，而这正是学习者和实际工作者所需要了解和掌握的内容。目前还确实需要这样一本介绍模式识别技术在实际中的应用的、兼具系统性和实用性的参考书。

本书特点如下：

1. 选用新技术。除了介绍许多重要、经典的内容，书中还包含了最近十几年来刚刚发展起来的并经实践证明有用的新技术、新理论，比如支持向量机、BP神经网络、RBF神经网络、PNN神经网络、CPN神经网络、Hopfield神经网络、决策树、粗糙集理论、模拟退火、模糊集理论、遗传算法、粒子群算法、Memetic算法等，将这些新技术应用于模式识别中，并提供这些新技术的实现方法和源代码。

2. 实用性强。针对实例介绍理论和技术，将理论和实践相结合，避免了空洞的理论说教。书中实例取材于手写数字模式识别，数字识别属于多类问题，在实际应用中具有广泛的代表性，读者对程序稍加改进，就可以应用到不同的场合，如文字识别、字符识别、图形识别等。

3. 编排合理，符合认知规律。针对每一种模式识别技术，书中分为理论基础、实现步骤、编程代码三部分。在掌握了基本理论之后，按照实现步骤的指导，可以了解算法的实现思路和方法，再进一步体会短小精悍的核心代码，学习者可以很快掌握模式识别技术，通过应用本书提供的实例程序，立刻就会见到算法的实际效果。书中所有算法都用MATLAB编程实现，便于读者学习和应用。

本书内容基本涵盖了目前模式识别技术的重要理论和方法，但并没有简单地将各种理论和方法堆砌起来，而是将笔者自身的研究成果和实践经验传授给读者。在介绍各种理论和方法时，将不同的算法应用于实际中，内容包括需要应用模式识别技术解决的问题、模式识别理论的讲解和推理、将理论转化为编程的步骤、计算机能够运行的源代码、计算机运行模式识别算法程序后的效果，以及不同算法应用于同一个问题的效果对比。使读者面对如此丰富的理论和方法不至于无所适从，而是有所学就会有所用。

由于至今还没有统一的、有效的可应用于所有模式识别问题的理论，当前的一种普遍看法是，不存在对所有模式识别问题都适用的单一模型和能够解决模式识别问题的单一技术，我们所要做的是把模式识别方法与具体问题结合起来，把模式识别与统计学、神经网络、数据挖掘、机器学习、人工智能、群体智能计算等学科的先进思想和理论结合起来，为读者提供一个多种理论的测试平台，并在此基础上，深入掌握各种理论的效能和应用的可能性，互相取长补短，开创模式识别应用的新局面。

本书可作为高等院校计算机工程、信息工程、生物医学工程、智能机器人学、工业自动化、模式识别等学科研究生和本科生的教材或教学参考书，也可供有关工程技术人员参考。

本书的出版得到天津理工大学出版基金的资助。由于笔者业务水平和实践经验有限，书中缺点与错误在所难免，欢迎读者予以指正！

笔者将不辜负广大读者的期望，努力工作，不断充实新的内容。为方便广大读者学习，特提供技术支持电子邮箱:ysying1262@126.com，读者可通过该邮箱及时与笔者取得联系，获得技术支持。

著　者

目　　录

第1篇　基　础　篇

第1章　模式识别概述 ·· 2
- 1.1　模式识别的基本概念 ···································· 2
- 1.2　统计模式识别 ··· 5
  - 1.2.1　统计模式识别研究的主要问题 ····················· 5
  - 1.2.2　统计模式识别方法简介 ··························· 6
- 1.3　分类分析 ·· 9
  - 1.3.1　分类器设计 ···································· 9
  - 1.3.2　分类器的选择 ·································· 11
  - 1.3.3　训练与学习 ···································· 12
- 1.4　聚类分析 ·· 12
  - 1.4.1　聚类的设计 ···································· 13
  - 1.4.2　基于试探法的聚类设计 ·························· 14
  - 1.4.3　基于群体智能优化算法的聚类设计 ················ 15
- 1.5　模式识别的应用 ······································ 16
- 本章小结 ·· 16
- 习题1 ·· 17

第2章　特征的选择与优化 ···································· 18
- 2.1　特征空间优化设计问题 ································ 18
- 2.2　样本特征库初步分析 ·································· 19
- 2.3　样品筛选处理 ·· 20
- 2.4　特征筛选处理 ·· 20
- 2.5　特征评估 ·· 22
- 2.6　基于主成分分析的特征提取 ···························· 24
- 2.7　特征空间描述与分布分析 ······························ 27
  - 2.7.1　特征空间描述 ·································· 27
  - 2.7.2　特征空间分布分析 ······························ 32
- 2.8　手写数字特征提取与空间分布分析 ······················ 35
  - 2.8.1　手写数字特征提取 ······························ 35
  - 2.8.2　手写数字特征空间分布分析 ······················ 36
- 本章小结 ·· 40
- 习题2 ·· 41

第 3 章 模式相似性测度 ······ 42
3.1 模式相似性测度的基本概念 ······ 42
3.2 距离测度分类法 ······ 45
3.2.1 模板匹配法 ······ 45
3.2.2 基于 PCA 的模板匹配法 ······ 47
3.2.3 马氏距离分类 ······ 49
本章小结 ······ 51
习题 3 ······ 51

第 2 篇 分类器设计篇

第 4 章 基于概率统计的贝叶斯分类器设计 ······ 53
4.1 贝叶斯决策的基本概念 ······ 53
4.1.1 贝叶斯决策所讨论的问题 ······ 53
4.1.2 贝叶斯公式 ······ 54
4.2 基于最小错误率的贝叶斯决策 ······ 56
4.3 基于最小风险的贝叶斯决策 ······ 59
4.4 贝叶斯决策比较 ······ 61
4.5 基于最小错误率的贝叶斯分类实现 ······ 62
4.6 基于最小风险的贝叶斯分类实现 ······ 66
本章小结 ······ 69
习题 4 ······ 69

第 5 章 判别函数分类器设计 ······ 70
5.1 判别函数的基本概念 ······ 70
5.2 线性判别函数 ······ 71
5.3 线性判别函数的实现 ······ 75
5.4 感知器算法 ······ 76
5.5 Fisher 分类 ······ 83
5.6 基于核的 Fisher 分类 ······ 86
5.7 支持向量机 ······ 93
本章小结 ······ 99
习题 5 ······ 100

第 6 章 神经网络分类器设计 ······ 101
6.1 人工神经网络的基本原理 ······ 101
6.1.1 人工神经元 ······ 101
6.1.2 人工神经网络模型 ······ 104
6.1.3 神经网络的学习过程 ······ 107
6.1.4 人工神经网络在模式识别问题上的优势 ······ 107
6.2 BP 神经网络 ······ 108
6.2.1 BP 神经网络的基本概念 ······ 108

6.2.2 BP 神经网络分类器设计 ··· 113
　6.3 径向基函数(RBF)神经网络 ·· 118
　　　6.3.1 径向基函数神经网络的基本概念 ··· 118
　　　6.3.2 径向基函数神经网络分类器设计 ··· 123
　6.4 自组织竞争神经网络 ·· 125
　　　6.4.1 自组织竞争神经网络的基本概念 ··· 126
　　　6.4.2 自组织竞争神经网络分类器设计 ··· 128
　6.5 概率神经网络(PNN) ··· 131
　　　6.5.1 概率神经网络的基本概念 ··· 131
　　　6.5.2 概率神经网络分类器设计 ··· 134
　6.6 对向传播神经网络(CPN) ·· 137
　　　6.6.1 对向传播神经网络的基本概念 ··· 137
　　　6.6.2 对向传播神经网络分类器设计 ··· 139
　6.7 反馈型神经网络(Hopfied) ·· 143
　　　6.7.1 Hopfield 神经网络的基本概念 ·· 143
　　　6.7.2 Hopfield 神经网络分类器设计 ·· 146
　本章小结 ·· 148
　习题 6 ·· 148

第 7 章 决策树分类器设计

　7.1 决策树的基本概念 ·· 149
　7.2 决策树理论的分类方法 ·· 150
　本章小结 ·· 157
　习题 7 ·· 157

第 8 章 粗糙集分类器设计

　8.1 粗糙集理论的基本概念 ·· 158
　8.2 粗糙集在模式识别中的应用 ·· 163
　8.3 粗糙集理论的分类方法 ·· 167
　本章小结 ·· 180
　习题 8 ·· 181

第 3 篇 聚类分析篇

第 9 章 聚类分析

　9.1 聚类的设计 ·· 183
　9.2 基于试探的未知类别聚类算法 ·· 187
　　　9.2.1 最邻近规则的试探法 ··· 187
　　　9.2.2 最大最小距离算法 ··· 191
　9.3 层次聚类算法 ·· 193
　　　9.3.1 最短距离法 ··· 194
　　　9.3.2 重心法 ··· 197

Ⅶ

  9.4 动态聚类算法 ··· 201
    9.4.1 K 均值算法 ··· 202
    9.4.2 迭代自组织的数据分析算法（ISODATA） ···················· 206
  9.5 模拟退火聚类算法 ··· 210
    9.5.1 模拟退火的基本概念 ··· 210
    9.5.2 基于模拟退火思想的改进 K 均值聚类算法 ··················· 213
  本章小结 ··· 220
  习题 9 ·· 220

第 10 章 模糊聚类分析 ··· 221
  10.1 模糊集的基本概念 ·· 221
  10.2 模糊集运算 ··· 223
    10.2.1 模糊子集运算 ·· 223
    10.2.2 模糊集运算性质 ··· 225
  10.3 模糊关系 ·· 225
  10.4 模糊集在模式识别中的应用 ·· 230
  10.5 基于模糊的聚类分析 ··· 231
  本章小结 ··· 245
  习题 10 ··· 245

第 11 章 遗传算法聚类分析 ··· 246
  11.1 遗传算法的基本原理 ··· 246
  11.2 遗传算法的构成要素 ··· 248
    11.2.1 染色体的编码 ·· 248
    11.2.2 适应度函数 ··· 249
    11.2.3 遗传算子 ·· 250
  11.3 控制参数的选择 ··· 252
  11.4 基于遗传算法的聚类分析 ·· 253
  本章小结 ··· 265
  习题 11 ··· 265

第 12 章 粒子群算法聚类分析 ······································· 266
  12.1 粒子群算法的基本原理 ·· 266
  12.2 粒子群算法的实现方法与步骤 ·· 269
  本章小结 ··· 274
  习题 12 ··· 275

第 13 章 Memetic 算法仿生计算 ··································· 276
  13.1 Memetic 算法 ·· 276
  13.2 Memetic 算法仿生计算在聚类分析中的应用 ······················ 283
  本章小结 ··· 294
  习题 13 ··· 295

参考文献 ··· 296

第1篇 基础篇

第1章 模式识别概述

本章要点：
- 模式识别的基本概念
- 统计模式识别
- 分类分析
- 聚类分析
- 模式识别的应用

1.1 模式识别的基本概念

模式识别(Pattern Recognition)就是机器识别、计算机识别，目的在于让机器自动识别事物。例如手写数字的识别，目的是将手写的数字分到具体的数字类别中；智能交通管理系统的识别，就是判断是否有汽车闯红灯，并识别闯红灯的汽车车牌号码；此外还有文字识别，语音识别，图像中物体识别等。该学科研究的内容是使机器能做以前只有人类才能做的事，具备人所具有的对各种事物与现象进行分析、描述与判断的部分能力。模式识别是直观的、无所不在的，实际上人类在日常生活中的每个环节，都进行着模式识别活动。人和动物较容易做到模式识别，但对于计算机来说做到模式识别却是非常困难的。让机器做到识别、分类，就需要研究识别的方法，这就是这门学科的任务。

模式识别是信号处理与人工智能的一个重要分支。人工智能是专门研究用机器人模拟人的动作、感觉和思维过程与规律的一门科学，而模式识别则专门利用计算机对物理量及其变化过程进行描述与分类，通常用来对图像、文字以及声音等信息进行处理、分类和识别。它所研究的理论和方法在很多科学和技术领域中得到了广泛应用，推动了人工智能系统的发展，扩大了计算机应用的可能性。模式识别诞生于20世纪20年代，随着20世纪40年代计算机的出现，以及50年代人工智能的兴起，模式识别在60年代初迅速发展为一门学科。其研究的目的是利用计算机对物理对象进行分类，在错误概率最小的条件下，使识别的结果尽量与客观物体相符合。

机器辨别事物的最基本方法是计算，原则上讲是对计算机要分析的事物与标准模板的相似程度进行计算。例如，要识别一个手写的数字，就要将它与从0到9的模板进行比较，看跟哪个模板最相似，或最接近。因此首先要能从度量中看出不同事物之间的差异，才能分辨当前要识别的事物。因此，最关键的是找到有效度量不同类别事物差异的方法。

在模式识别学科中，就"模式"与"模式类"而言，模式类是一类事物的代表，而"模式"则是某一事物的具体体现，如数字0、1、2、3、4、5、6、7、8、9是模式类，而用户任意手写的一个数字或任意一个印刷数字则是"模式"，是数字的具体化。广义上说，模式(Patten)是供模仿用的完美无缺的标本，通常把通过对具体的个别事物进行观察所得到的具有时间和空间分布的信息称之为模式，而把模式所属的类别或同一类别中模式的总体称为模式类。模式识别(Pattern

Recognition)是指对表征事物或现象的各种形式的(数值的、文字的和逻辑关系的)信息进行处理和分析,以对事物或现象进行描述、辨认、分类和解释的过程,是信息科学和人工智能的重要组成部分。

1. 模式的描述方法

在模式识别技术中,被观测的每个对象称为样品。例如,在手写数字识别中每个手写数字可以作为一个样品,如果共写了 N 个数字,我们把这 N 个数字叫做 N 个样品(X_1、X_2、$\cdots$、X_j、$\cdots$、X_N),设这些样品有 $\omega_1, \omega_2, \cdots \omega_M$ 共 $M(M=10)$ 个不同的类别。

对于一个样品来说,必须确定一些与识别有关的因素,作为研究的依据,每一个因素称为一个特征。模式就是对样品所具有的特征的描述。模式的特征集又可写成处于同一个特征空间的特征向量,特征向量的每个元素称为特征(该向量也因此称为特征向量)。一般我们用小写英文字母 x, y, z 来表示特征。如果一个样品 X 有 n 个特征,则可把 X 看作一个 n 维列向量,该向量 X 称为特征向量,记作

$$X = \begin{pmatrix} x_1 \\ x_2 \\ \vdots \\ x_n \end{pmatrix} = (x_1, x_2, \cdots, x_n)^{\mathrm{T}}$$

若有一批样品共有 N 个,每个样品有 n 个特征,这些数值可以构成一个 n 行 N 列的矩阵,称为原始资料矩阵,见表 1-1。

表 1-1 原始资料矩阵

特征＼样品	X_1	X_2	$\cdots$	X_j	$\cdots$	X_N
x_1	x_{11}	x_{21}	$\cdots$	x_{j1}	$\cdots$	x_{N1}
x_2	x_{12}	x_{22}	$\cdots$	x_{j2}	$\cdots$	x_{N2}
$\vdots$	$\vdots$	$\vdots$	$\vdots$	$\vdots$	$\vdots$	$\vdots$
x_i	x_{1i}	x_{2i}	$\cdots$	x_{ji}	$\cdots$	x_{Ni}
$\vdots$	$\vdots$	$\vdots$	$\vdots$	$\vdots$	$\vdots$	$\vdots$
x_n	x_{1n}	x_{2n}	$\cdots$	x_{jn}	$\cdots$	x_{Nn}

模式识别问题就是根据 X 的 n 个特征来判别模式 X 属于 $\omega_1, \omega_2, \cdots, \omega_M$ 类中的哪一类。待识别的不同模式都在同一特征空间中考察,不同模式由于性质上的不同,它们在各特征取值范围上有所不同,因而会在特征空间的不同区域中出现。要记住向量的运算是建立在各个分量基础之上的。因此,模式识别系统的目标是在特征空间和解释空间之间找到一种映射关系。特征空间是由从模式得到的对分类有用的度量、属性或基元构成的空间。解释空间由 M 个所属类别的集合构成。

如果一个对象的特征观察值为 $\{x_1, x_2, \cdots, x_n\}$,它可构成一个 n 维的特征向量 X,即 $X = (x_1, x_2, \cdots, x_n)^{\mathrm{T}}$,式中,"$x_1, x_2, \cdots, x_n$"为特征向量 X 的各个分量。一个模式可以看作 n 维空间中的向量或点,此空间称为模式的特征空间 R_n。在模式识别过程中,要对许多具体对象进

行测量,以获得更多观测值。其中有均值、方差、协方差与协方差矩阵等。

2. 模式识别系统

典型的模式识别系统如图1-1所示,由数据获取、预处理、特征提取、分类决策及分类器设计五部分组成。一般分为上下两部分,上部分完成未知类别模式的分类;下部分属于分类器设计的训练过程,利用样品进行训练,确定分类器的具体参数,完成分类器的设计。而分类决策在识别过程中起作用,对待识别的样品进行分类决策。

图1-1 典型的模式识别系统

在设计模式识别系统时,需要注意模式类的定义、应用场合、模式表示、特征提取和选择、聚类分析、分类器的设计和学习、训练和测试样本的选取、性能评价等。针对不同的应用目的,模式识别系统各部分的内容可以有很大的差异,特别是在数据处理和模式分类这两部分,为了提高识别结果的可靠性往往需要加入知识库(规则)以对可能产生的错误进行修正,或通过引入限制条件大大缩小待识别模式在模型库中的搜索空间,以减少匹配计算量。在某些具体应用中,如机器视觉,除了要给出被识别对象是什么物体,还要求出该物体所处的位置和姿态以引导机器人的工作。下面分别简单介绍模式识别系统的工作原理。

模式识别系统组成单元的功能如下。

(1)数据获取:是指利用各种传感器把被研究对象的各种信息转换为计算机可以接受的数值或符号(串)集合。习惯上,将这种数值或符号(串)所组成的空间称为模式空间。这一步的关键是传感器的选取。为了从这些数字或符号(串)中抽取出对识别有效的信息,必须进行数据处理,包括数字滤波和特征提取。要用计算机可以运算的符号来表示所研究的对象,一般获取的数据类型如下。

① 二维图像:文字、指纹、地图、照片等;
② 一维波形:脑电图、心电图、季节震动波形等;
③ 物理参量和逻辑值:体温、化验数据、参量正常与否的描述。

(2)预处理:为了消除输入数据或信息中的噪声,排除不相干的信号,只留下与被研究对象的性质和采用的识别方法密切相关的特征(如表征物体的形状、周长、面积等)。举例来说,在进行指纹识别时,指纹扫描设备每次输出的指纹图像会随着图像的对比度、亮度或背景等的不同而不同,有时可能还会变形,而人们感兴趣的仅仅是图像中的指纹线、指纹分叉点、端点等,而不需要指纹的其他部分或背景。因此,需要采用合适的滤波算法,如基于块方图的方向滤波、二值滤波等,过滤掉指纹图像中这些不必要的部分。需要对输入测量仪器或其他因素所造成的退化现象进行复原、去噪声,最终提取有用信息。

(3) 特征提取和选择:是指从滤波数据中衍生出有用的信息。从许多特征中寻找出最有效的特征,将维数较高的测量空间(原始数据组成的空间)转变为维数较低的特征空间,以降低后续处理过程的难度。通过特征提取和选择形成模式的特征空间。通常,人类很容易获取的某些特征,对于机器来说很难获取,所以特征提取和选择是模式识别的一个关键问题。一般情况下,候选特征种类越多,得到的结果越好。但是,由此可能会引发维数灾害,即特征维数过高,计算机难以求解。因此,数据处理阶段的关键是滤波算法和特征提取方法的选取。不同的应用场合,采用的滤波算法和特征提取方法,以及提取出来的特征也会不同。

(4) 分类决策:在特征空间中用模式识别方法把被识别对象归为某一类别。该阶段最后输出的可能是对象所属的类型,也可能是模型数据库中与对象最相似的模式编号。

(5) 分类器设计:模式分类或描述通常是基于已经得到分类或描述的模式集合而进行的。人们称这个模式集合为训练集,由此产生的学习策略称为监督学习。学习也可以是非监督性学习,在此意义下产生的系统不需要提供模式类的先验知识,而是基于模式的统计规律或模式的相似性学习判断模式的类别。基本做法是在样品训练集的基础上确定判别函数,改进判别函数和误差检验。

执行模式识别的计算机系统称为模式识别系统。研究模式识别系统的主要目的是利用计算机进行模式识别,对样本进行分类。设计人员按实际需要设计模式识别系统,而该系统被用来执行模式分类的具体任务。

1.2 统计模式识别

1.2.1 统计模式识别研究的主要问题

统计模式识别研究的主要问题有:特征的选择与优化、分类判别及聚类判别。

(1) 特征的选择与优化

如何确定合适的特征空间是设计模式识别系统的一个十分重要的问题,对特征空间进行优化有两种基本方法,一种是特征的选择,如果所选用的特征空间能使同类物体分布具有紧致性,则可为分类器设计的成功提供良好的基础;反之,如果不同类别的样品在该特征空间中混杂在一起,那么再好的设计方法也无法提高分类器的准确性。另一种是特征的优化,是指通过一种映射变换改造原特征空间,构造一个新的、精简的特征空间。

(2) 分类判别

已知若干个样品的类别及特征,例如,手写阿拉伯数字的判别是具有 10 类的分类问题,机器首先要知道每个手写数字的形状特征,对同一个数字,不同的人有不同的写法,甚至同一个人对同一个数字也有多种写法,必须让机器知道该手写数字属于哪一类。因此对分类问题需要建立样品库。根据这些样品库建立判别分类函数,这一过程是由机器来实现的,称为学习过程。然后针对一个未知的新对象分析它的特征,决定它属于哪一类。这是一种监督分类的方法。

(3) 聚类判别

已知若干对象和它们的特征,但不知道每个对象属于哪一个类,而且事先并不知道究竟要分成多少类,则采用某种相似性度量的方法,即"人以类聚,物以群分",把特征相同的归为一类。例如,手写了若干个阿拉伯数字,把相同的数字归为一类。这是一种非监督学习的方法。

机器识别也往往借鉴人的思维活动,像人类一样找出待识别物的外形或颜色等特征,进行分析、判断,然后加以分门别类,即识别它们。模式识别的方法有很多,很难将其全部概括,也很难说哪种方法最佳,常常需要根据实际情况运用多种方法进行试验,然后选择最佳的分类方法。

1.2.2 统计模式识别方法简介

基于统计模式识别方法有多种,例如模板匹配法、判别函数法、神经网络分类法、基于规则推理法等。这些方法各有特点及应用范围,它们不能相互取代,只能共存,相互促进、借鉴、渗透。一个较完善的识别系统很可能是综合利用上述各类识别方法的观点、概念和技术而形成的。

1. 模板匹配法

模板匹配法的原理是选择已知的对象作为模板,与待测物体进行比较,从而识别目标。将待分类样品与标准模板进行比较,看跟哪个模板匹配程度更好些,从而确定待测试样品的分类。如近邻法则在原理上属于模板匹配。它将训练样品集中的每个样品都作为模板,用测试样品与每个模板进行比较,看与哪个模板最相似(即为近邻),就将最相似的模板的类别作为自己的类别。譬如 A 类有 10 个训练样品,因此有 10 个模板,B 类有 8 个训练样品,就有 8 个模板。任何一个待测试样品在分类时与这 18 个模板都算一算相似度,如最相似的那个近邻是 B 类中的一个,就确定待测试样品为 B 类,否则为 A 类。因此从原理上来说近邻法是最简单的方法。但是近邻法有一个明显的缺点就是计算量大,存储量大,要存储的模板很多,每个测试样品要对每个模板计算一次相似度,因此在模板数量很大时,计算量也是很大的。模板匹配的另一个缺点是由于匹配的点很多,理论上最终可以达到最优解,但在实际中却很难做到。模板匹配主要应用于对图像中对象物体位置的检测,运动物体的跟踪,以及不同光谱或者不同摄影时间所得图像之间位置的配准等。模板匹配的计算量很大,相应数据的存储量也很大,而且随着图像模板的增大,计算量和存储量以几何级数增长。如果图像和模板大到一定程度,就会导致计算机无法处理,随之也就失去了图像识别的意义。

2. 判别函数法

设计判别函数的形式有两种方法:基于概率统计的分类法和几何分类法。

(1)基于概率统计的分类法

基于概率统计的分类法主要有基于最小错误率的贝叶斯决策、基于最小风险的贝叶斯决策。

直接使用贝叶斯决策需要首先得到有关样品总体分布的知识,包括各类先验概率 $P(\omega_1)$ 及类条件概率密度函数,计算出样品的后验概率 $P(\omega_1|X)$,并以此作为产生判别函数的必要数据,设计出相应的判别函数与决策面。当各类样品近似于正态分布时,可以算出使错误率最小或风险最小的分界面,以及相应的分界面方程。因此如果能从训练样品估计出各类样品服

从的近似的正态分布,则可以按贝叶斯决策方法对分类器进行设计。

这种利用训练样品进行模式识别的方法是通过它的概率分布进行估计,然后用它进行分类器设计,这种方法则称为参数判别方法。它的前提是对特征空间中的各类样品的分布已经很清楚,一旦待测试分类样品的特征向量值 X 已知,就可以确定 X 对各类样品的后验概率,也就可按相应的准则计算与分类。所以判别函数等的确定取决于样品统计分布的有关知识。因此参数判别方法一般只能用在有统计知识的场合,或能利用训练样品估计出参数的场合。

贝叶斯分类器可以用一般的形式给出数学上严格的分析证明:在给出某些变量的条件下,能使分类所造成的平均损失最小,或者分类决策的风险最小。因此能计算出分类器的极限性能。贝叶斯决策采用分类器中最重要的指标——错误率作为产生判别函数和决策面的依据,因此它给出了一般情况下适用的"最优"分类器设计方法,对各种不同的分类器设计技术都有理论指导意义。

(2) 判别函数分类法

由于一个模式通过某种变换映射为一个特征向量后,该特征向量可以理解为特征空间的一个点,在特征空间中,属于一个类的点集,这个类的点集总是在某种程度上与属于另一个类的点集相分离,各个类之间确定可分。因此如果能够找到一个判别函数(线性或非线性函数),把不同类的点集分开,则分类任务就解决了。判别分类器不依赖于条件概率密度的知识,可以理解为通过几何的方法,把特征空间分解为对应于不同类别的子空间。而且呈线性的分离函数,将使计算简化。分离函数又分为线性判别函数和非线性判别函数。

3. 神经网络分类法

人工神经网络的研究起源于对生物神经系统的研究。它将若干处理单元(即神经元)通过一定的互连模型连结成一个网络,这个网络通过一定的机制可以模仿人的神经系统的动作过程,以达到识别分类的目的。人工神经网络区别于其他识别方法的最大特点是它对待识别的对象不要求有太多的分析与了解,具有一定的智能化处理的特点。神经网络侧重于模拟和实现人认知过程中的感知觉过程、形象思维、分布式记忆、自学习和自组织过程,与符号处理是一种互补的关系。但神经网络具有大规模并行、分布式存储和处理、自组织、自适应和自学习的能力,特别适用于处理需要同时考虑许多因素和条件的、不精确的和模糊的信息处理问题。

神经网络可以看成从输入空间到输出空间的一个非线性映射,它通过调整权重和阈值来"学习"或发现变量间的关系,实现对事务的分类。由于神经网络是一种对数据分布无任何要求的非线性技术,它能有效解决非正态分布、非线性的评价问题,因而得到广泛应用。由于神经网络具有信息的分布存储、并行处理及自学习等能力,它在泛化处理能力上显示出较高的优势,可处理一些环境信息十分复杂,背景知识不清楚,推理规则不明确的问题。允许样品有较大的缺损、畸变。缺点是目前能识别的模式类还不够多,模型还在不断丰富与完善中。

4. 基于规则推理法

基于规则推理法是对待识别客体运用统计(或结构、模糊)识别技术(人工智能技术),获得客体的符号性表达即知识性事实后,再运用人工智能技术针对知识的获取、表达、组织、推理方法,确定该客体所归属的模式类(进而使用)的方法。它是一种与统计模式识别、句法模式识别相并列(又相结合)的基于逻辑推理的智能模式识别方法。它主要包括知识表示、知识推理和知识获取三个环节。

通过样本训练集构建推理规则进行模式分类的方法主要有:决策树和粗糙集理论。决策树学习是以实例为基础的归纳学习算法。它着眼于从一组无次序、无规则的实例中推理出决策树表示形式的分类规则。决策树整体类似一棵倒长的树,分类时,采用自顶向下的递归方式,在决策树的内部节点进行属性值的比较并根据不同属性判断从该节点向下的分支,在决策树的叶节点得到结论。粗糙集理论反映了认知过程在非确定、非模型信息处理方面的机制和特点,是一种有效的非单调推理工具。粗糙集以等价关系为基础,用上、下近似两个集合来逼近任意一个集合,该集合的边界区域被定义为上近似集和下近似集之差集,边界区域就是那些无法归属的个体。上、下近似两个集合可以通过等价关系给出确定的描述,边界域的元素数目可以被计算出来。这两个理论在数据的决策和分析、模式识别、机器学习与知识发展等方面有着成功的应用,已成为信息科学最活跃的研究领域之一。

基于规则推理法适用于已建立了关于知识表示与组织、目标搜索及匹配的完整体系。对需通过众多规则的推理达到识别确认的问题,有很好的效果。但是当样品有缺损,背景不清晰,规则不明确甚至有歧义时,效果并不好。

5. 模糊模式识别法

模糊模式识别的理论基础是模糊数学。它模仿人辨识事物的思维逻辑,吸取人脑的识别特点,将计算机中常用的二值逻辑转向连续逻辑。模糊识别的结果是用被识别对象隶属于某一类别的程度即隶属度来表示的,一个对象可以在某种程度上属于某一类别,而在另一种程度上属于另一类别。一般常规识别方法则要求一个对象只能属于某一类别。基于模糊集理论的识别方法有最大隶属原则识别法、择近原则识别法和模糊聚类法。由于用隶属度函数作为样品与模块间相似程度的度量,所以往往能反映它们整体的和主要的特性,从而允许样品有相当程度的干扰与畸变。但准确合理的隶属度函数往往难以建立,故限制了它的应用。伴随着各门学科,尤其是人文、社会学科及其他"软科学"的不断发展,数学化、定量化的趋势也开始在这些领域中显现。模糊模式识别的应用不再简单局限于自然科学,同时也被应用到社会科学,特别是经济管理学科领域。

6. 支持向量机的模式识别

支持向量机(Support Vector Machine,SVM)方法是求解模式识别和函数估计问题的有效工具,是由 Vapnik 领导的 AT&TBell 实验室研究小组在 1963 年提出的一种新的非常有潜力的分类技术,其基本思想是:先在样本空间或特征空间,构造出最优超平面,使得最优超平面与不同类样本集之间的距离最大,从而达到最大的泛化能力。支持向量机结构简单,并且具有全局最优性和较好的泛化能力,自提出以来得到了广泛的应用。

支持向量机在数字图像处理方面的应用是寻找图像像素之间特征的差别,即从像素点本身的特征和周围的环境(临近的像素点)出发,寻找差异,然后将各类像素点区分出来。

上述方法各有特点及应用范围,它们不能相互取代,但可以取长补短,互相补充、促进、借鉴、渗透。一个较完善的模式识别系统很可能是综合利用上述各类识别方法的观点、概念和技术而形成的。

1.3 分类分析

模式识别分类问题是指根据待识别对象所呈现的观察值,将其分到某个类别中去。具体步骤首先是建立特征空间中的训练集,已知训练集里每个点的所属类别,从这些条件出发,寻求某种判别函数或判别准则,设计判别函数模型,然后根据训练集中的样品确定模型中的参数,便可将模型用于判别,利用判别函数或判别准则去判别每个未知类别的点应该属于哪一类。

1.3.1 分类器设计

如何做出合理的判决就是模式识别分类器要讨论的问题。在统计模式识别中,感兴趣的主要问题并不在于决策的正误,而在于如何使由于决策错误造成的分类误差在整个识别过程中的风险代价降到最小。模式识别算法的设计都是强调"最佳"与"最优",即希望所设计的系统在性能上达到最优。这种最优是针对某一种设计原则来讲的,这种原则称为准则,常用的准则有最小错误率准则、最小风险准则、近邻准则、Fisher 准则、均方误差最小准则、感知准则等。设计一个准则,并使该准则达到最优的条件是设计模式识别系统最基本的方法。模式识别中以确定准则函数来实现优化的计算框架设计。分类器设计中使用什么准则是关键,会影响到分类器的效果。不同的决策规则反映了分类器设计者的不同考虑,对决策结果有不同的影响。

一般说来,M 类不同的物体应该具有各不相同的属性值,在 n 维特征空间中,各自有不同的分布。当某一特征向量值 X 只为某一类物体所特有时,对其做出决策是容易的,也不会出什么差错。问题在于当出现模棱两可的情况时,由于属于不同类的待识别对象存在着呈现相同特征值的可能,即所观察到的某一样品的特征向量为 X,而在 M 类中又有不止一类样品可能呈现这一 X 值。例如癌症病人初期症状与正常人的症状相同,其两类样品分别用"-"与"+"表示。如图 1-2 所示,A、B 直线之间的样品属于不同类别,但是他们具有相同的特征值。从图 1-2 中可见这两类样品在二维特征空间中相互穿插,很难用简单的分界线将它们完全分开。如果用一直线作为分界线,称为线性分类器,针对图 1-2 中所示的样品分布情况,无论直线参数如何设计,总会有错分类现象的发生。此时,任何决策都存在判错的可能性。

模式识别的基本计算框架——制订准则函数,实现准则函数极值化,常用的准则有以下 6 种。

(1) 最小错分率准则

完全以减少分类错误为原则,这是一个通用原则,见图 1-2,如果以错分类最小为原则分类,则图中 A 直线可能是最佳的分界线,它使错分类的样品数量最小。

(2) 最小风险准则

当接触到实际问题时,可以发现使错误率最小并不一定是一个普遍适用的最佳选择。有的分类系统将错分率多少看成最重要的指标(如对语音识别、文字识别来说这是最重

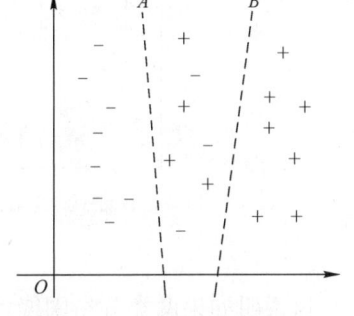

图 1-2 分界线示意图(改后)

要的指标),而有的分类系统对于错分率多少并不看重,而是要考虑错分类的不同后果(如对医疗诊断、地震、天气预报等)。例如可能多次将没有发生地震预报成有地震,也有可能已经发生地震但预报为没有地震,这类系统并不看重错分率,而是要考虑错分类引起的严重后果。例如上面讨论过的细胞分类中,如果把正常细胞错分为癌细胞,或发生相反方向的错误,其严重性可想而知。以 B 直线划分,有可能把正常细胞误判为异常细胞,"+"类样品错分成"-"类,给人带来不必要的痛苦,这种方法错分率多;但以 A 直线划分,有可能把癌细胞误判为正常细胞,"-"类样品错分成"+"类,会使病人因失去及早治疗的机会而遭受极大的损失,但这种方法错分率少。为使总的损失为最小,那么 B 直线就可能比 A 直线更适合作为分界线。这是基于最小风险的原理。

由此可见,根据不同性质的错误会引起不同程度的损失这一考虑出发,我们宁可扩大一些总的错误率,也要使总的损失减少。因此引入风险、损失这些概念,以便在决策时兼顾不同后果的影响。在实际问题中计算损失与风险是复杂的,在使用数学式子计算时,往往采用为变量赋予不同权值的方法来表示。在做出决策时,要考虑所承担的风险。基于最小风险的贝叶斯决策规则正是为了体现这一点而产生的。

(3) 近邻准则

近邻准则是分段线性判别函数的一种典型方法。这种方法主要依据同类物体在特征空间具有聚类特性的原理。同类物体由于其性质相近,它们在特征空间中应具有聚类的现象,因此可以利用这种性质制订分类决策的规则。例如有两类样品,可以求出每一类的平均值,对于任何一个未知样品,先求出它到各个类的平均值距离,判断距离谁近就属于谁。

(4) Fisher 准则

Fisher 线性判别原理示意图如图 1-3 所示。根据两类样品一般类内密集、类间分离的特点,寻找线性分类器最佳的法线向量方向,使两类样品在该方向上的投影满足类内尽可能密集、类间尽可能分开的条件。把样品投影到任意一根直线上,有可能不同类别的样品就混在一起了,无法区分。由图 1-3(a)可知,样品投影到 x_1 轴或 x_2 轴无法区分;若把直线绕原点转动一下,就有可能找到一个方向,使得样品投影到这个方向的直线上,各类样品能很好地分开,见图 1-3(b)。因此直线方向的选择是很重要的。一般来说,总能够找到一个最好的方向,使样品投影到这个方向的直线上很容易分开。如何找到这个最好的直线方向,以及如何实现向最好方向投影的变换,正是 Fisher 算法要解决的基本问题。

(a) 样品投影到x_1或x_2轴无法区分　　(b) 绕原点转动找到一个方向投影样品可区分

图 1-3　Fisher 线性判别原理示意图

这说明如果两类分布围绕各自均值的确相近,Fisher 准则可使错误率较小,Fisher 方法实际上涉及维数压缩的问题。

(5) 感知准则

感知准则函数以使错分类样品到分界面距离之和最小为原则。提出利用错误信息实现迭代修正的学习原理,即利用错分类提供的信息修正错误。这种思想对机器学习的发展以及人工神经元网络的发展产生深远影响。其优点是通过错分类样品提供的信息对分类器函数进行修正,这种准则是人工神经元网络多层感知器的基础。

(6) 最小均方误差准则

LMSE 算法以最小均方误差作为准则。

1.3.2 分类器的选择

在讨论了判别函数等概念后,设计分类器的任务就清楚了。根据样品分布情况来确定分类器的类型。在设计分类器时,要有一个样品集,样品集中的样品用一个各分量含义已经确定的向量来描述,也就是说对要分类的样品怎样描述这个问题是已经确定的。在这种条件下研究用贝叶斯分类器、线性分类器与非线性分类器等,以及这些分类器的其他设计问题。

按照基于统计参数的决策分类方法,判别函数及决策面方程的类别确定是由样品分布规律决定的,贝叶斯决策是基于统计分布确定的情况下计算的,如果要按贝叶斯决策方法设计分类器,就必须设法获得必需的统计参数。当有条件得到准确的统计分布知识(这些统计分布知识具体说来包括各类先验概率 $P(\omega_1)$ 及类条件概率密度函数,从而可以计算出样品的后验概率 $P(\omega_1|X)$),并以此作为产生判别函数的必要依据时,可利用贝叶斯决策来实现对样品的分类。但是,在这些参数未知的情况下使用贝叶斯决策方法,就得有一个学习阶段。在这个阶段,应设法获得一定数量的样品,然后从这些样品数据获得对样品概率分布的估计。有了概率分布的估计后,才能对未知的新样品按贝叶斯决策方法实行分类。

在一般情况下要得到准确的统计分布知识是极其困难的事。当实际问题中并不具备获取准确统计分布的条件时,可使用几何分类器。几何分类器的设计过程主要是判别函数、决策面方程的确定过程。设计几何分类器首先要确定准则函数,然后再利用训练样品集确定该分类器的参数,以使所确定的准则达到最佳。在使用分类器时,样品的分类由其判别函数值决定。判别函数可以是线性函数也可以设计成非线性函数。设特征向量的特征分量数目为 n,可分类数目为 M,符合某种条件就可使用线性分类器,正态分布条件下一般适合用二次函数决策面。

① 若可分类数目 $M=2(n+1) \approx 2n$,则几乎无法用一个线性函数分类器将它们分成两类。

② 在模式识别中,理论上,$M>n+1$ 的线性分类器不能使用,但是如果一个类别的特征向量在空间中密集地聚集在一起,几乎不和其他类别的特征向量混合在一起,则无论 M 多大,线性分类器的效果总是良好的。在字符识别机中,线性函数分类器已经证明能够提供良好的识别效果,它能完成数量很大的字符识别任务。

因此,在手写数字识别中,只要读者规范书写数字,不同数字类别的特征空间就可以看成彼此分离的,而同一类别的数字在特征空间中集群性质较好,应用线性分类器是可行的。相反,如果特征向量的类集群性质不好,则线性分类器的效果总是不理想,此时,必须求助于非线性分类器。

1.3.3 训练与学习

所谓模式识别中的学习与训练是从训练样品提供的数据中找出某种数学式子的最优解,这个最优解使分类器得到一组参数,按这种参数设计的分类器使人们设计的某种准则达到极值。分类决策的具体数学公式是通过分类器设计这个过程确定的。在模式识别学科中一般把这个过程称为训练与学习的过程。

分类的规则是依据训练样品提供的信息确定的。分类器设计在训练过程中完成,利用一批训练样品(包括各种类别的样品),大致勾画出各类样品在特征空间分布的规律性,为确定使用什么样的数学公式及这些公式中的参数提供信息。一般来说,使用什么类型的分类函数是人为决定的。分类器参数的选择以及在学习过程得到的结果取决于设计者选择什么样的准则函数。不同准则函数的最优解对应不同的学习结果,进而得到性能不同的分类器。数学式子中的参数则往往通过学习来确定,分类器有一个学习过程,如果发现当前采用的分类函数会造成分类错误,那么利用错误分类获取纠正信息,就可以使分类函数朝正确的方向前进,这就形成了一个迭代的过程,如果分类函数及其参数使分类出错的情况越来越少,就可以看成逐渐收敛,学习过程就获得了效果,设计也就可以结束了。

训练与学习的过程常常用到以下三个概念:

(1)训练集,是一个已知样品集,在监督学习方法中,用它来开发模式分类器。

在分类实例中,样品库训练集是程序开发人员按照自己的手写数字习惯来书写的数字,因此,会造成对读者手写的数字分类有误的情况,为了尽量避免此类情况的发生,我们把每次添加的手写数字放在样品训练集的首位,读者可以尽量多写一些数字以使程序适应其书写式样。

(2)测试集,在设计识别和分类系统时没有使用过的独立样品集。

在分类实例中,以读者自己手写的数字作为样品进行测试检验,每写一个数字就可以用各种模式识别算法进行检验。这样的好处是在相同的样品特征值下,可以对不同的模式识别算法进行比较,找出最佳适应算法。

(3)系统评价原则,就是判断该模式识别系统能否正确分类。为了更好地对模式识别系统性能进行评价,必须使用一组独立于训练集的测试集对系统进行测试。

1.4 聚类分析

前面介绍的分类问题是利用已知类别的样品(训练集)来构造分类器的。其训练集样品是已知类别的,所以又称为有监督学习(或有教师分类)。在已知类别样品的"指导"(监督)下对单个待测样品进行分类。聚类问题则不同,它是指利用样品的特性来构造分类器。这种分类为无监督分类,通常称为聚类或集群。

聚类分析是指事先不了解一批样品中的每一个样品的类别或其他的先验知识,而唯一的分类依据是样品的特征,利用某种相似性度量的方法,把特征相同或相近的样品归为一类,实现聚类划分。

聚类分析是对探测数据进行分类分析的一个工具,许多学科要根据所测得的或感知到的相似性对数据进行分类,把探测数据归到各个聚合类中,且在同一个聚合类中的模式比在不同聚合类中的模式更相似，从而对模式间的相互关系做出估计。聚类分析的结果可以被用来对数据提出初始假设、分类新数据、测试数据的同类型及压缩数据。

聚类算法的重点是寻找特征相似的聚合类。人类是二维的最佳分类器，然而大多数实际问题涉及高维的聚类。对高维空间内的数据的直观解释，其困难是明显的，另外，数据也不会服从规则的理想分布，这就是大量聚类算法出现的原因。在图像中进行聚类分析，当一幅图像中含有多个物体时，需要对不同的物体进行分割标识。

1.4.1 聚类的设计

1. 聚类的定义

Everttt 提出一个聚合类是一些相似的实体的集合，而且不同聚合类的实体是不相似的。在一个聚合类内两个点间的距离小于在这个类内的任一点和不在这个类内的任一点间的距离。聚合类可以被描述成在 n 维空间内存在较高密度点的连续区域和较低密度点的区域，而较低密度点的区域把其他较高密度点的区域分开。

在模式空间 S 若给定 N 个样品 $X_1, X_2, \cdots, X_N$，聚类的定义则是：按照相互类似的程度找到相应的区域 $R_1, R_2, \cdots, R_M$，将任意 $X_i(i=1,2,\cdots,N)$ 归入其中一类，而且 X_i 不会同时属于两类，即

$$R_1 \cup R_2 \cup \cdots \cup R_M = R$$
$$R_i \cap R_j = \emptyset \quad (i \neq j)$$

这里 $\cup$、$\cap$ 分别为并集，交集。

选择聚类的方法应以一个理想的聚类概念为基础。然而，如果数据不满足聚类技术所做的假设，则算法不是去发现真实的数据结构而是在数据上强加上某一种结构。

2. 聚类准则

设有未知类别的 N 个样品，要把它们划分到 M 类中去，可以有多种优劣不同的聚类方法，怎样评价聚类的优劣，这就需要确定一种聚类准则。但客观来说，聚类的优劣是就某一种评价准则而言的，很难有对各种准则均呈优良表现的聚类方法。

聚类准则的确定，基本上有两种方法。一种是试探法，根据所分类的问题，试探性地进行样品的划分，确定一种准则，并用它来判断样品分类是否合理。例如，以距离函数作为相似性的度量，用不断修改的阈值，来探究聚类对此种准则的满足程度，当取得极小值时，就认为得到了最佳划分。另一种是群体智能方法，随着对生物学的深入研究，人们逐渐发现自然界中的某些个体虽然行为简单且能力非常有限，但当它们一起协同工作时，表现出来的并不是简单的个体能力的叠加，而是非常复杂的行为特征，群体智能优化算法在没有集中控制并且不提供全局模型的前提下，利用群体的优势，分布搜索，这种方法一般能够比传统的优化方法更快地发现复杂优化问题的最优解，为寻找复杂问题的最佳方案提供了新的思路和新的方法。

下面给出一种简单而又广泛应用的准则，即误差平方和准则：

设有 N 个样品，分属于 $\omega_1, \omega_2, \cdots, \omega_M$ 类，设有 N_i 个样品的 ω_i 类，其均值为

$$m_i = \frac{1}{N_i} \sum_{X \in \omega_i} X \quad \Rightarrow \quad \overline{X^{(\omega_i)}} = \frac{1}{N_i} \sum_{X \in \omega_i} X \tag{1-1}$$

因为有若干种方法可将 N 个样品划分到 M 类中去,因此对应一种划分,可求得一个误差平方和 J,要找到使 J 值最小的那种划分。定义误差平方和为

$$J = \sum_{i=1}^{M} \sum_{X \in \omega_i} |X - m_i|^2 \Rightarrow J = \sum_{i=1}^{M} \sum_{X \in \omega_i} |X - \overline{X^{(\omega_i)}}|^2 \tag{1-2}$$

样品分布与误差平方和准则的关系如图 1-4 所示。经验表明,当各类样品均很密集,各类样品个数相差不大,而类间距离较大时,适合采用误差平方和准则,见图 1-4(a)。若各类样品数相差很大,类间距离较小时,就有可能将样品数多的类一分为二,而得到的 J 值却比大类保持完整时得到的小,误以为得到了最优划分,实际上得到了错误的划分,见图 1-4(b)。

(a) 适合采用误差平方和准则   (b) 不适合采用误差平方和准则

图 1-4 样品分布与误差平方和准则的关系

1.4.2 基于试探法的聚类设计

基于试探法的聚类设计首先假设某种分类方案,确定一种聚类准则,然后计算 J 值,找到 J 值最小的那一种分类方案,则认为该种方法为最优分类。基于试探法的未知类别聚类算法,包括最临近规则的试探法、最大最小距离试探法和层次聚类试探法。

1. 最临近规则的试探法

假设前 i 个样品已经被分到 k 个类中。则第 $i+1$ 个样品应该归入哪一个类中呢?假设归入 ω_a 类,要使 J 最小,则应满足第 $i+1$ 个样品到 ω_a 类的距离小于给定的阈值 T,若大于给定的阈值 T,则应为其建立一个新的类 ω_{k+1}。在未将所有的样品分类前,类数是不能确定的。

这种算法与第一个中心的选取、阈值 T 的大小、样品排列次序及样品分布的几何特性有关。这种方法运算简单,当有关于模式几何分布的先验知识作为指导给出阈值 T 及初始点时,则能较快地获得合理的聚类结果。

2. 最大最小距离试探法

最临近规则的试探法受阈值 T 的影响很大,阈值的选取是聚类设计成败的关键之一。最大最小距离试探法充分利用样品内部特性,计算出所有样品间的最大距离作为归类阈值的参考,改善了分类的准确性。例如,当某样品到某一个聚类中心的距离小于最大距离的一半时,则归入该类,否则建立新的聚类中心。

3. 层次聚类试探法

层次聚类试探法对给定的数据集进行层次上的分解,直到满足某种条件为止。具体又可

分为合并、分裂两种方案。

合并的层次聚类是一种自底向上的策略,首先将每个对象作为一个类,然后根据类间距离的不同,合并距离小于阈值的类,合并一些相似的样品,直到终结条件被满足,合并算法会在每一步均减小聚类中心数量,每一步聚类产生的结果都来自于前一步的两个聚类的合并。绝大多数层次聚类方法属于这一类,它们只是在相似度的定义上有所不同。

分裂的层次聚类与合并的层次聚类相反,采用自顶向下的策略,它首先将所有对象置于同一个簇中,然后逐渐细分为越来越小的样品簇,直到满足某种终止条件。分裂算法与合并算法的原理相反,会在每一步均增加聚类中心数量,每一步聚类产生的结果,都是由前一步的一个聚类中心分裂成两个得到的。

1.4.3 基于群体智能优化算法的聚类设计

群体智能优化算法的仿生计算一般由初始化种群、个体更新和群体更新三个过程组成。下面分别介绍这三个过程的仿生计算机制。

1. 初始化种群

在任何一种群体智能优化算法中,都包含种群的初始化。种群的初始化是指假设群体中的每个样品已经被随机分到某个类中,产生若干个个体,并人为地认为这些群体中的每一个个体为所求问题的解。因此,一般需要对所求问题的解空间进行编码操作,将具体的实际问题以某种解的形式给出,便于对问题进行描述和求解。初始化种群的产生一般有两种方式:一种是完全随机产生的方式,另一种是结合先验知识产生的方式。在没有任何先验知识的情况下往往采用第一种方式,而第二种方式可以使得算法较快收敛到最优解。种群的初始化主要包括问题解形式的确定、算法参数的选取、评估函数的确定等。

2. 个体更新

个体的更新是群体智能优化算法中的关键一步,是群体质量提高的驱动力。在自然界中,个体的能力非常有限,行为也比较简单,但是,有时当多个简单的个体组合成一个群体之后,将会有非常强大的功能,能够许多完成复杂的工作。如蚁群能够完成筑巢、觅食,蜂群能够高效完成采蜜、喂养和保卫工作,鱼群能够快速完成寻找食物、躲避攻击等工作。

群体智能优化算法中,采用简单的编码技术来表示一个个体所具有的复杂结构,在寻优搜索过程中,对一群用编码表示的个体进行简单操作,本书将这些操作称作"算子"。个体的更新依靠这些算子实现,不同的群体智能优化算法仿生构造了不同的算子。如进化算法中的交叉算子、重组算子,或者变异算子、选择算子;蚁群算法中的蚂蚁移动算子、信息素更新算子。

个体更新的方式主要分为两种:一种是依靠自身的能力在解空间中寻找新的解;另一种是受到其他解(如当前群体中的最优解或邻域最优解)的影响而更新自身。

3. 群体更新

在基于群体概念的仿生智能算法中,群体更新是种群中个体更新的宏观表现,它对于算法的搜索和收敛性能具有重要作用。在不同的仿生群体智能优化算法中,存在着不同的群体更新方式。主要有三种方式：个体更新实现群体更新，子群更新实现群体更新，选择机制实现群体更新。

1.5 模式识别的应用

我们在生活中时时刻刻都在进行着模式识别，如识物、辨声、辨味等行为均属于模式识别的范畴。计算机出现后，人们企图用计算机来实现人或动物所具备的模式识别能力。当前的研究主要是模拟人的视觉能力、听觉能力和嗅觉能力，如现在研究比较热门的图像识别技术和语音识别技术。这些技术已被广泛应用于军事与民用工业中。模式识别已经广泛应用于文字识别、语音识别、指纹识别、遥感、医学诊断、工业产品检测、天气预报、卫星航空图片解释等领域，近年来，用模式识别方法发展起来的"模式识别优化技术"在化工、冶金、石化、轻工等领域用于配方、工艺过程的优化设计和优化控制，产生了巨大的经济效益。在节约原料、提高产品质量和产量、降低单位能耗等方面充分显示了这一高新技术的巨大潜力。模式识别技术除了可以对配方、工艺进行优化设计外，还可以用于工业过程控制，这就是模式识别智能控制优化专家系统。它的特别之处在于针对目标（例如降低能耗、提高产量等）的具体情况，优化影响目标的参量（如原料的组成、工艺参数等），在众多影响参量中筛选出对目标具有较重要影响的参量。经过模式分类、网络训练，确定优化区域，找出优化方向，动态建立模型，定量预报结果，使生产操作条件始终保持在优化状态，尽可能地挖掘生产潜力，在过程工业领域（包括化工、冶金、轻工、建材等）有广阔的应用前景。

所有这些应用都是和实际模式识别问题的性质密切不可分的，至今还没有发展出统一的、有效的可应用于所有的模式识别问题的理论。当前的一种普遍看法是不存在对所有的模式识别问题都适用的单一模型和解决识别问题的单一技术，我们现在拥有的是一个工具袋，我们所要做的是结合具体问题把模式识别方法结合起来，把模式识别与人工智能中的启发式搜索结合起来，把人工神经元网络、不确定方法、智能计算结合起来，深入掌握各种工具的效能和应用的可能性，互相取长补短，开创模式识别应用的新局面。

模式识别技术是人工智能的基础技术，21世纪是智能化、信息化、计算化、网络化的时代，在这个以数字计算为特征的世纪里，作为人工智能技术基础学科的模式识别技术，必将获得巨大的发展空间。

本章小结

假定有一批待识别的事物，事先也没有相关的先验知识，即不知道它们属于何种类别，满足何种分布，在这种情况下我们对这批事物分类的方法就是按照它们特征之间的相似性，将有相同或相似特征的事物聚集在一起，也就是说最后的分类结果中每一类聚集的事物都有共同的特征，这种根据事物相似性程度分类的方法称为聚类。例如手写了15个数字(0,2,3,0,0,2,3,2,2,0,3,3,3,2,0)，通过模式识别会把它们归成(0,2,3)3个类，这种方法叫非监督学习方法。如果给定了一批待识别的事物，而且还知道了某些事物的类别，根据已知事物特征及其类别判断未知事物的类别，这种问题称为分类问题，分类与聚类的不同点是分类的类数是确定的，并且已经知道了一批已分类的事物。例如数字有固定的类数(0~9)，能够识别出手写数字为哪一类，这种方法叫监督学习方法。

监督学习方法用来对数据进行分类,分类规则通过训练获得。该训练集由带分类号的数据集组成,因此监督学习方法的训练过程是离线的。非监督学习方法不需要单独的离线训练过程,也没有带分类号的训练数据集,一般用来对数据集进行聚类分析,确定其分布。

总之,分类与聚类的效果好坏,一般说来最基本的性能评估依据是其错误率,如果能有反映错误率大小的准则,在理论上是最合适的。但是正如在前面讨论中提到的,错误率的计算是极其复杂的,以至于很难构建直接基于错误率的判据。而且分类与聚类效果还受所使用的训练集以及所用算法的影响,故分类与聚类效果的好坏通常需要靠实践来检验。

本章介绍了设计分类器需要考虑的基本问题,包括特征空间优化设计问题、分类器设计准则、分类器设计基本方法、判别函数、分类器的选择和训练与学习,还介绍了聚类判别所涉及的基本问题。这些都是模式识别需要考虑的重要内容,掌握这些内容可为理解及实践后续各章所介绍的理论打下基础。

习题 1

1. 简述特征空间优化的方法。
2. 简述几种常用的分类器设计准则。
3. 简述分类器设计的基本方法。
4. 试写出基于二维特征两类分类问题的线性判别函数形式。
5. 试写出基于 n 维特征两类分类问题的线性判别函数形式。
6. 试写出基于 n 维特征多类分类问题的线性判别函数形式。
7. 试写出基于 n 维特征多类分类问题的非线性判别函数形式。
8. 简述设计判别函数需要确定的基本要素。
9. 简述在什么情况下分类器不可分。
10. 简述设计一个分类器的基本方法。

第 2 章 特征的选择与优化

本章要点：
- ☑ 特征空间优化设计问题
- ☑ 样本特征库初步分析
- ☑ 样品筛选处理
- ☑ 特征筛选处理
- ☑ 特征评估
- ☑ 基于主成分分析的特征提取
- ☑ 特征空间描述与分布分析
- ☑ 手写数字特征提取与分析

在实际应用中，信息采集的对象多数是多特征、高噪声、非线性的数据集。人们只能尽量多列一些可能有影响的因素，在样本数不是很多的情况下，用很多特征进行分类器设计，无论从计算的复杂程度还是分类器的性能来看都是不适宜的。因此，研究如何把高维特征空间压缩到低维特征空间就成为一个重要的课题。不论用计算机还是由人去识别，任何识别过程的第一步，都是要分析各种特征的有效性并选出最具有代表性的特征。

特征选择与优化是非常重要的，它强烈地影响到分类器的设计及其性能。若不同类别样品的特征差别很大，那就比较容易设计出具有较高性能的分类器。因此，特征的选择是模式识别中的一个关键问题。由于在很多实际问题中常常不容易找到那些最重要的特征，或受条件限制不能对它们进行测量，这就使特征选择和优化的任务复杂化而成为构造模式识别系统最困难的任务之一。这个问题已经越来越受到人们的重视。

2.1 特征空间优化设计问题

特征选择和优化的基本任务是如何从许多特征中找出那些最有效的特征。解决特征选择和优化问题，最核心的内容就是对现有特征进行评估，并通过现有特征产生更好的特征。在实际应用中，特征选择与优化过程如图 2-1 所示。

图 2-1 特征选择与优化过程

特征选择与优化过程如下：

① 样本特征库初步分析是指从原始数据中抽取那些对区别不同类别最为重要的特征,而舍去那些对分类并无多大贡献的特征,从而得到能反映分类本质的特征,并考查所选特征是否合理,能否实现分类。如果把区别不同类别的特征都从输入数据中找到,这时自动模式识别问题就简化为匹配和查表,模式识别就不困难了。

② 样本筛选处理的目的是去掉"离群点",减少这些"离群点"对分类器的干扰。当受条件所限无法采集大量的训练样品时,应慎重对待离群点。样本在特征空间中的理想分布是同类相聚、异类远离,但是在现实中很难达到理想的分布状态,就要求分类器具有泛化能力。

③ 特征筛选处理的目的是分析特征之间的相关性,考查每个特征因子与目标有无关系,以及特征因子之间是否存在相关关系。删去那些相关的因子,在样本不多的条件下可以改善分类器的总体性能,降低模式识别系统的代价。特征的选择常常面临着保留哪些描述量、删除哪些描述量的问题,所选特征通常要经过从多到少的过程。因此在设计识别方案的初期阶段,应该尽量多地列举出各种可能与分类有关的特征,这样可以充分利用各种有用的信息,改善分类效果。但大量的特征中肯定会包含许多彼此相关的因素,造成特征的重复和浪费,给计算带来困难。Kanal. L曾经总结:样品数 N 与特征数 n 之比应足够大,通常样本数 N 是特征数 n 的 5～10 倍。

④ 特征评判的目的是分析经过筛选之后的特征,能否提高分类效果,能否拉大不同类别之间的距离。一个模式类特征选择的好与坏,很难在事先完全预测,只能通过从整个分类识别系统中获得的分类结果给予评价。

⑤ 特征提取目的是用较少的特征对样本进行描述,以达到降低特征空间维数的目的。

⑥ 接着需要进一步掌握样本库的总体分布情况,若发现效果不理想,应再一次考察样本库,或重新提取特征,或增加特征,或进一步删除"离群点"等。

进行特征空间分布分析即确定合适的特征空间是设计模式识别系统十分重要的问题。如果所选用的特征空间能使同类物体分布具有紧致性,即各类样本能分布在该特征空间中彼此分割开的区域内,这就为分类器设计成功提供了良好的基础。反之,如果不同类别的样本在该特征空间中混杂在一起,那么再好的设计方法也无法提高分类器的准确性。

2.2　样本特征库初步分析

在进行模式识别处理之前,需要先评估一下特征库是否包含足够的信息,用它进行模式识别是否可行或值得。

1. 对样本数量与特征数目的要求

通常要求样本数量 N 要足够大,并符合下列关系。

① 对两类分类问题: $\frac{N}{n} \geq 3$,此处 n 为特征数目, N 为样本的数量。

② 对线性或非线性回归问题: $N \gg n$。

若实际课题中,由于不能确定哪些因素有影响,只能选择过多的特征,以致样本数量 N 不合乎上述要求。在无法获得足够多的样本的情况下,应考虑下列两个措施。

① 通过特征筛选去除一批对目标影响小的特征,使 n 减小。

② 通过原理方面的论证或试探性地将若干特征组合成数目较少的特征。

2. 对样本特征库做初步分析

对样本特征库做初步分析的主要工作是衡量各类别之间的可分性,最常用的方法是应用"KNN 留一法"判据做近邻分析。KNN 留一法是以每个样品点与其多数最近邻属于同类与否作为判据的。

根据样品在多维空间中的位置,计算各样品之间的距离,找出样品的三个、五个或多个最近邻,列表显示该样品的类别及近邻的类别,判断样品与最近邻是否属于同类,将多个同类样品所属的类别作为预报该样品的类别,并与实际类别比较,仔细考查近邻分析结果,可对数据结构有一个大致的了解。如果样本在特征空间中分散,则需要选择泛化能力强的分类器,如神经网络分类器、支持向量机分类器等。

2.3 样品筛选处理

通常将"离群点"称为噪声,噪声干扰可能带来严重的后果。例如,使拟合度最佳的标准产生失误,或使真正有效的数学模型比"假"模型拟合度还差些。采用预报结果检验的方法可能会甄别此事。统计数学上,样品筛选处理的目的主要是删去这些离群的样品点,从而改善分类效果。定义和判断"离群点"的方法有以下几种。

① 若样本特征呈近线性关系,可用稳健回归方法确定"离群点"。

② 若样本特征不呈近线性关系,通常将近邻多半为异类的样品删除,或将目标值与各近邻平均值相差特别大的样品删除,也可以将特征压缩后做回归分析。

上述方法由于认定和删除离群点基于若干假设,事先无法确定这些假设是否合乎实际,因此对删除后的数据必须谨慎对待。在实践中若能对离群点是否为"真"离群点进行反复验证,才能增加结果的可靠性。经过初步评估,对"可分性"不满意时,可试行"样品筛选"操作,改善可分性。

2.4 特征筛选处理

在实际应用中,人们只能尽量多列一些可能有影响的因素,然后通过数据处理,考查和筛选出作用较大的特征,删去影响不大的特征,从而建立数学模型。特征筛选的第一步是对每个特征做分析,考查特征与目标之间的相关性,以及特征与特征之间的相关性。

用原始变量为坐标作投影图,考查单特征、双特征、多特征对目标值的影响,计算相关系数。

1. 单特征相关分析

将所有特征逐个对目标值作二维图,计算目标值 t 与特征 x_j 之间的相关系数,见式(2-1)。

$$r(t, x_j) = \frac{\sum_{i=1}^{N}(t_i - \bar{t})(x_{ij} - \bar{x}_j)}{[\sum_{i=1}^{N}(t_i - \bar{t})^2 \sum_{i=1}^{N}(x_{ij} - \bar{x}_j)^2]^{\frac{1}{2}}} \qquad (2-1)$$

式中，i 为样品号数；t_i 和 x_{ij} 分别为第 i 个样品的目标值和第 j 个特征值；$\bar{t}$ 和 $\bar{x}_j$ 分别为所有样本的目标值的平均值和第 j 个特征的平均值；相关系数 $r(t, x_j)$ 介于 -1 与 1 之间，作为最简单的近似方法，各特征的重要性可用相关系数的绝对值大小来评估。

根据特征对目标值或分类的影响大小，删去作用小、噪声大的变量。为了不漏掉重要因子，一开始我们宁愿多选一些特征，然后比较各个特征在描述研究对象时作用的大小，删去那些带来信息少、噪声多的特征；并将保留的特征按其与描述对象关系的大小做一个大致的排序，突出主要因素，这对建立模式识别系统是十分必要的。特征筛选的原理是：一个原有 $n+1$ 个特征的特征库，删去其中一个特征，得到一个特征数为 n 的新数据库；若删去的变量贡献的信息小于它带来的噪声量，删去后信息量未显著减少或反而增加，则该特征为可删变量。

2. 双特征相关分析

在所有特征中每次取出两个特征作为横、纵坐标作图，同时将样本分为两类或多类，以不同符号显示于图中，据此考查两类或多类样本在图中的分布规律；同时还显示两个特征间的相关系数。

3. 三特征相关分析

在所有特征中每次选用三个，作为 x, y, z 坐标作三维图，同时将样本分为两类或多类，以不同符号显示于图中，据此考查各类样本在三维空间的分布规律；也可选两个特征分别为 x 和 y 坐标，目标值为 z 坐标，考查其关系。三维结构可通过图形旋转考查其分布规律，同时显示旋转后的二维坐标与原始变量的关系。

4. 子空间局部考查

将原始多维空间"切割"为几个子空间，然后再做相关分析，往往能揭示重要的规律。

因复杂系统往往存在多特征问题，目标值或目标类别往往受三个以上因子（特征）的共同影响，单考查一个、两个或三个因子的影响往往不够，因为由于其他因子（特征）变化的干扰，往往不能有效地全面显示特征空间的规律性，只有运用多种模式识别方法建模才能全面解决问题。但是作为初步考查手段，相关分析方法（特别是与子空间局部考查结合后）很有用，因为相关分析及其作图方法显示的是原始特征，若能找到规律，对其物理（或化学）意义的诠释就比较简单明了了。多种模式识别方法虽能提供更完整可靠的数学模型，但因其坐标表达式多为多个原始变量的线性或非线性组合，诠释起来比较复杂。

根据前述单特征相关分析方法，删去相关系数小的特征。这种方法对于样本分布不均匀的特征库是不可靠的做法。如果目标与特征之间呈线性关系，对于样本分布不均匀的数据文件，单比较相关系数也不是绝对可靠的做法，因为它没有考虑其他特征的影响。总而言之，可以肯定的是，若 x_i 与 t（或 x_j）的相关系数很大（如 0.5 以上或 -0.5 以下），x_i 肯定对 t（或 x_j）有较大影响；若相关系数较小，则要参照其他信息才能决定该特征是否可删。

5. 特征选择及搜索算法

特征选择的任务是从一组数量为 D 的特征中选择出数量为 $n(D>n)$ 的一组最优特征来，

一方面需要确定可分离性判据 $J(x)$，对特征选择效果做评估，选出可使某一可分性达到最大的特征组（详见 2.4 节）。另一方面是要找到一个较好的算法，以便在允许的时间内找出最优的那一组特征。

如果采用穷举法，分别把 D 个特征单独使用时的可分性判据都算出来，按判据大小排列，例如

$$J(x_1) > J(x_2) > \cdots > J(x_n) > \cdots > J(x_D)$$

单独使用时使 J 较大的前 n 个特征作为特征组并不具有最优的效果，甚至有可能是最不好的特征组。

从 D 个特征中挑选 n 个，所有可能的组合数为

$$q = C_D^n = \frac{D!}{(D-n)!n!} \tag{2-2}$$

如果把各种可能的特征组合的 J 都算出来再加以比较，以选择最优特征组，则计算量太大而无法实现。这就使得寻找一种可行的算法变得非常必要。

应当说明的是，任何非穷举的算法都不能保证所得结果是最优的。因此，除非只要求次优解，否则所选算法原则上仍是穷举算法，只不过采取某些搜索技术可能使计算量有所降低。在所有算法中，最优特征组的构成都是用每次从现存特征中增加或去掉某些特征的方法直至特征数等于 n 为止，若特征数从零逐步增加则称为"自下而上"法；反之，若特征数从 D 开始逐步减少，则称为"自上而下"法。

令 Φ_k 表示特征数目为 k 的所有可能的特征组合，$\overline{\Phi}_k$ 表示从 $x_1, x_2, \cdots, x_D$ 中去掉 k 个后所剩特征的所有可能的特征组合。

在"自下而上"算法中第 k 步的最优特征组应当使

$$J(\Phi_k') = \max_{\{\Phi_k\}} J(\Phi_k)$$

从 $\Phi_0 = \varnothing$ 开始，$k = 1, 2, \cdots$，直到 $k = n$，结果得

$$\Phi = \Phi_n$$

在"自上而下"算法中第 k 步的最优特征组应当使

$$J(\overline{\Phi}_k') = \max_{\{\overline{\Phi}_k\}} J(\overline{\Phi}_k)$$

从 $\overline{\Phi} = \Phi_D$ 开始，$k = 1, 2, \cdots$，直到 $k = D - n$，结果所得特征组为 $\Phi = \overline{\Phi}_{D-n}$。

2.5 特征评估

对原特征空间进行优化之后，就要对优化的结果进行评价。反复选择不同的特征组合，采用定量分析比较的方法，判断所得到的特征维数及所使用特征是否对分类最有利，这种可定量检验分类性能的准则称为类别可分离性判据，用来检验不同的特征组合对分类性能好坏的影响。对特征空间进行优化是一种计算过程，它的基本方法仍然是模式识别的典型方法，即找到一种准则（或称判据），通常用式子表示，通过计算使该准则达到一个极值。特征评估方法大体可分为两类：一类是以样品在特征空间的离散程度为基础的准则，称为基于距离的可分性判据；另一类则是基于概率密度分布的判据。

下面介绍基于距离的可分性判据。

给定一组表示联合分布的训练集，假定每一类的模式向量在观察空间中占据不同的区域

是合理的,类别模式间的距离或平均距离则是模式空间中类别可分离性的度量。

在一个特征候选集 $X = [x_1, x_2, \cdots, x_n]$ 所定义的 n 维特征空间中,用 $d(X_{ik}, X_{jl})$ 表示第 i 类中第 k 个样品和第 j 类中第 l 个样品间距离的度量值,距离度量 d 可采用式(2-3)定义的欧几里德距离计算。

$$d(X_{ik}, X_{jl}) = \left[\sum_{m=1}^{D}(x_{ik,m} - x_{jl,m})^2\right]^{1/2} (i,j = 1,2,\cdots,M; k = 1,2,\cdots,N_i; l = 1,2,\cdots,N_j) \tag{2-3}$$

类间的平均距离可采用式(2-4)计算。

$$J = \frac{1}{2}\sum_{i=1}^{M}\sum_{j=1}^{M}P(\omega_i)P(\omega_j) \cdot \frac{1}{N_i N_j}\sum_{k=1}^{N_i}\sum_{l=1}^{N_j}d(X_{ik}, X_{jl}) \tag{2-4}$$

考虑到式(2-4)的计算比较复杂,可将其转化为相应的矩阵来度量和处理。

(1) 总体散布矩阵

① 第 i 类均值向量

$$\overline{X^{(\omega_i)}} = \frac{1}{N_i}\sum_{X \in \omega_i} X \tag{2-5}$$

② 样本集总体均值向量

$$\overline{X} = \frac{1}{N}\sum_{i=1}^{N}X_i = \frac{1}{N}\sum_{i=1}^{M}P(\omega_i)\overline{X^{(\omega_i)}} \tag{2-6}$$

③ 第 i 类协方差

$$s_i = \frac{1}{N_i - 1}\sum_{X \in \omega_i}(X - \overline{X^{(\omega_i)}})(X - \overline{X^{(\omega_i)}})^{\mathrm{T}} \tag{2-7}$$

④ 样本总体协方差

$$s = \frac{1}{N-1}\sum(X - \overline{X})(X - \overline{X})^{\mathrm{T}} \tag{2-8}$$

⑤ 第 i 类类内散布矩阵

$$S_i = E\{(X - \overline{X^{(\omega_i)}})(X - \overline{X^{(\omega_i)}})^{\mathrm{T}}\} = s_i \tag{2-9}$$

⑥ 总体类内散布矩阵

$$S_W = \sum_{i=1}^{M}P(\omega_i)S_i = \sum_{i=1}^{M}P(\omega_i)E\{(X - \overline{X^{(\omega_i)}})(X - \overline{X^{(\omega_i)}})^{\mathrm{T}}\}$$

$$= \sum_{i=1}^{M}P(\omega_i)s_i \tag{2-10}$$

⑦ 总体类间散布矩阵

$$S_B = \sum_{i=1}^{M}P(\omega_i)(\overline{X^{(\omega_i)}} - \overline{X})(\overline{X^{(\omega_i)}} - \overline{X})^{\mathrm{T}} \tag{2-11}$$

特别对于两类问题

$$S_{B2} = (\overline{X^{(\omega_1)}} - \overline{X^{(\omega_2)}})(\overline{X^{(\omega_1)}} - \overline{X^{(\omega_2)}})^{\mathrm{T}} \tag{2-12}$$

⑧ 总体散布矩阵

$$S_T = E\{(X - \overline{X})(X - \overline{X})^{\mathrm{T}}\} = s \tag{2-13}$$

存在关系

$$S_T = S_W + S_B \tag{2-14}$$

类内散布矩阵表征各样本点围绕它的均值的散布情况,类间散布均值表征各类间的距离分布情况,它们依赖于样本类别属性和划分;而总体散布矩阵与样本划分及类别属性无关。

(2) 构造准则

以类内散布矩阵 S_W、类间散布矩阵 S_B 和总体散布矩阵 S_T 为基础的准则如下。

① 均方误差最小准则,即迹准则

$$J = \text{tr} S_W = \sum_{i=1}^{M} P(\omega_i) \text{tr} S_i \tag{2-15}$$

或

$$J = \det(S_W) \tag{2-16}$$

② 类间距离最大准则

$$J = \text{tr}(S_B) \text{ 或 } J = \det(S_B) \tag{2-17}$$

③ 行列式准则

$$J = |S_W| = \sum_{i=1}^{M} P(\omega_i) |S_i| \tag{2-18}$$

基于距离的可分性判据的出发点为:各类样本之间的距离越大、类内散度越小,则类别的可分性越好。基于距离的可分性判据直接依靠样本计算,直观简捷,物理概念清晰,因此目前应用较为广泛。

2.6 基于主成分分析的特征提取

在模式识别问题中,对于初始特征的选择,绝大多数都是在考虑样本的可分性意义上进行的。所以很多时候选择的初始特征集合都会包含大量互相关联的特征,它们对于样本分类的贡献也是很不相同的。大的特征向量集合会带来很多的不便,最明显的就是计算方面会带来很大负担。所以,在模式识别问题中,通常的任务就是进行特征的选择。在最初的模式识别工程中,这种选择有两个目标:丢弃一些对分类贡献不大的特征;或者达到一定程度降维的目的,降维的方法通常是采用一个从初始特征衍生得到的、更小的、与原特征集相当的特征集合。

主成分分析是把多个特征映射为少数几个综合特征的一种统计分析方法。在多特征的研究中,往往由于特征个数太多,且彼此之间存在着一定的相关性,因而使得所观测的数据在一定程度上有信息的重叠。当特征较多时,在高维空间中研究样本的分布规律就更麻烦。主成分分析采取一种降维的方法,找出几个综合因子来代表原来众多的特征,使这些综合因子尽可能地反映原来变量的信息,而且彼此之间互不相关,从而达到简化的目的。

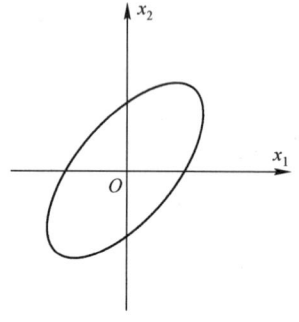

图 2-2 二维空间主成分示意图

1. 主分量的几何解释

如果从研究总体中抽取 N 个样品,每个样品有 2 个指标,设 N 个样品在二维空间中的分布大致为一个椭圆,二维空间主成分示意图如图 2-2 所示。将坐标系正交旋转一个角度 θ,在椭圆长轴方向取坐标 y_1,在短轴方向取坐标 y_2,则旋转公式为

$$y_{1j} = x_{1j}\cos\theta + x_{2j}\sin\theta \qquad (2\text{-}19)$$
$$y_{2j} = x_{1j}(-\sin\theta) + x_{2j}\cos\theta \qquad (2\text{-}20)$$

式中,$j=1,2,\cdots,N$。写成矩阵形式为

$$\boldsymbol{Y} = \begin{bmatrix} y_{11} & y_{12} & \cdots & y_{1N} \\ y_{21} & y_{22} & \cdots & y_{2N} \end{bmatrix} = \begin{bmatrix} \cos\theta & \sin\theta \\ -\sin\theta & \cos\theta \end{bmatrix} \cdot \begin{bmatrix} x_{11} & x_{12} & \cdots & x_{1N} \\ x_{21} & x_{22} & \cdots & x_{2N} \end{bmatrix} = \boldsymbol{UX}$$

其中,$\boldsymbol{U}$ 为坐标旋转变换矩阵,它是正交变换矩阵,即有 $\boldsymbol{U}^\mathrm{T} = \boldsymbol{U}^{-1}$,$\boldsymbol{UU}^\mathrm{T} = \boldsymbol{I}$。经过旋转变换后得到如图 2-3 所示的二维空间主成分正交示意图。从图 2-3 可以看出

① N 个点的坐标 y_1 和 y_2 的相关性几乎为零。

② 二维平面上 N 个点的方差大部分都归结在 y_1 轴上,而 y_2 轴上的方差较小。

③ y_1 和 y_2 是原始变量 x_1 和 x_2 的综合变量。

由于 N 个点在 y_1 轴上的方差最大,因而用在 y_1 轴上的一维综合变量来代替二维空间的点所损失的信息量最小,因此称 y_1 轴为第一主分量,y_2 轴与 y_1 轴正交且有较小的方差,称它为第二主分量。

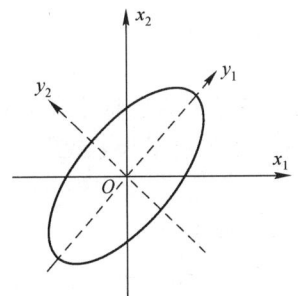

图 2-3 二维空间主成分正交示意图

一般说来,如果 N 个样品中的每个样品有 n 个特征 $x_1,x_2,\cdots,x_n$,经过主成分分析,将它们变成 n 个综合变量,即

$$\begin{cases} y_1 = c_{11}x_1 + c_{12}x_2 + \cdots + c_{1n}x_n \\ y_2 = c_{21}x_1 + c_{22}x_2 + \cdots + c_{2n}x_n \\ \qquad\qquad \vdots \\ y_n = c_{n1}x_1 + c_{n2}x_2 + \cdots + c_{nn}x_n \end{cases} \qquad (2\text{-}21)$$

并且满足 $c_{k1}^2 + c_{k2}^2 + \cdots + c_{kn}^2 = 1 (k=1,2,\cdots,n)$,其中 c_{ij} 由下列原则决定。

① y_i 与 $y_j (i \neq j; i,j = 1,2,\cdots,n)$ 相互独立。

② y_1 是 $x_1,x_2,\cdots,x_n$ 满足式(2-21)的一切线性组合中方差最大者,y_2 是与 y_1 不相关的 $x_1,x_2,\cdots,x_n$ 的所有线性组合中方差次大者,以此类推,y_n 是与 $y_1,y_2,\cdots,y_{n-1}$ 都不相关的 $x_1,x_2,\cdots,x_n$ 的所有线性组合中方差最小者。

这样的综合变量 $y_1,y_2,\cdots,y_n$ 分别被称为原变量的第 1、第 2、⋯、第 n 个主分量,它们的方差依次递减。

2. 主分量的导出

设 $\boldsymbol{X} = \begin{bmatrix} x_1 \\ x_2 \\ \vdots \\ x_n \end{bmatrix}$ 是一个 n 维随机向量,$\boldsymbol{Y} = \begin{bmatrix} y_1 \\ y_2 \\ \vdots \\ y_n \end{bmatrix}$ 是由满足式(2-21)的综合变量所构成的向量。

于是式(2-21)的矩阵形式为 $\boldsymbol{Y} = \boldsymbol{CX}$,$\boldsymbol{C}$ 为正交矩阵,并满足 $\boldsymbol{CC}^\mathrm{T} = \boldsymbol{I}$,$\boldsymbol{I}$ 为单位矩阵。

坐标旋转是指新坐标轴相互正交,仍构成一个直角坐标系。变换后的 N 个点在 y_1 轴上有最大方差,在 y_2 轴上有次大方差,以此类推,在 y_n 轴上有最小的方差。同时,N 个点对不同的

y_i 轴和 y_j 轴的协方差 ($j \neq i$) 为零,即要求 Y 的协方差

$$YY^T = (CX)(CX)^T = CXX^TC^T = \Lambda \qquad (2-22)$$

其中

$$\Lambda = \begin{bmatrix} \lambda_1 & & & \\ & \lambda_2 & & \\ & & \ddots & \\ & & & \lambda_n \end{bmatrix}$$

假定 X 为已标准化处理的数据矩阵,则 XX^T 为原始数据的相关矩阵。令 $R = XX^T$,则将式(2-22)表示为 $CRC^T = \Lambda$。由 C^T 左乘该式,有

$$RC^T = C^T\Lambda \qquad (2-23)$$

写成代数式为

$$\begin{bmatrix} r_{11} & r_{12} & \cdots & r_{1n} \\ r_{21} & r_{22} & \cdots & r_{2n} \\ \vdots & \vdots & & \vdots \\ r_{n1} & r_{n2} & \cdots & r_{nn} \end{bmatrix} \times \begin{bmatrix} c_{11} & c_{21} & \cdots & c_{n1} \\ c_{12} & c_{22} & \cdots & c_{n2} \\ \vdots & \vdots & & \vdots \\ c_{1n} & c_{2n} & \cdots & c_{nn} \end{bmatrix} = \begin{bmatrix} c_{11} & c_{21} & \cdots & c_{n1} \\ c_{12} & c_{22} & \cdots & c_{n2} \\ \vdots & \vdots & & \vdots \\ c_{1n} & c_{2n} & \cdots & c_{nn} \end{bmatrix} \times \begin{bmatrix} \lambda_1 & 0 & \cdots & 0 \\ 0 & \lambda_2 & \cdots & 0 \\ \vdots & \vdots & & \vdots \\ 0 & 0 & \cdots & \lambda_n \end{bmatrix}$$

将上式全部展开得到 n^2 个方程,这里考虑在矩阵乘积中由第 1 列得出的 n 个方程为

$$(r_{11} - \lambda_1)c_{11} + r_{12}c_{12} + \cdots + r_{1n}c_{1n} = 0$$
$$r_{21}c_{11} + (r_{22} - \lambda_2)c_{12} + \cdots + r_{2n}c_{1n} = 0$$
$$\vdots$$
$$r_{n1}c_{11} + r_{n2}c_{12} + \cdots + (r_{nn} - \lambda_n)c_{1n} = 0$$

为得到齐次方程组的非零解,要求关于 c_{ij} 的系数行列式为 0,即

$$\begin{vmatrix} r_{11} - \lambda_1 & r_{12} & \cdots & r_{1n} \\ r_{21} & r_{22} - \lambda_2 & \cdots & r_{2n} \\ \vdots & \vdots & & \vdots \\ r_{n1} & r_{n2} & \cdots & r_{nn} - \lambda_n \end{vmatrix} = 0$$

写成矩阵形式为 $|R - \lambda I| = 0$。对于 $\lambda_1, \lambda_2, \cdots, \lambda_n$,可以得到完全类似的方程,故 $\lambda_j (j = 1, 2, \cdots, n)$ 是 $|R - \lambda I| = 0$ 的 n 个根,λ 为特征方程的特征根,相应的各个 c_{ij} 为其特征向量的分量。

设 R 的 n 个特征值 $\lambda_1 > \lambda_2 > \cdots > \lambda_n \geq 0$,相应于 λ_i 的特征向量为 C_i,令

$$C = \begin{bmatrix} c_{11} & c_{21} & \cdots & c_{n1} \\ c_{12} & c_{22} & \cdots & c_{n2} \\ \vdots & \vdots & & \vdots \\ c_{1n} & c_{2n} & \cdots & c_{nn} \end{bmatrix} = [C_1, C_2, \cdots, C_n]$$

相对于 y_1 的方差为

$$\text{Var}(C_1 X) = C_1 XX^T C_1^T = C_1 R C_1^T = \lambda_1$$

同样有

$$\text{Var}(C_i X) = \lambda_i$$

即 y_1 有最大的方差，y_2 有次大的方差等，并且有协方差

$$\text{Cov}(\boldsymbol{C}_i^T \boldsymbol{X}^T, \boldsymbol{C}_j \boldsymbol{X}) = \boldsymbol{C}_i^T \boldsymbol{R} \boldsymbol{C}_j \tag{2-24}$$

由式(2-23)得 $\boldsymbol{R} = \sum_{\alpha=1}^{n} \lambda_a \boldsymbol{C}_a \boldsymbol{C}_a^T$，所以式(2-24)变为

$$\text{Cov}(\boldsymbol{C}_i^T \boldsymbol{X}^T, \boldsymbol{C}_j \boldsymbol{X}) = \boldsymbol{C}_i^T \boldsymbol{R} \boldsymbol{C}_j = \boldsymbol{C}_i^T \left(\sum_{a=1}^{n} \lambda_a \boldsymbol{C}_a \boldsymbol{C}_a^T \right) \boldsymbol{C}_j = \sum_{a=1}^{n} \lambda_a (\boldsymbol{C}_i^T \boldsymbol{C}_a)(\boldsymbol{C}_a^T \boldsymbol{C}_j) = 0 (i \neq j)$$

变量 $x_1, x_2, \cdots, x_n$ 经过正交变换后得到新的随机向量

$$y_1 = \boldsymbol{C}_1^T \boldsymbol{X}$$
$$y_2 = \boldsymbol{C}_2^T \boldsymbol{X}$$
$$\vdots$$
$$y_n = \boldsymbol{C}_n^T \boldsymbol{X}$$

$y_1, y_2, \cdots, y_n$ 彼此不相关，并且 y_i 的方差为 λ_i，故称 $y_1, y_2, \cdots, y_n$ 分别为第 1、第 2、…、第 n 个主分量。

第 i 个主分量的贡献率定义为 $\lambda_i / \sum_{k=1}^{n} \lambda_k (i = 1, 2, \cdots, n)$，前 m 个主分量的累积贡献率定义为 $\sum_{i=1}^{m} \lambda_i / \sum_{k=1}^{n} \lambda_k$，选取前 $m(m < n)$ 个主分量，使其累积贡献率达到一定的要求(如 80% ~ 90%)，用前 m 个主分量代替原始数据做分析，这样便可达到降低原始数据维数的目的。

2.7 特征空间描述与分布分析

2.7.1 特征空间描述

对于样本的特征空间描述，主要分析特征的集中位置、分散程度以及数据的分布为正态还是偏态等。对于多维数据，还要分析多维数据的各个分量之间的相关性等。

1. 一维特征

一维样品的特征空间描述主要有下列几种。设 N 个观测值为 $x_1, x_2, \cdots, x_N$，其中 N 称为样本容量。

① 均值，即 $x_1, x_2, \cdots, x_N$ 的平均数

$$\bar{x} = \frac{1}{N} \sum_{i=1}^{N} x_i \tag{2-25}$$

② 方差，描述数据取值分散性的一个度量，它是数据相对于均值的偏差平方的平均值

$$s^2 = \frac{1}{N-1} \sum_{i=1}^{N} (x_i - \bar{x})^2 \tag{2-26}$$

③ 标准差，方差的开方称为标准差

$$s = \sqrt{s^2} = \sqrt{\frac{1}{N-1} \sum_{i=1}^{N} (x_i - \bar{x})^2} \tag{2-27}$$

偏度与峰度是刻画数据的偏态、重尾程度的度量，它们与数据的矩有关。数据的矩分为原

点矩与中心矩。

④ k 阶原点矩为

$$v_k = \frac{1}{N}\sum_{i=1}^{N} x_i^k \tag{2-28}$$

⑤ k 阶中心矩为

$$u_k = \frac{1}{N}\sum_{i=1}^{N}(x_i - \bar{x})^k \tag{2-29}$$

⑥ 偏度的计算公式为

$$g_1 = \frac{N}{(N-1)(N-2)s^3}\sum_{i=1}^{N}(x_i - \bar{x})^3 = \frac{N^2 u_3}{(N-1)(N-2)s^3} \tag{2-30}$$

其中,s 是标准差。偏度是刻画数据对称性的指标。关于均值对称的数据其偏度为 0,右侧更分散的数据偏度为正,左侧更分散的数据偏度为负,偏度示意图如图 2-4 所示。

图 2-4 偏度示意图

⑦ 峰度的计算公式为

$$\begin{aligned}g_2 &= \frac{N(N+1)}{(N-1)(N-2)(N-3)s^4}\sum_{i=1}^{N}(x_i - \bar{x})^4 - 3\frac{(N-1)^2}{(N-2)(N-3)} \\ &= \frac{N^2(N+1)u_4}{(N-1)(N-2)(N-3)s^4} - 3\frac{(N-1)^2}{(N-2)(N-3)}\end{aligned} \tag{2-31}$$

当数据的总体分布为正态分布时,峰度近似为 0;当分布与正态分布相较尾部更分散时,峰度为正,否则峰度为负。当峰度为正时,两侧极端数据较多;当峰度为负时,两侧极端数据较少。

2. 二维特征

设 $(X,Y)^T$ 是二维总体,从中取得观测数据 $(x_1,y_1)^T,(x_2,y_2)^T,\cdots,(x_N,y_N)^T$。引进数据观测矩阵

$$X = \begin{bmatrix} x_1 & x_2 & \cdots & x_N \\ y_1 & y_2 & \cdots & y_N \end{bmatrix} \tag{2-32}$$

① 二维观测数据的均值向量 $(\bar{x},\bar{y})^T = \begin{bmatrix} \bar{x} \\ \bar{y} \end{bmatrix}$

$$\bar{x} = \frac{1}{N}\sum_{i=1}^{N} x_i, \bar{y} = \frac{1}{N}\sum_{i=1}^{N} y_i \tag{2-33}$$

② 变量 X 的观测数据的方差 s_{xx},变量 Y 的观测数据的方差 s_{yy} 及变量 (X,Y) 的观测数据的协方差 s_{xy}

$$s_{xx} = \frac{1}{N-1} \sum_{i=1}^{N} (x_i - \bar{x})^2, s_{yy} = \frac{1}{N-1} \sum_{i=1}^{N} (y_i - \bar{y})^2$$

$$s_{xy} = \frac{1}{N-1} \sum_{i=1}^{N} (x_i - \bar{x})(y_i - \bar{y}) \tag{2-34}$$

③ 观测数据的协方差矩阵

$$\boldsymbol{S} = \begin{bmatrix} s_{xx} & s_{xy} \\ s_{yx} & s_{yy} \end{bmatrix} \tag{2-35}$$

注意：总有 $s_{xy} = s_{yx}$，即协方差矩阵为对称矩阵。
由 Schwarz 不等式

$$s_{xy}^2 \leq s_{xx} s_{yy}$$

所以 s 总是非负定的，一般是正定的。

④ 观测数据的相关系数

$$r_{xy} = \frac{s_{xy}}{\sqrt{s_{xx}} \sqrt{s_{yy}}} \tag{2-36}$$

由 Schwarz 不等式，有 $|r_{xy}| \leq 1$，即总有 $-1 \leq r_{xy} \leq 1$。

例如，有 10 名学生，其中 5 名男生，5 名女生。对每名学生取身高、体重两项指标作为特征，测得的学生数据见表 2-1。

表 2-1 学生数据

特征(指标)	样品(学生)	男 生					女 生				
		X_1	X_2	X_3	X_4	X_5	X_6	X_7	X_8	X_9	X_{10}
x_1(身高/m)		1.70	1.75	1.65	1.80	1.78	1.60	1.55	1.60	1.65	1.70
x_2(体重/kg)		65	70	60	65	70	60	45	45	50	55

10 个样品的均值为

$$\bar{\boldsymbol{X}} = \frac{1}{10} \sum_{i=1}^{10} \boldsymbol{X}_i = (1.678, 58.5)^{\mathrm{T}}$$

男生和女生样品点的均值为

$$\overline{\boldsymbol{X}^{(1)}} = \frac{1}{5} \sum_{i=1}^{5} \boldsymbol{X}_i = (1.736, 66.0)^{\mathrm{T}}$$

$$\overline{\boldsymbol{X}^{(2)}} = \frac{1}{5} \sum_{i=6}^{10} \boldsymbol{X}_i = (1.62, 51.0)^{\mathrm{T}}$$

特征 x_1 对于全体样品的方差为

$$s_1^2 = \frac{1}{10-1} [(1.70 - 1.678)^2 + (1.75 - 1.678)^2 + \cdots + (1.70 - 1.678)^2] = 0.0068$$

特征 x_2 对于全体样品的方差为

$$s_2^2 = \frac{1}{10-1} [(65 - 58.5)^2 + (70 - 58.5)^2 + \cdots + (55 - 88.5)^2] = 89.1667$$

特征 x_1 对于男生和女生样品的方差为

$$s_1^2(1) = \frac{1}{5-1} [(1.70 - 1.736)^2 + (1.75 - 1.736)^2 + \cdots + (1.78 - 1.736)^2] = 0.0037$$

$$s_1^2(2) = \frac{1}{5-1}[(1.60-1.620)^2 + (1.55-1.62)^2 + \cdots + (1.70-1.62)^2] = 0.0032$$

特征 x_2 对于男生和女生样品的方差为

$$s_2^2(1) = \frac{1}{5-1}[(65-66)^2 + (70-66)^2 + \cdots + (70-66)^2] = 17.5$$

$$s_2^2(2) = \frac{1}{5-1}[(60-51)^2 + (45-51)^2 + \cdots + (55-51)^2] = 42.5$$

全体样品点中特征 x_1 与 x_1 的协方差为 s_{11}(即 s_1^2);则 x_1 与 x_2 的协方差为

$$s_{12} = \frac{1}{10-1}[(1.70-1.678)(65-58.5) + (1.75-1.678)(70-58.5) + \cdots +$$
$$(1.70-1.678)(55-58.5)] = 0.6356$$

全体样品点中特征 x_2 与 x_2 的协方差为 s_{22}(即 s_2^2);则在男生和女生样品点中分别有

$$s_{12}(1) = \frac{1}{5-1}[(1.70-1.736)(65-66) + (1.75-1.736)(70-66) + \cdots +$$
$$(1.78-1.736)(55-66)] = 0.18$$

$$s_{12}(2) = \frac{1}{5-1}[(1.60-1.620)(65-51.0) + (1.55-1.62)(45-51.0) + \cdots +$$
$$(1.70-1.62)(55-51.0)] = 0.163$$

则全体样品点 x_1 和 x_2 的相关系数为

$$r_{12} = \frac{0.6356}{\sqrt{0.0068}\sqrt{89.1667}} = 0.8163$$

特征 x_1 和 x_2 对于男生和女生的相关系数为

$$r_{12}(1) = \frac{0.18}{\sqrt{0.0037}\sqrt{17.5}} = 0.7074$$

$$r_{12}(2) = \frac{0.1625}{\sqrt{0.0032}\sqrt{42.5}} = 0.4406$$

3. 多维特征

设 $(X_{(1)}, X_{(2)}, \cdots, X_{(n)})$ 是 n 维总体,从中取得样品数据

$$(x_{11}, x_{12}, \cdots, x_{1n})^T$$
$$(x_{21}, x_{22}, \cdots, x_{2n})^T$$
$$\vdots$$
$$(x_{N1}, x_{N2}, \cdots, x_{Nn})^T$$

第 i 个观测数据记为

$$X_i = (x_{i1}, x_{i2}, \cdots, x_{in})^T \quad i = 1, 2, \cdots, N$$

称为样品。引进样品数据观测矩阵

$$\tilde{X} = \begin{bmatrix} x_{11} & x_{12} & \cdots & x_{1n} \\ x_{21} & x_{22} & \cdots & x_{2n} \\ \vdots & \vdots & \cdots & \vdots \\ x_{N1} & x_{N2} & \cdots & x_{Nn} \end{bmatrix} = [X_{(1)}, X_{(2)}, \cdots, X_{(n)}]$$

它是 $N \times n$ 矩阵,它的 N 行即 N 个样品 $X_1, X_2, \cdots, X_N$,它们组成来自 n 维总体 $(X_{(1)}, X_{(2)}, \cdots, X_{(n)})$ 的样品。观测矩阵 $\widetilde{X}$ 的 n 列分别是 n 个变量 $X_{(1)}, X_{(2)}, \cdots, X_{(n)}$ 在 N 次试验中所取的值。记为

$$X_{(j)} = (x_{1j}, x_{2j}, \cdots, x_{Nj})^T \quad j = 1, 2, \cdots, n \tag{2-37}$$

(1) 样品统计参数

定义 $\overline{X} = (\bar{x}_1, \bar{x}_2, \cdots, \bar{x}_n)^T$ 是 n 维样本数据的均值向量。

① 第 j 行 $X_{(j)}$ 的均值为

$$\bar{x}_j = \frac{1}{N} \sum_{i=1}^{N} x_{ij} \quad j = 1, 2, \cdots, n \tag{2-38}$$

② 第 j 行 $X_{(j)}$ 的方差为

$$s_j^2 = \frac{1}{N-1} \sum_{i=1}^{N} (x_{ij} - \bar{x}_j)^2 \quad j = 1, 2, \cdots, n \tag{2-39}$$

③ $X_{(j)}$、$X_{(k)}$ 的协方差为

$$s_{jk} = \frac{1}{N-1} \sum_{i=1}^{N} (x_{ij} - \bar{x}_j)(x_{ik} - \bar{x}_k) \quad j, k = 1, 2, \cdots, n \tag{2-40}$$

$X_{(j)}$ 与自身的协方差即 $X_{(j)}$ 的方差

$$s_j^2 = s_{jj} \quad j = 1, 2, \cdots, n$$

称

$$S = \begin{bmatrix} s_{11} & s_{12} & \cdots & s_{1n} \\ s_{12} & s_{22} & \cdots & s_{2n} \\ \vdots & \vdots & & \vdots \\ s_{n1} & s_{n2} & \cdots & s_{nn} \end{bmatrix} \tag{2-41}$$

是样品观测数据的协方差矩阵。有

$$S = \frac{1}{N-1} \sum_{i=1}^{N} (X_i - \overline{X})(X_i - \overline{X})^T \tag{2-42}$$

均值向量 $\overline{X}$ 与协方差矩阵 S 是 n 维观测数据的重要数字特征。$\overline{X}$ 表示 n 维观测数据的集中位置,而协方差矩阵 S 的对角线元素分别是各个变量观测值的方差,而非对角线元素是变量观测值之间的协方差。

④ $X_{(j)}$、$X_{(k)}$ 的相关系数

$$r_{jk} = \frac{s_{jk}}{\sqrt{s_{jj}} \sqrt{s_{kk}}} = \frac{s_{jk}}{s_j s_k} \quad j, k = 1, 2, \cdots, n \tag{2-43}$$

r_{jk} 是无量纲的量,总有 $r_{jj} = 1$, $|r_{jk}| \leq 1$。

称

$$R = \begin{bmatrix} 1 & r_{12} & \cdots & r_{1n} \\ r_{21} & 1 & \cdots & r_{2n} \\ \vdots & \vdots & & \vdots \\ r_{n1} & r_{n2} & \cdots & 1 \end{bmatrix} \tag{2-44}$$

是观测数据的相关矩阵。相关矩阵 R 是 n 维观测数据的最重要的数字特征,它刻画了变量之

间线性联系的密切程度。

(2) 总体参数

设 $(X_{(1)}, X_{(2)}, \cdots, X_{(n)})$ 是 n 维总体,其总体分布函数是 $F(x_1, x_2, \cdots, x_n) = F(X)$,其中 $X = (x_1, x_2, \cdots, x_n)^T$。当总体为连续型总体时,存在概率密度 $f(x_1, x_2, \cdots, x_n) = f(X)$。

① 总体均值向量:令 $\mu_i = E(X_{(i)})$, $i = 1, 2, \cdots, n$,则

$$\boldsymbol{\mu} = (\mu_1, \mu_2, \cdots, \mu_n)^T \tag{2-45}$$

② 总体协方差矩阵

$$\text{Cov}(\boldsymbol{X}) = E[(\boldsymbol{X} - \boldsymbol{\mu})(\boldsymbol{X} - \boldsymbol{\mu})^T] = \begin{bmatrix} \sigma_{11} & \sigma_{12} & \cdots & \sigma_{1n} \\ \sigma_{21} & \sigma_{22} & \cdots & \sigma_{2n} \\ \cdots & \cdots & & \cdots \\ \sigma_{n1} & \sigma_{n2} & \cdots & \sigma_{nn} \end{bmatrix} = (\sigma_{jk})_{n \times n} \tag{2-46}$$

其中,$\sigma_{jk} = \text{Cov}(X_{(j)}, X_{(k)}) = E[(X_{(j)} - \mu_j)(X_{(k)} - \mu_k)^T]$。特别地,当 $j = k$ 时,$\sigma_{jj} = \sigma_j^2 = \text{Var}(X_{(j)})$。

③ 总体的分量 $X_{(j)}, X_{(k)}$ 的相关系数

$$\rho_{jk} = \frac{\sigma_{jk}}{\sqrt{\sigma_{jj}}\sqrt{\sigma_{kk}}} = \frac{\sigma_{jk}}{\sigma_j \sigma_k} \tag{2-47}$$

④ 总体的相关矩阵

$$\boldsymbol{\rho} = \begin{bmatrix} 1 & \rho_{12} & \cdots & \rho_{1n} \\ \rho_{21} & 1 & \cdots & \rho_{2n} \\ \cdots & \cdots & & \cdots \\ \rho_{n1} & \rho_{n2} & \cdots & 1 \end{bmatrix} = (\rho_{jk})_{n \times n} \tag{2-48}$$

总有 $\rho_{jj} = 1$,$|\rho_{jk}| \leq 1$。

2.7.2 特征空间分布分析

1. 分布密度函数

设观测数据是从总体 X 中取出的样本,总体的分布函数是 $F(X)$。当 X 为离散分布时,总体的分布可由概率分布刻画

$$p_i = P\{X = X_i\} \qquad i = 1, 2, \cdots$$

总体为连续分布时,总体的分布可由概率密度 $f(X)$ 刻画。几种常用的一维连续总体分布的概率密度如下。

正态分布

$$P(x) = \frac{1}{\sqrt{2\pi}\sigma} \exp\left(-\frac{(x-\mu)^2}{2\sigma^2}\right) \tag{2-49}$$

对数正态分布

$$P(x) = \begin{cases} \dfrac{1}{\sqrt{2\pi}\sigma(x-\theta)} \exp\left[-\dfrac{(\log(x-\theta)-\zeta)^2}{2\sigma^2}\right], & x > \theta \\ 0, & \text{其他} \end{cases} \tag{2-50}$$

指数分布

$$P(x) = \begin{cases} \dfrac{1}{\sigma}\exp\left(-\dfrac{x-\theta}{\sigma}\right), & x > \theta \\ 0, & 其他 \end{cases} \quad (2-51)$$

Γ 分布(Gamma 分布)

$$P(x) = \begin{cases} \dfrac{1}{\Gamma(\alpha)}\sigma\left(\dfrac{x-\theta}{\sigma}\right)^{\alpha-1}\exp\left(-\dfrac{x-\theta}{\sigma}\right), & x > \theta \\ 0, & 其他 \end{cases} \quad (2-52)$$

2. 多维正态分布的性质

在进行模式识别方法的研究时,常用正态分布概率模型来抽取所需要的训练样本集和测试样本集,在数学上实现起来比较方便。

若 n 维总体 $\boldsymbol{X} = (\boldsymbol{X}_{(1)}, \boldsymbol{X}_{(2)}, \cdots, \boldsymbol{X}_{(n)})^T$ 具有概率密度

$$\begin{aligned}P(\boldsymbol{X}) &= P(x_1, x_2, \cdots, x_n) \\ &= \dfrac{1}{(2\pi)^{\frac{n}{2}}|\boldsymbol{\Sigma}|^{\frac{1}{2}}}\exp\left\{-\dfrac{1}{2}(\boldsymbol{X}-\boldsymbol{\mu})^T\boldsymbol{\Sigma}^{-1}(\boldsymbol{X}-\boldsymbol{\mu})\right\}\end{aligned} \quad (2-53)$$

则称 n 维总体服从 n 维正态分布。记为 $N_n(\boldsymbol{\mu}, \boldsymbol{\Sigma})$。记 $\boldsymbol{X} = (\boldsymbol{X}_{(1)}, \boldsymbol{X}_{(2)}, \cdots, \boldsymbol{X}_{(n)})$,则可证,$n$ 维随机向量 $\boldsymbol{X}$ 的总体均值向量为 $\boldsymbol{\mu}$,总体协方差矩阵为 $\boldsymbol{\Sigma}$。多维正态分布的性质有以下几点。

(1) 参数 $\boldsymbol{\mu}$ 和 $\boldsymbol{\Sigma}$ 对分布的决定性

多元正态分布由总体均值向量 $\boldsymbol{\mu}$ 和总体协方差矩阵 $\boldsymbol{\Sigma}$ 所完全决定。由 $\boldsymbol{\mu} = E(\boldsymbol{X})$ 和 $\boldsymbol{\Sigma} = E[(\boldsymbol{X}-\boldsymbol{\mu})(\boldsymbol{X}-\boldsymbol{\mu})^T]$ 可见,总体均值向量 $\boldsymbol{\mu}$ 由 n 个分量组成,总体协方差矩阵 $\boldsymbol{\Sigma}$ 由于其对称性故其独立元素只有 $n(n+1)/2$ 个,所以,多元正态分布由 $n + n(n+1)/2$ 个参数所完全决定。

(2) 不相关性等价于独立性

在数理统计中,一般来说,若两个随机变量 x_i 和 x_j 之间不相关,并不意味着它们之间一定独立。下面给出不相关与独立的定义。

若 $E\{x_i x_j\} = E\{x_i\}E\{x_j\}$,则定义随机变量 x_i 和 x_j 是不相关的。

若 $p(x_i x_j) = p(x_i)p(x_j)$,则定义随机变量 x_i 和 x_j 是独立的。

从它们的定义中可以看出,独立性是比不相关性更强的条件,独立性要求 $p(x_i x_j) = p(x_i)p(x_j)$ 对于 x_i 和 x_j 都成立,而不相关性说的是两个随机变量的积的期望等于两个随机变量的期望的积,它反映了 x_i 和 x_j 总体的性质。若 x_i 和 x_j 相互独立,则它们之间一定不相关;反之则不一定成立。

对多维正态分布的任意两个分量 x_i 和 x_j 而言,若 x_i 和 x_j 互不相关,则它们之间一定独立。这就是说,在正态分布中不相关性等价于独立性。

(3) 边缘分布和条件分布的正态性

多维正态分布的边缘分布和条件分布仍然是正态分布。

(4) 线性变换的正态性

设 $\boldsymbol{X} \sim N_n(\boldsymbol{\mu}, \boldsymbol{\Sigma})$,又 $\boldsymbol{Y} = \boldsymbol{A}\boldsymbol{X} + \boldsymbol{b}$,其中 $\boldsymbol{b}$ 是 n 维常向量,$\boldsymbol{A}$ 是 $l \times n$ 矩阵,$\text{rank}(\boldsymbol{A}) = l$,则

$$Y \sim N_l(A\boldsymbol{\mu} + \boldsymbol{b}, A\boldsymbol{\Sigma}A^\mathrm{T})$$

即 Y 服从以 $A\boldsymbol{\mu}+\boldsymbol{b}$ 为均值，以 $A\boldsymbol{\Sigma}A^\mathrm{T}$ 为协方差矩阵的 l 维正态分布。

3. 多维正态分布总体参数的估计

在实际中，多维正态分布 $N(\boldsymbol{\mu},\boldsymbol{\Sigma})$ 的参数 $\boldsymbol{\mu}$ 和 $\boldsymbol{\Sigma}$ 常常是未知的，需要通过样本来估计。

记 $X_1,X_2,\cdots,X_N$ 是从总体 X 中取出的一个样本，设总体的分布是连续型的，分布密度函数为 $p(X,\theta_1,\theta_2,\cdots,\theta_k)$，其中 $\theta_1,\theta_2,\cdots,\theta_k$ 是待估计的未知参数，对于给定的 $X_1,X_2,\cdots,X_N$，使函数 $\prod_{i=1}^{N}p(X_i,\theta_1,\theta_2,\cdots,\theta_k)$ 达到最大值的 $\theta_1,\theta_2,\cdots,\theta_k$，应用它们分别作为 $\theta_1,\theta_2,\cdots,\theta_k$ 的估值。由于 $\ln\prod_{i=1}^{N}p(X_i,\theta_1,\theta_2,\cdots,\theta_k)$ 与 $\prod_{i=1}^{N}p(X_i,\theta_1,\theta_2,\cdots,\theta_k)$ 在同一点 $\theta_1,\theta_2,\cdots,\theta_k$ 上达到最大值，因此，引入函数

$$L(\theta_1,\theta_2,\cdots,\theta_k) = \ln\prod_{i=1}^{N}p(X_i,\theta_1,\theta_2,\cdots,\theta_k) = \sum_{i=1}^{N}\ln p(X_i,\theta_1,\theta_2,\cdots,\theta_k)$$

它称为似然函数，只要解方程组

$$\frac{\partial L}{\partial \theta_i} = 0, (i=1,2,\cdots,k) \tag{2-54}$$

就可以从中确定所要求的 $\theta_1,\theta_2,\cdots,\theta_k$，它们分别称为参数 $\theta_1,\theta_2,\cdots,\theta_k$ 的最大似然估值。如果总体的分布是离散型的，只要把上述似然函数中的 $p(X_i,\theta_1,\theta_2,\cdots,\theta_k)$ 取为 $P(X=X_i)$ 就可以了。具体实现步骤如下。

① 设 $X_1,X_2,\cdots,X_N$ 是来自总体 $N_n(\boldsymbol{\mu},\boldsymbol{\Sigma})$ 的简单随机样本，则 $X_1,X_2,\cdots,X_N$ 的联合概率密度是 $\boldsymbol{\mu}$、$\boldsymbol{\Sigma}$ 的函数。

② 构造似然函数

$$\begin{aligned} L(\boldsymbol{\mu},\boldsymbol{\Sigma}) &= \prod_{i=1}^{N}\frac{1}{(2\pi)^{\frac{n}{2}}|\boldsymbol{\Sigma}|^{\frac{1}{2}}}\exp\left\{-\frac{1}{2}(X_i-\boldsymbol{\mu})^\mathrm{T}\boldsymbol{\Sigma}^{-1}(X_i-\boldsymbol{\mu})\right\} \\ &= (2\pi)^{-\frac{Nn}{2}}|\boldsymbol{\Sigma}|^{-\frac{N}{2}}\exp\left\{-\frac{1}{2}\boldsymbol{\Sigma}(X_i-\boldsymbol{\mu})^\mathrm{T}\boldsymbol{\Sigma}^{-1}(X_i-\boldsymbol{\mu})\right\} \end{aligned} \tag{2-55}$$

注意：当得到样本观测值 $X_1,X_2,\cdots,X_N$ 后，$L(\boldsymbol{\mu},\boldsymbol{\Sigma})$ 是 $X_1,X_2,\cdots,X_N$ 的函数。

③ 对总体 $\boldsymbol{\mu}$ 和 $\boldsymbol{\Sigma}$ 的最大似然估计。在统计学中，$\boldsymbol{\mu}$、$\boldsymbol{\Sigma}$ 是未知的，需要由样本观测值 $X_1,X_2,\cdots,X_N$ 估计。若 $\boldsymbol{\mu}$、$\boldsymbol{\Sigma}$ 作为 $X_{(1)},X_{(2)},\cdots,X_{(n)}$ 的函数

$$\boldsymbol{\mu} = \hat{\boldsymbol{\mu}}(X_{(1)},X_{(2)},\cdots,X_{(n)})$$
$$\boldsymbol{\Sigma} = \boldsymbol{\Sigma}(X_{(1)},X_{(2)},\cdots,X_{(n)})$$

满足 $L(\hat{\boldsymbol{\mu}},\hat{\boldsymbol{\Sigma}}) = \max_{\boldsymbol{\mu},\boldsymbol{\Sigma}} L(\boldsymbol{\mu},\boldsymbol{\Sigma})$，则 $\hat{\boldsymbol{\mu}}$、$\hat{\boldsymbol{\Sigma}}$ 称为 $\boldsymbol{\mu}$、$\boldsymbol{\Sigma}$ 的最大似然估计。

对任意 N 维总体，均值向量 $\bar{X}$、协方差矩阵 S 是总体均值向量 $\boldsymbol{\mu}$、总体协方差矩阵 $\boldsymbol{\Sigma}$ 的估计。而对 N 维正态总体，$\boldsymbol{\Sigma}$ 的最大似然估计为

$$\hat{\boldsymbol{\Sigma}} = \frac{N-1}{N}S \tag{2-56}$$

当 N 较大时，$\hat{\boldsymbol{\Sigma}} \approx S$。因 S 是 $\boldsymbol{\Sigma}$ 的无偏估计，通常仍以 S 作为 $\boldsymbol{\Sigma}$ 的估计。

2.8 手写数字特征提取与空间分布分析

2.8.1 手写数字特征提取

本书以手写数字作为模式分类的实例,重点介绍模式识别理论与实现方法,说明各种算法是否有效。

对数字识别特征提取可以有多种方法,有的分析从框架的左边框到数字之间的距离变化,反映了不同数字的不同形状,这可以用来作为数字分类的依据,距离变化提取特征法示意图如图 2-5 所示;另外一种方法则是在每个数字图形上定义一个 $N \times N$ 模板,将每个样品的长度和宽度 N 等分,平均有 $N \times N$ 个等份,对每一份内的像素个数进行统计,除以每一份的面积总数,即得特征初值。

5×5 模板提取特征法如图 2-6(b) 所示。首先找到每个手写样品的起始位置,在此附近搜索该样品的宽度和高度,将每个样品的长度和宽度 5 等分,构成一个 5×5 的均匀小区域,见图 2-6(a);对于每一小区域内的黑像素个数进行统计,除以该小区域的面积总数,即得特征值,见图 2-6(b)。当然读者可以根据需要进行修改,N 值越大,模板也越大,特征越多,区分不同的物体能力越强。但同时计算量增加,运行等候的时间增长,所需要的样本库也成倍增加,一般样本库的个数为特征数的 5~10 倍,这里特征总数为 $5 \times 5 = 25$,每一种数字就需要至少 125 个标准样本,10 个数字需要 1250 个标准样本,可想而知数目已经不少了。如果 N 值过小,则不利于不同物体间的区分。

(a) 将样品分成5×5的区域 (b) 5×5模板特征值示意图

图 2-5 距离变化提取特征法示意图   图 2-6 5×5 模板提取特征法

对于手写数字提取模板特征的好处是,针对同一形状、不同大小的样品得到的特征值相差不大。有能力将同一形状、不同大小的样品视为同类,因此这里要求物体至少在宽度和长度上大于 5 个像素,太小则无法正确分类。当然读者可以根据需要进行修改,像素值越大,模板也越大,特征越多,区分不同物体的能力越强,但同时计算量增加,运行等候的时间增长,所需样品库也成倍增加。

在本书配套程序中,读者可以手写一个数字,然后应用不同的模式识别算法实现对数字的识别。识别过程如下。

(1) 手写数字

在界面上手写一个数字,按"清除"键后可重新书写。

(2) 手写数字的特征提取

① 搜索数据区,找出手写数字的上、下、左、右边界。

② 将数字区域平均分为 5×5 的小区域。

③ 计算 5×5 的每一个小区域中黑像素所占比例,第一行的 5 个比例值保存到特征的前 5 个,第二行对应着特征的第 6~10 个,以此类推。

(3) 建立训练集特征库

分类器的设计方法属于监督学习法。在监督学习的过程中,为了能够对未知事物进行分类,必须输入一定数量的样本(这些样本的类别已知),构建训练集,提取这些样本的特征,构造分类器,然后对任何未知类别的事物进行模式识别。读者可以直接书写数字,单击"请选择类别"下拉列表框,为手写的数字选择其对应的类别。单击"保存样本"按钮,根据提示,将样本保存到样本库的首位,保存样本示意图如图 2-7 所示。

图 2-7 保存样本示意图

(4) 通过对话框查看样本库样本个数

单击"请选择类别"下拉列表框,选择一个类别。然后单击"查看样本特征"按钮,可以在 MATLAB 命令窗口查看每个类别的样本特征值。

(5) 分类识别

用分类器判别样品类型。

在分类程序中,样本库训练集的特征值是程序开发人员按照自己手写数字习惯来建立的,因此,可能会发生对读者的手写数字分类有误的情况。为了尽量避免此类情况发生,我们把每次添加的手写数字放在样本训练集的首位,读者可以尽量多写一些数字以使程序适应您的书写样式。

2.8.2 手写数字特征空间分布分析

在工程上的许多问题中,统计数据往往满足正态分布规律。正态分布简单,参量少,分析方便,是一种适宜的数学模型。

尽管不同人的手写数字形状有所差别,但当在特征空间中对某一类的特征进行观察时,会发现这些手写的数字较多地分布在这一类的均值附近,远离均值的较少,因此用正态分布作为这一类的概率模型是合理的。

要想了解手写数字特征空间分布情况,需要根据现有的训练样本集,对总体参数做点估计和区间估计,然后假设样本的总体分布函数,对总体分布函数进行统计假设检验。由于对手写数字提取了 25 维特征,为了简化分布分析过程,对手写数字特征空间水平投影降维为 5 维。在此基础上进行主成分分析,提取第一主成分分量作为有效特征,进行一维正态分布分析。

1. 手写数字总体参数的估计

(1) 总体参数的点估计

采用最大似然法对手写数字总体参数进行点估计。

由于假设手写数字特征分布遵从正态分布 $N(\mu,\sigma^2)$,但总体参数 $\theta(\mu,\sigma^2)$ 未知,用总体的 N 次观测值 $x_1,x_2,\cdots,x_N$ 进行正态总体的参数估计,求 μ、σ^2 的最大似然估值。

一元总体的分布密度函数为

$$p(x,\mu,\sigma) = \frac{1}{\sqrt{2\pi}\sigma}\mathrm{e}^{\frac{(x-\mu)^2}{2\sigma^2}} \tag{2-57}$$

似然函数为

$$L(\mu,\sigma) = -\frac{1}{2\pi\sigma^2}\sum_{i=1}^{N}(x_i-\mu)^2 - n\ln\sigma - \frac{n}{2}\ln 2 \tag{2-58}$$

解方程组

$$\begin{cases} \frac{\partial L}{\partial u} = 0 \\ \frac{\partial L}{\partial \sigma} = 0 \end{cases}$$

得

$$\mu = \bar{x} = \frac{1}{N}\sum_{i=1}^{N}x_i$$

$$\sigma^2 = \frac{1}{N}\sum_{i=1}^{N}(x_i-\bar{x})^2$$

容易检验 μ、σ^2 确实使 $L(\mu,\sigma)$ 取到最大值,因此它们分别是 μ、σ^2 的最大似然估值。

(2) 估值好坏的判别标准

① 无偏性。如果参数 θ 的估值 $\hat{\theta}_N(x_1,x_2,\cdots,x_N)$ 满足关系式

$$E\hat{\theta}_N = \theta$$

则称 $\hat{\theta}_N$ 是 θ 的无偏估值。

② 有效性。如果 $\hat{\theta}$ 和 $\hat{\theta}'$ 都是参数 θ 的无偏估值

$$D\hat{\theta} \leqslant D\hat{\theta}'$$

则称 $\hat{\theta}$ 比 $\hat{\theta}'$ 有效。进一步,如果固定样本的容量为 N,使 $D\hat{\theta}'$ = 极小值的无偏估值,$\hat{\theta}$ 就成为 θ 的有效估值。

③ 一致性。如果对任意给定的正数 ε,总有

$$\lim_{N\to\infty}P(|\hat{\theta}_N-\theta|>\varepsilon)=0$$

则称 θ 的估值 $\hat{\theta}_N$ 是一致的。当

$$\lim_{N\to\infty}E|\hat{\theta}_N-\theta|^r=0$$

对某 $r \geq 0$ 成立时，$\hat{\theta}_N$ 是 θ 的一致估值。

(3) 总体参数的区间估计

在一次试验中，概率很小(接近于零)的事件被认为是实际上不可能发生的事件；而概率接近于 1 的事件被认为是实际上必然发生的事件。

对总体参数 $\theta(\mu, \sigma^2)$ 进行区间估计(即估计区间参数的取值范围)时，如果对于预先给定的很小的概率 α，能找到一个区间 (θ_1, θ_2)，使得

$$P(\theta_1 < \theta < \theta_2) = 1 - \alpha$$

那么称区间 (θ_1, θ_2) 为参数 θ 的置信区间，θ_1 和 θ_2 称为置信限(或临界值)；$\theta \leq \theta_1$ 和 $\theta \geq \theta_2$ 称为否定域；概率 α 称为显著性水平，$1-\alpha$ 称为置信水平(或置信概率)。

假设总体遵从正态分布 $N(\mu, \sigma^2)$。对于预先给定的显著性水平 α，可用一个小样本 $\{x_1, x_2, \cdots, x_N\}$ 的均值 $\bar{x}$ 和标准差 s 来估计总体的均值 μ 和方差 σ^2 的置信区间。(小样本)置信区间的估计方法见表 2-2。

表 2-2 (小样本)置信区间的估计方法

样本情况	总体参数 μ 或 σ^2 的置信区间	与置信区间有关的 K_α、t_α、χ_α^2 与 F_α 的确定
小样本已知总体方差	$\mu \in \left(\bar{x} - \dfrac{K_{\frac{\alpha}{2}} \sigma}{\sqrt{N}}, \bar{x} + \dfrac{K_{\frac{\alpha}{2}} \sigma}{\sqrt{N}} \right)$	$\int_{-K_{\frac{\alpha}{2}}}^{K_{\frac{\alpha}{2}}} \dfrac{1}{\sqrt{2\pi}} e^{-\frac{v^2}{2}} dv = 1 - \alpha$ 查正态分布表
小样本总体方差未知	$\mu \in \left(\bar{x} - \dfrac{t_\alpha s}{\sqrt{N}}, \bar{x} + \dfrac{t_\alpha s}{\sqrt{N}} \right)$	$\int_{-t_\alpha}^{t_\alpha} t(n-1) dv = 1 - \alpha$ 查 t 分布表(自由度为 $n-1$)
小样本已知总体均值	$\sigma^2 \in \left(\dfrac{1}{\chi_2^2} \sum_{i=1}^{N} (x_i - \mu)^2, \dfrac{1}{\chi_1^2} \sum_{i=1}^{N} (x_i - \mu)^2 \right)$	$\int_{\chi_1^2}^{\chi_2^2} \chi^2(n) dv = 1 - \alpha$ 查 χ^2 分布表(自由度为 n)
小样本总体均值未知	$\sigma^2 \in \left(\dfrac{N-1}{\chi_2^2} s^2, \dfrac{N-1}{\chi_1^2} s^2 \right)$	$\int_{\chi_1^2}^{\chi_2^2} \chi^2(n-1) dv = 1 - \alpha$ 查 χ^2 分布表(自由度为 $n-1$)

2. 总体分布函数的 χ^2 检验法

(1) χ^2 检验法

χ^2 检验法是指在将数据按其取值范围进行分组后计算频数的基础上，考虑每个区间的实际频数 $\{v_i\}$ 与理论频数 $\{p_i\}$ 的差异，从而做出判断。它使用的统计量为

$$\chi^2 = \sum_{i=1}^{l} \dfrac{(v_i - Np_i)^2}{Np_i} \tag{2-59}$$

其中，N 为样本数据的容量，l 是分组数，p_i 的值根据原假设指定的分布求得。

(2) 检验步骤

假设 x 的分布函数为 $F(x)$，这时，相应的假设检验问题为

$$H_0: F(x) \equiv F_0(x) \leftrightarrow H_1: F(x) \text{ 不是 } F_0(x)$$

分两种情况进行统计假设检验。

① 设 $F_0(x) = F_0(x, \theta_1, \theta_2, \cdots, \theta_k)$ 为已知类型的分布函数，$\theta_1, \theta_2, \cdots, \theta_k$ 为参数(已知或部分已知)，$x_1, x_2, \cdots, x_N$ 为总体 X 的样本，把实轴$(-\infty, \infty)$分成 l 个不相交的区间：$(c_i, c_{i+1}]$ $(i=1,2,\cdots,l)$，$c_1 = -\infty$，$c_{l+1} = \infty$，其中$(c_l, c_{l+1}]$理解成(c_l, ∞)。

理论频数记为
$$p_i = F_0(c_{i+1}) - F_0(c_i) = P(c_i \leqslant x \leqslant c_{i+1})$$

X 的样本$\{x_1, x_2, \cdots, x_N\}$落在区间$(c_i, c_{i+1}]$的个数为 v_i(经验频数)，根据式(2-59)计算统计量χ^2。设 k 是原假设指定的分布类中的待估参数的个数，遵从自由度为 $l-k-1$ 的χ^2分布，应用χ^2检验法便可检验假设 $H_0: F(x) = F_0(x)$ 是否可信。

若原假设成立，χ^2的值应比较小，所以当χ^2取大的值时是极端情形。

例如，原假设是正态分布，$F_0(x) = \int_{-\infty}^{x} p(t, \mu, \sigma) \mathrm{d}t = \int_{-\infty}^{x} \frac{1}{\sqrt{2\pi}\sigma} e^{\frac{(t-\mu)^2}{2\sigma^2}} \mathrm{d}t$，此时 $k = 2$。统计学研究表明：当样本容量 N 充分大且原假设 H_0 为真时，χ^2统计量近似服从自由度为 $l-k-1$ 的χ^2分布，即

$$\chi^2 : \chi^2(l-k-1)$$

给定显著水平 α，设由样本观测值算得的χ^2值是χ_0^2。则当$\chi_0^2 > \chi_\alpha^2(l-k-1)$时，拒绝 H_0；否则，接受 H_0。

② $F_0(x)$ 的参数全部或一部分未知。设 $F_0(x)$ 有 l 个参数 $\theta_{j1}, \theta_{j2}, \cdots, \theta_{jl}(j \leqslant k)$ 未知，可先用最大似然估计法定出这 l 个参数的估值，把这些估值当作 $F_0(x)$ 的相应参数，于是类似①的情形可计算理论概率，再计算经验频数，那么按式(2-59)计算统计量。当 N 很大时遵从自由度为 $l-k-1$ 的χ^2分布。

应用χ^2检验法便可检验假设 $H_0: F(x) = F_0(x)$ 是否可信。

3. 手写数字特征空间分布分析

由于对手写数字用模板法提取了 25 个特征，每种数字样本库总数约为 130 个，造成特征维数多，样品总数少的情况。为了分析样本的空间分布情况，采用行投影法将 25 个特征压缩为 5 个，进一步采用主成分分析法，取特征值最大的主分量作为每个样品的特征，进行正态分布检验，实现步骤如下。

① 选取样本库中的某一类全体样本 $X_{n \times N}$。
② 对 25 个特征做行投影变换，压缩为 5 个特征。
③ 用主成分分析法选取特征第一主成分。
  ➢ 计算 X 的协方差矩阵 $S_{n \times n}$。
  ➢ 计算 S 的特征值 $\lambda_1 > \lambda_2 > \cdots > \lambda_n$ 和相应特征向量 $C_{n \times n}$。
  ➢ 计算样本库样本的第一个主分量 $C_{n \times 1}^\mathrm{T} X_{n \times N}$。
④ 输出特征分布直方图。
⑤ 正态分析检验。

4. 编程代码

```
function h = zhengtai(x)
```

```
%%%%%%%%%%%%%%%%%%%%%%%%%%%%%%%%%%%%%%%%
% 函数名称:zhengtai
% 参数:x,要验证的类别的样本特征
% 返回值:h,正态分布检验结果;0,满足正态分布;1,不满足正态分布
% 函数作用:验证样本特征是否满足正态分布
%%%%%%%%%%%%%%%%%%%%%%%%%%%%%%%%%%%%%%%%
clc;
for i = 1:5
    m(i,:) = sum(x((i-1)*5+1:(i-1)*5+5,:));%特征压缩从25维到5维
end
dsig_cov = cov(m');%求dsig的协方差矩阵
[pc,latent,tspuare] = pcacov(dsig_cov);%主成分分析
pc(:,2:5) = [];%保留第一个特征
y = m'*pc;%求第一个主分量
figure(2);
hist(y,40);%画直方图
h = jbtest(y,0.05);%正态分布检验
```

5. 效果图

数字0特征空间分布检验效果如图2-8所示。

(a) 直方图　　　　　　　　　　　(b) 正态分布检验结果

图2-8　数字0特征空间分布检验效果

本章小结

在实际应用中,信息采集对象多数是多特征、高噪声、非线性的数据集。人们只能尽量多列一些可能有影响的因素,在样本数不是很多的情况下,用很多特征进行分类器设计,无论从计算的复杂程度还是就分类器性能来看都是不适宜的。因此研究如何把高维特征空间压缩到

低维特征空间就成了一个重要的课题。特征选择与提取是模式识别的基础环节,从样本采集到建立满意的特征和特征库,需要经过多次反复试验。本章将多元统计分析与模式识别特征处理理论相结合,主要介绍了样本特征库初步分析方法,特征筛选处理方法,特征选择及搜索算法,特征评估方法,基于主成分分析的特征提取方法;并介绍了特征空间统计量的描述及特征空间分布分析方法,以及手写数字的特征提取与分析。

习题 2

1. 简述样本数量与特征数目的关系,若采集的手写数字各个类别的样本数目少于特征数目,能否对手写数字进行分类?
2. 某一个特征与目标的相关系数为 0,该特征是否应被删除?
3. 简述特征选择搜索算法。
4. 简述几种常用的特征评估方法。
5. 简述主成分分析的实现方法。
6. 简述总体参数的点估计方法。
7. 简述总体分布函数的统计假设检验方法。

第 3 章 模式相似性测度

本章要点：
- ☑ 模式相似性测度的基本概念
- ☑ 距离测度分类法

3.1 模式相似性测度的基本概念

模式识别最基本的研究问题是样品与样品之间或类与类之间相似性测度问题。判断样品之间的相似性常采用近邻准则，即将待分类样品与标准模板进行比较，看跟哪个模板匹配程度更高些，从而确定待测试样品的分类。近邻法则在原理上属于模板匹配。它将训练样品集中的每个样品都作为模板，用测试样品与每个模板做比较，看与哪个模板最相似（即为近邻），就将最近似的模板的类别作为自己的类别。计算模式相似性测度有欧式距离、马氏距离、夹角余弦距离、Tanimoto 测度等多种距离算法。依照近邻准则进行分类通常有两种计算方法，一种方法是通过与样本库所有样品特征分别做相似性测度，找出最接近的样品，取该样品所属类别作为待测样品的类别。另一种方法是与样本库中不同类别的中心或重心做相似性测度，找出最接近类的中心，以该类作为待测样品的类别。例如，A 类有 10 个训练样品，因此有 10 个模板；B 类有 8 个训练样品，就有 8 个模板。一种方法是：任何一个待测试样品在分类时都与这 18 个模板算一算相似性测度，如果最相似的那个近邻是 B 类中的一个，就确定待测试样品为 B 类；否则为 A 类。另一种方法是：分别求出 A 类和 B 类的中心，待测试样品分别与这两个中心做相似性测度，与哪个类的中心最接近，就将待测样品归为该类。

原理上说近邻法是最简单的。但是近邻法有一个明显的缺点就是计算量大，储存量大，要储存的模板很多，当每个测试样品要对每个模板计算一次相似性测度时，所需的计算时间相对其他方法多一些。

1. 样品与样品之间的距离

设有两个样品 X_i、X_j 的特征向量分别为

$$X_i = \begin{pmatrix} x_{i1} \\ x_{i2} \\ \vdots \\ x_{in} \end{pmatrix} = (x_{i1}, x_{i2}, \cdots, x_{in})^T, \quad X_j = \begin{pmatrix} x_{j1} \\ x_{j2} \\ \vdots \\ x_{jn} \end{pmatrix} = (x_{j1}, x_{j2}, \cdots, x_{jn})^T$$

样品间的距离示意图如图 3-1 所示。这两个样品可能在同一个类中，见图 3-1(a)；也可能在不同的类中，见图 3-1(b)。因此，可以计算同一个类内样品与样品之间的距离，也可以计算不同类样品与样品之间的距离。

样品与样品间的距离计算有五种方法，分别是欧氏距离法、马氏距离法、夹角余弦距离法、

二值夹角余弦法和具有二值特征的 Tanimoto 测度法，样品间的距离计算公式见表 3-1。

图 3-1 样品间的距离示意图
(a) 同类内的样品间的距离
(b) 不同类样品间的距离

表 3-1 样品间的距离计算公式

计算距离方法	样品间距离计算公式	说　明
欧氏距离法	$D_{ij}^2 = (X_i - X_j)^T(X_i - X_j) = \|X_i - X_j\|^2 = \sum_{k=1}^{n}(x_{ik} - x_{jk})^2$	D_{ij} 越小，则两个样品距离越近，就越相似
马氏距离法	$D_{ij}^2 = (X_i - X_j)^T S^{-1}(X_i - X_j)$ $S = \dfrac{1}{N-1}\sum_{i=1}^{N}(X_i - \bar{X})(X_i - \bar{X})^T$ $\bar{X} = \dfrac{1}{N}\sum_{i=1}^{N}X_i$	D_{ij} 越小，则两个样品距离越近，就越相似
夹角余弦距离法	$S(X_i, X_j) = \cos\theta = \dfrac{X_i^T X_j}{\|X_i\| \cdot \|X_j\|}$	S 值越大，则相似度大
二值夹角余弦法	$S(X_i, X_j) = \cos\theta = \dfrac{X_i^T X_j}{\sqrt{(X_i^T X_i)(X_j^T X_j)}}$	要求 X_i、X_j 向量的各个特征都以二值(0 或 1)表示，S 越大越相似
具有二值特征的 Tanimoto 测度法	$S(X_i, X_j) = \dfrac{X_i^T X_j}{X_i^T X_i + X_j^T X_j - X_i^T X_j}$	要求 X_i、X_j 向量的各个特征都以二值(0 或 1)表示，S 越大越相似

2. 样品与类之间的距离

样品与类之间的距离如图 3-2 所示。ω 代表某类样品的集合，ω 中有 N 个样品，X 是某一个待测样品。

样品与类之间距离的计算方法有两种。

① 计算该样品到 ω 类内各个样品之间的距离，将这些距离求和，取平均值作为样品与类之间的距离。样品与类之间的距离可描述为

图 3-2 样品与类之间的距离

$$\overline{D^2(X,\omega)} = \frac{1}{N}\sum_{i=1}^{N}D^2(X, X_i^{(\omega)}) = \frac{1}{N}\sum_{i=1}^{N}\sum_{k=1}^{n}|x_k - x_{ik}^{(\omega)}|^2 \tag{3-1}$$

② 计算 ω 类的中心点 $M^{(\omega)}$，以 ω 中的所有样品特征的平均值作为类中心，然后计算待测样品 X 到 ω 的中心点 $M^{(\omega)}$ 的距离。

$$D^2(\boldsymbol{X},\omega) = D^2(\boldsymbol{X},\boldsymbol{M}^{(\omega)}) = \sum_{k=1}^{n} |x_k - m_k^{(\omega)}|^2 \qquad (3-2)$$

本书实例均采用式(3-2)作为样品与类之间的距离计算公式。

3. 类内距离

类内距离是指同一个类内任意样品之间距离之和的平均值。ω 类内的距离如图 3-3 所示，类内点集 $\{\boldsymbol{X}_i, i = 1,2,\cdots,N\}$，各点之间的内部距离平方为 $\overline{D^2(\{\boldsymbol{X}_i\},\{\boldsymbol{X}_j\})}$，$(i,j = 1,2,\cdots,N, i \neq j)$，从集内一固定点 $\boldsymbol{X}_i$ 到所有其他的 $N-1$ 个点 $\boldsymbol{X}_j$ 之间的距离平方为 $\overline{D^2(\boldsymbol{X}_i,\{\boldsymbol{X}_j\})} = \frac{1}{N-1}\sum_{\substack{j=1\\j\neq i}}^{N}\sum_{k=1}^{n}(x_{ik}-x_{jk})^2$。同样的道理，取 ω 内所有点的平均距离表示其类内距离：

$$\overline{D^2(\{\boldsymbol{X}_i\},\{\boldsymbol{X}_j\})} = \frac{1}{N}\sum_{i=1}^{N}\left[\frac{1}{N-1}\sum_{j=1}^{N}\sum_{k=1}^{n}(x_{ik}-x_{jk})^2\right] = \frac{1}{N(N-1)}\sum_{i=1}^{N}\sum_{\substack{j=1\\j\neq i}}^{N}\sum_{k=1}^{n}(x_{ik}-x_{jk})^2 \qquad (3-3)$$

4. 类与类之间的距离

设有两个类 ω_i、ω_j，类间距离如图 3-4 所示，计算类与类之间的距离有多种方法，例如最短距离法、最长距离法、重心法和平均距离法等，类间的距离计算见表 3-2。

图 3-3　ω 类内的距离　　　　图 3-4　类间距离

表 3-2　类间的距离计算

距离方法	距离定义	说　　明
最短距离法	规定两个类间相距最近的两个点之间的距离，为两类的距离	$D_{i,j} = \min(d_{ij})$ $d_{ij} = \|\boldsymbol{X}_i - \boldsymbol{X}_j\|, \boldsymbol{X}_i \in \omega_i, \boldsymbol{X}_j \in \omega_j$
最长距离法	规定两个类间相距最远的两个点之间的距离，为两类的距离	$D_{ij} = \max(d_{ij})$ $d_{ij} = \|\boldsymbol{X}_i - \boldsymbol{X}_j\|, \boldsymbol{X}_i \in \omega_i, \boldsymbol{X}_j \in \omega_j$
重心法	将各类中所有样品的平均值作为类的重心，将两类的重心间的距离作为两类的距离	$D_{i,j} = \|\overline{\boldsymbol{X}^{(\omega_i)}} - \overline{\boldsymbol{X}^{(\omega_j)}}\|$ $\overline{\boldsymbol{X}^{(\omega_i)}} = \frac{1}{N_i}\sum_{\boldsymbol{X}\in\omega_i}\boldsymbol{X} \quad \overline{\boldsymbol{X}^{(\omega_j)}} = \frac{1}{N_j}\sum_{\boldsymbol{X}\in\omega_j}\boldsymbol{X}$ $N_i、N_j$ 分别是 $\omega_i、\omega_j$ 类中样品的个数
平均距离法	计算两类之间所有样品的距离，求和，取距离的平均值作为两类间的距离	$D_{i,j} = \frac{1}{N_iN_j}\sum_{\substack{\boldsymbol{X}_i\in\omega_i\\\boldsymbol{X}_j\in\omega_j}}\|\boldsymbol{X}_i - \boldsymbol{X}_j\|$

3.2 距离测度分类法

3.2.1 模板匹配法

1. 理论基础

最简单的识别方法就是模板匹配法，即把未知样品和一个标准样品模板相比，看它们是否相同或相似。下面讨论两类别和多类别的情况。

（1）两类别

设有两个标准样品模板为 A 和 B，其特征向量为 n 维特征：$X_A = (x_{A1}, x_{A2}, \cdots, x_{An})^T$ 和 $X_B = (x_{B1}, x_{B2}, \cdots, x_{Bn})^T$。任何一个待识别的样品 X，其特征向量为 $X = (x_1, x_2, \cdots, x_n)^T$，那么，它是 A 还是 B 呢？

用模板匹配法来识别，若 $X = X_A$，则该样品为 A；若 $X = X_B$，则该样品为 B。怎样知道 $X = X_A$，还是 $X = X_B$ 呢？最简单的识别方法就是利用距离来判别。如果 X 距离 X_A 比距离 X_B 近，则 X 属于 X_A，否则属于 X_B。这就是最小距离判别法。

任意两点 X、Y 之间的距离：

$$d(X, Y) = \left[\sum_{i=1}^{n} (x_i - y_i)^2 \right]^{\frac{1}{2}} \tag{3-4}$$

距离远近可作为判据，构成距离分类器，其判别法则为

$$\begin{cases} d(X, X_A) < d(X, X_B) \Rightarrow X \in A \\ d(X, X_A) > d(X, X_B) \Rightarrow X \in B \end{cases}$$

（2）多类别

设有 M 个类别：$\omega_1, \omega_2, \cdots, \omega_M$。每类由若干向量表示，如 ω_i 类，有

$$X_i = \begin{pmatrix} x_{i1} \\ x_{i2} \\ x_{i3} \\ \vdots \\ x_{in} \end{pmatrix}$$

对于任意被识别的样品 X，有

$$X = \begin{pmatrix} x_1 \\ x_2 \\ x_3 \\ \vdots \\ x_n \end{pmatrix}$$

计算距离 $d(X_i, X)$，若存在某一个 i，使

$$d(X_i, X) < d(X_j, X), j = 1, 2, \cdots, M, i \neq j$$

即到某一个样品最近，则 $X \in \omega_i$。

具体判别时，X、Y 两点距离可以用 $|X-Y|^2$ 表示，即

$$\begin{aligned}d(X,X_i) &= |X-X_i|^2 = (X-X_i)^{\mathrm{T}}(X-X_i)\\&= X^{\mathrm{T}}X - X^{\mathrm{T}}X_i - X_i^{\mathrm{T}}X + X_i^{\mathrm{T}}X_i\\&= X^{\mathrm{T}}X - (X^{\mathrm{T}}X_i + X_i^{\mathrm{T}}X - X_i^{\mathrm{T}}X_i)\end{aligned} \tag{3-5}$$

式中 $X^{\mathrm{T}}X_i + X_i^{\mathrm{T}}X - X_i^{\mathrm{T}}X_i$ 为特征的线性函数，可作为判别函数

$$d_i(X) = X^{\mathrm{T}}X_i + X_i^{\mathrm{T}}X - X_i^{\mathrm{T}}X_i \tag{3-6}$$

若 $d(X,X_i) = \min d_i(X)$，则 $X \in \omega_i$。这就是多类问题的最小距离分类法。

2. 实现步骤

① 待测样品 X 与训练集里每个样品 X_i 的距离为 $d(X,X_i) = |X-X_i|^2$。

② 循环计算待测样品和训练集中各已知样品之间的距离，找出距离待测样品最近的已知样品，该已知样品的类别就是待测样品的类别。

3. 编程代码

```
%%%%%%%%%%%%%%%%%%%%%%%%%%%%%%%%%%%%%%%%%
% 函数名称:neartemplet( )
% 参数:sample,待识别样品特征
% 返回值:y,待识别样品所属类别
% 函数功能:按照模板匹配法计算待测样品与样品库中的样品相似度
%%%%%%%%%%%%%%%%%%%%%%%%%%%%%%%%%%%%%%%%%
function y = neartemplet(sample);
    clc;
    load templet pattern;% 加载样品库
    d = 0;% 距离
    min = [inf,0];
    for i = 1:10
        for j = 1:pattern(i).num
            % 计算待测样品与样品库样品间的最小距离
            d = sqrt(sum((pattern(i).feature(:,j)-sample').^2));
            % 求最小距离及其类号
            if min(1) > d
                min(1) = d;
                min(2) = i-1;
            end
        end
    end
    % 输出类别
    y = min(2);
```

4. 效果图

模板匹配法运行效果如图 3-5 所示。

(a) 待测样品　　　　　　　(b) 分类结果

图 3-5　模板匹配法运行效果

3.2.2　基于 PCA 的模板匹配法

在使用基于 PCA 的模板匹配法之前，先对特征进行主成分分析。按照一定的贡献值，提取前 m 个主分量，用较低维数的特征进行分类。

1. 实现步骤

① 选取各类全体样品组成矩阵 $X_{n \times N}$，待测样品为 $X_{n \times 1}$。
② 计算 $X_{n \times N}$ 的协方差矩阵 $S_{n \times n}$。
③ 计算 $S_{n \times n}$ 的特征值 $\lambda_1 \geq \lambda_2 \geq \cdots \geq \lambda_n$ 和特征向量 $C_{n \times n}$。
④ 根据一定的贡献率，选取 $C_{n \times n}$ 的前 m 列，构成 $C_{n \times m}$。
⑤ 计算样品库样品主成分 $X_{m \times N} = C_{n \times m}^{T} X_{n \times N}$ 和样品主成分 $X_{m \times 1} = C_{n \times m}^{T} X_{n \times 1}$。
⑥ 采用模板匹配法进行多类别分类。

2. 编程代码

```
%%%%%%%%%%%%%%%%%%%%%%%%%%%%%%%%%%%%%%%%%%%%%%%%%%%
% 函数名称:pcaneartemplet( )
% 参数:sample,待识别样品特征
% 返回值:y,待识别样品所属类别
% 函数功能:按照基于 PCA 的模板匹配法计算待测样品与样品库中的样品相似度
%%%%%%%%%%%%%%%%%%%%%%%%%%%%%%%%%%%%%%%%%%%%%%%%%%%
function y = pcaneartemplet( sample ) ;
    clc ;
    load templet pattern ;
    % 对样品和样品库进行主成分分析
    [ pcapat,pcasamp ] = pcapro( sample ) ;
    temp = 0 ;
```

```
    for i = 1:10
        pattern(i).feature = pcapat(:,temp+1:temp+pattern(i).num);
        temp = temp + pattern(i).num;
    end
    d = 0;% 距离
    min = [inf,0];
    for i = 1:10
        for j = 1:pattern(i).num
            % 计算待测样品与样品库样品间的最小距离
            d = sqrt(sum((pattern(i).feature(:,j)-pcasamp).^2));
            % 求最小距离及其类号
            if min(1) > d
                min(1) = d;
                min(2) = i-1;
            end
        end
    end
    % 输出类别
    y = min(2);
%%%%%%%%%%%%%%%%%%%%%%%%%%%%%%%%%%%%%%%%%%%%%%%%%%
% 函数名称:pcapro()
% 参数:sample,待识别样品特征
% 返回值: y1,样品库样品经主成分分析后的主分量矩阵;y2,待识别样品经主成分分析后的
%   主分量向量
% 函数功能:对样品库和待测样品用主成分分析法进行降维
%%%%%%%%%%%%%%%%%%%%%%%%%%%%%%%%%%%%%%%%%%%%%%%%%%
function [y1,y2] = pcapro(sample)
    load templet pattern;% 加载样品库
    mixedsig = [];
    sum1 = 0;
    % 将所有类别的所有样品合并到 mixedsig
    for i = 1:10
        sum1 = sum1 + pattern(i).num;
        mixedsig = [mixedsig pattern(i).feature];
    end
    [Dim,NumofSampl] = size(mixedsig);% Dim 为特征数,NumofSampl 为样品总个数
    dsig_cov = cov(mixedsig');% 求 mixedsig 的协方差矩阵
    % 利用 pcacov()函数求得从大到小排好序的协方差矩阵的特征值 latent 和相应的特征向量 pc
    [pc,latent,tspuare] = pcacov(dsig_cov);
    temp = 0;con = 0;m = 0;
    % 根据贡献率取舍特征向量
    sum2 = sum(latent);
    for i = 1:25
```

```
            if( con < 0.9)
                temp = temp + latent( i);
                con = temp/sum2;
                m = m + 1;
            else
                break;
            end
        end
        pc(:,m + 1:25) = [ ];
        % 求待测样品主成分
        x = sample * pc;
        % 求样品库主成分
        y = mixedsig′ * pc;
        y1 = y′;
        y2 = x′;
```

3. 效果图

基于 PCA 的模板匹配法运行效果如图 3-6 所示。

(a) 待测样品　　　　　　　　(b) 分类结果

图 3-6　基于 PCA 的模板匹配法运行效果

3.2.3　马氏距离分类

1. 理论基础

设有 M 个类别: $\omega_1,\omega_2,\cdots,\omega_M$。如 ω_i 类，每类有 N_i 个样品，可表示为 $X^{(\omega_i)} = (X_1^{(\omega_i)}, X_2^{(\omega_i)}, X_3^{(\omega_i)}, \cdots, X_{N_i}^{(\omega_i)})^{\mathrm{T}}$。对于任意待识别的样品 $X = (x_1,x_2,x_3,\cdots,x_n)$，计算该样品到各类中心的马氏距离 $d^2(X,\omega_i) = (X - \overline{X^{(\omega_i)}})^{\mathrm{T}} S^{-1} (X - \overline{X^{(\omega_i)}})$，其中 $\overline{X^{(\omega_i)}}$ 为第 i 类的类中心，S 为全体样本的协方差矩阵。比较 X 到各类的距离若满足下式

$$d(X,\omega_i) < d(X,\omega_j) \quad j = 1,2,\cdots,M, i \neq j$$

则 X 到 ω_i 类最近，则 $X \in \omega_i$。

2. 实现步骤

① 待测样品 X 与训练集里每个类中心的距离采用马氏距离算法计算,计算公式为

$$d^2(X, \omega_i) = (X - \overline{X^{\omega_i}})^T S^{-1} (X - \overline{X^{\omega_i}})$$

② 循环计算待测样品到各类中心的马氏距离,找出距离最小的类别作为该待测样品的类别。

3. 编程代码

```matlab
%%%%%%%%%%%%%%%%%%%%%%%%%%%%%%%%%%%%%%%%%
% 函数名称:mahalanobis( )
% 参数:sample,待识别样品特征
% 返回值:y,待识别样品所属类别
% 函数功能:按照马氏距离算法计算待测样品与样品库中的样品相似度
%%%%%%%%%%%%%%%%%%%%%%%%%%%%%%%%%%%%%%%%%
function y = mahalanobis( sample );
    clc;
    load templet pattern;% 加载样品库
    pdata = [ ];
    c = 0;
    % 求协方差矩阵
    for i = 1:10
        for j = 1:pattern(i).num
            c = c + 1;
            pdata(:,c) = pattern(i).feature(:,j);
        end
    end
    % 求特征间的协方差矩阵及其逆矩阵
    s_cov = cov( pdata' );
    s_inv = inv( s_cov );
    d = 0;% 距离
    p = [ ];% 各类别的代表点
    dmin = [inf,0];
    % 求各类别中值点
    for i = 1:10
        temp = mean( pattern(i).feature' );
        p(:,i) = temp';
    end
    for i = 1:10
        % 计算待测样品与样品库样品间的马氏距离
        d = ( sample' - p(:,i) )' * s_inv * ( sample' - p(:,i) );
        % 求最小距离及其类号
        if dmin(1) > d
```

```
            dmin(1) = d;
            dmin(2) = i - 1;
        end
    end
% 输出类别
y = dmin(2);
```

4. 效果图

使用马氏距离算法识别效果如图 3-7 所示。

(a) 待测样品　　　　　　　　(b) 分类结果

图 3-7　使用马氏距离算法识别效果

本章小结

本章着重介绍了样品与样品、样品与类、类与类之间的相似性测度计算方法,介绍了模板匹配法、基于 PCA 的模板匹配法、马氏距离分类法等各种距离法的原理与实现步骤。采用距离法分类是本书所介绍的各种分类方法中最简单的一种,分类效果也非常理想。

习题 3

1. 简述模板匹配法的基本原理。
2. 用模板匹配法编程实现英文字符的识别。

第 2 篇

分类器设计篇

第4章 基于概率统计的贝叶斯分类器设计

本章要点：
- ☑ 贝叶斯决策的基本概念
- ☑ 基于最小错误率的贝叶斯决策
- ☑ 基于最小风险的贝叶斯决策
- ☑ 贝叶斯决策比较
- ☑ 基于最小错误率的贝叶斯分类实现
- ☑ 基于最小风险的贝叶斯分类实现

4.1 贝叶斯决策的基本概念

4.1.1 贝叶斯决策所讨论的问题

当分类器的设计完成后，一定能对待测样品进行正确分类吗？如果有错分类情况发生，那么是在哪种情况下发生的呢？错分类的可能性有多大呢？这些是模式识别中所涉及的重要问题，本节用概率论的方法分析造成错分类的原因，并说明错分类与哪些因素有关。

这里以某制药厂生产的药品检验识别为例，说明贝叶斯决策所要解决的问题。识别的目的是要依据 X 向量将药品划分为两类。正常药品表示为"+"，异常药品表示为"-"。可以用一直线作为分界线，这条直线是关于 X 的线性方程，称为线性分类器。线性可分示意图如图4-1所示。如果 X 向量被划分到直线右侧，则其为正常药品，若被划分到直线左侧，则其为异常药品，可见对其做出决策是很容易的，也不会出现什么差错。

问题在于可能会出现模棱两可的情况。此时，任何决策都存在判错的可能性。线性不可分示意图如图4-2所示，在直线 A、B 之间，属于不同类的样品在特征空间中相互穿插，很难用简单的分界线将它们完全分开，即所观察到的某一样品的特征向量为 X，在 M 类中又有不止一类可能呈现这一 X 值，无论直线参数如何设计，总会有错分类发生。如果以错分类最小为原则进行分类，则图中 A 直线可能是最佳的分界线，它使错分类的样品数量最小。但是如果将一个"-"样品错分成"+"类，所造成的损失要比将"+"样品分成"-"类严重，这是由于将异常药品误判为正常药品，会使病人因失去正确治疗的机会而遭受极大的损失；而把正常药品误判为异常药品会给企业带来一些损失。则偏向使对"-"类样品的错分类进一步减少，可以使总的损失最小，那么 B 直线就可能比 A 直线更适合作为分界线。可见，分类器参数的选择或者在学习过程中得到的结果取决于设计者选择什么样的准则函数。不同准则函数的最优解对应不同的学习结果，得到性能不同的分类器。

错分类往往难以避免，这种可能性可用 $P(\omega_i|X)$ 表示。如何做出合理的判决就是贝叶斯

决策所要讨论的问题。其中最有代表性的是基于最小错误率的贝叶斯决策与基于最小风险的贝叶斯决策。

图 4-1　线性可分示意图　　　　　图 4-2　线性不可分示意图

(1) 基于最小错误率的贝叶斯决策

它指出机器自动识别出现错分类的条件,错分类的可能性如何计算,如何实现使错分类出现可能性最小。

(2) 基于最小风险的贝叶斯决策

错分类有不同的情况,从图 4-2 可知,两种错误造成的损失不一样,不同的错分类造成的损失会不相同,因此就要考虑减小因错分类造成的危害损失。为此,引入一种"风险"与"损失"的概念,希望做到使风险最小,故应减小危害大的错分类的发生。

4.1.2　贝叶斯公式

若样品总体共有 M 类,已知各类样品在 n 维特征空间的统计分布,具体来说是已知各类别 $\omega_i(i=1,2,\cdots,M)$ 的先验概率 $P(\omega_i)$ 及类条件概率密度函数 $P(X|\omega_i)$。对于待测样品,贝叶斯公式可以计算出该样品分属各类别的概率,叫作后验概率;看 X 属于哪一类的可能性最大,就把 X 归于哪一类,后验概率可作为识别对象归属的依据。贝叶斯公式为

$$P(\omega_i|X) = \frac{P(X|\omega_i)P(\omega_i)}{\sum_{j=1}^{M}P(X|\omega_j)P(\omega_j)} \tag{4-1}$$

类别的状态是一个随机变量,而某种状态出现的概率是可以估计的。贝叶斯公式体现了先验概率、类条件概率密度函数、后验概率三者的关系。

1. 先验概率 $P(\omega_i)$

先验概率 $P(\omega_i)$ 是针对 M 个事件出现的可能性而言的,不考虑其他任何条件。例如,由统计资料表明总药品数为 N,其中正常药品数为 N_1,异常药品数为 N_2,则

$$P(\omega_1) = \frac{N_1}{N} \tag{4-2}$$

$$P(\omega_2) = \frac{N_2}{N} \tag{4-3}$$

我们称 $P(\omega_1)$ 及 $P(\omega_2)$ 为先验概率。显然在一般情况下正常药品所占比例较大,即

$P(\omega_1) > P(\omega_2)$。仅按先验概率来决策,就会把所有药品都划归为正常药品,并没有达到将正常药品与异常药品区分开的目的。这表明先验概率所提供的信息太少。

2. 类条件概率密度函数 $P(X|\omega_i)$

类条件概率密度函数 $P(X|\omega_i)$ 是指在已知某类别的特征空间中,出现特征值 X 的概率密度,即第 ω_i 类样品其属性 X 是如何分布的。假定只用其中的一个特征进行分类,以前文中的药品为例,将药品划分为两类并已知这两类的类条件概率密度函数分布,如图 4-3 所示。图 4-3 中,概率密度函数 $P(X|\omega_1)$ 是正常药品的属性分布,概率密度函数 $P(X|\omega_2)$ 是异常药品的属性分布。

图 4-3 类条件概率密度函数分析

在工程上的许多问题中,统计数据往往满足正态分布规律。正态分布简单、分析方便、参量少,是一种适宜的数学模型。如果采用正态密度函数作为类条件概率密度的函数形式,则函数内的参数,如期望和方差是未知的。那么问题就变成了如何利用大量样品对这些参数进行估计,只要估计出这些参数,类条件概率密度函数 $P(X|\omega_i)$ 也就确定了。

单变量正态密度函数为

$$P(x) = \frac{1}{\sqrt{2\pi}\sigma}\exp\left[-\frac{1}{2}\left(\frac{x-\mu}{\sigma}\right)^2\right] \tag{4-4}$$

μ 为数学期望(均值)

$$\mu = E(x) = \int_{-\infty}^{+\infty} xP(x)\mathrm{d}x \tag{4-5}$$

σ^2 为方差

$$\sigma^2 = E[(x-\mu)^2] = \int_{-\infty}^{+\infty}(x-\mu)^2 P(x)\mathrm{d}x \tag{4-6}$$

多维正态密度函数为

$$P(X) = \frac{1}{(2\pi)^{n/2}|S|^{1/2}}\exp\left[-\frac{1}{2}(X-\bar{\boldsymbol{\mu}})^\mathrm{T} S^{-1}(X-\bar{\boldsymbol{\mu}})\right] \tag{4-7}$$

式中,$X = (x_1, x_2, \cdots, x_n)$ 为 n 维特征向量;$\bar{\boldsymbol{\mu}} = (\mu_1, \mu_2, \cdots, \mu_n)$ 为 n 维均值向量;$S = E[(X-\bar{\boldsymbol{\mu}})(X-\bar{\boldsymbol{\mu}})^\mathrm{T}]$ 为 n 维协方差矩阵;S^{-1} 是 S 的逆矩阵;$|S|$ 是 S 的行列式。

在大多数情况下,类条件密度可以采用多维变量的正态密度函数来模拟。

$$\begin{aligned} P(X|\omega_i) &= \ln\left\{\frac{1}{(2\pi)^{n/2}|S_i|^{1/2}}\exp\left[-\frac{1}{2}(X-\overline{X^{(\omega_i)}})^\mathrm{T} S_i^{-1}(x-\overline{X^{(\omega_i)}})\right]\right\} \\ &= -\frac{1}{2}(X-\overline{X^{(\omega_i)}})^\mathrm{T} S_i^{-1}(X-\overline{X^{(\omega_i)}}) - \frac{n}{2}\ln 2\pi - \frac{1}{2}\ln|S_i| \end{aligned} \tag{4-8}$$

$\overline{X^{(\omega_i)}}$ 为 ω_i 类的均值向量。

3. 后验概率

后验概率是指呈现特征值 X 时，该样品分属各类别的概率，这个概率值可以作为待识别对象归类的依据。由于属于不同类的待识别对象存在着呈现相同观测值的可能，即所观测到的某一样品的特征向量为 X，而又有不止一类可能出现这一 X 值，那么它属于各类的概率又是多少呢？这种可能性可用 $P(\omega_i|X)$ 表示。可以利用贝叶斯公式来计算这种条件概率，称为状态的后验概率 $P(\omega_i|X)$。

$$P(\omega_i|X) = \frac{P(X|\omega_i)P(\omega_i)}{\sum_{j=1}^{M}P(X|\omega_j)P(\omega_j)} \tag{4-9}$$

$P(\omega_i|X)$ 表示在 X 出现的条件下，样品为 ω_i 类的概率。在这里要弄清楚条件概率这个概念。$P(A|B)$ 是条件概率的通用符号，在"|"右边的 B 为条件，左边的 A 为某个事件，即在某条件 B 下出现某个事件 A 的概率。

4. $P(\omega_1|X)$、$P(\omega_2|X)$ 与 $P(X|\omega_1)$、$P(X|\omega_2)$ 的区别

（1）$P(\omega_1|X)$、$P(\omega_2|X)$ 是在同一条件 X 下，ω_1 与 ω_2 出现的概率，若 $P(\omega_1|X) > P(\omega_2|X)$，则可以得出结论：在 X 条件下，事件 ω_1 出现的可能性大。后验概率比较图如图 4-4 所示。这种情况下，有 $P(\omega_1|X) + P(\omega_2|X) = 1$。

（2）$P(X|\omega_1)$、$P(X|\omega_2)$ 都是指各自条件下出现 X 的可能性，两者之间没有联系，比较两者没有意义。$P(X|\omega_1)$ 和 $P(X|\omega_2)$ 是在不同条件下讨论的问题，即使只有 ω_1 与 ω_2 两类，也有 $P(X|\omega_1) + P(X|\omega_2) \neq 1$。不能仅因为 $P(X|\omega_1) > P(X|\omega_2)$，就认为 X 是第一类事物的可能性较大。只有考虑先验概率这一因素，才能决定 X 条件下，判为哪一类的可能性比较大。

图 4-4 后验概率比较图

4.2 基于最小错误率的贝叶斯决策

假定得到一个待识别量的特征 X，每个样品有 n 个特征，即 $X = (x_1, x_2, \cdots, x_n)^T$，通过样品库，计算先验概率 $P(\omega_i)$ 及类条件概率密度函数 $P(X|\omega_i)$，得到呈现状态 X 时，该样品分属各类别的概率，显然这个概率值可以作为待识别对象归类的依据。由图 4-4 可知，在 X 值较小时，药品被判为正常是比较合理的，判断错误的可能性较小。基于最小错误概率的贝叶斯决策就是按后验概率的大小判决的。这个规则又可以根据类别数目，写成不同的几种等价形式。

1. 两类问题

若每个样品属于 ω_1、ω_2 类中的一类，已知两类的先验概率分别为 $P(\omega_1)$、$P(\omega_2)$，两类的类条件概率密度分别为 $P(X|\omega_1)$、$P(X|\omega_2)$。任给一 X，判断 X 的类别。由贝叶斯公式可知

$$P(\omega_j | \boldsymbol{X}) = P(\boldsymbol{X} | \omega_j) P(\omega_j) / P(\boldsymbol{X}) \tag{4-10}$$

由全概率公式可知

$$P(\boldsymbol{X}) = \sum_{j=1}^{M} P(\boldsymbol{X} | \omega_j) P(\omega_j) \tag{4-11}$$

其中 M 为类别。

对于两类问题

$$P(\boldsymbol{X}) = P(\boldsymbol{X} | \omega_1) P(\omega_1) + P(\boldsymbol{X} | \omega_2) P(\omega_2) \tag{4-12}$$

用后验概率来判别为

$$P(\omega_1 | \boldsymbol{X}) \begin{Bmatrix} > \\ < \end{Bmatrix} P(\omega_2 | \boldsymbol{X}) \Rightarrow \boldsymbol{X} \in \begin{Bmatrix} \omega_1 \\ \omega_2 \end{Bmatrix} \tag{4-13}$$

判别函数还有另外两种形式：

① 似然比形式

$$l(\boldsymbol{X}) = \frac{P(\boldsymbol{X} | \omega_1)}{P(\boldsymbol{X} | \omega_2)} \begin{Bmatrix} > \\ < \end{Bmatrix} \frac{P(\omega_2)}{P(\omega_1)} \Rightarrow \boldsymbol{X} \in \begin{Bmatrix} \omega_1 \\ \omega_2 \end{Bmatrix} \tag{4-14}$$

其中，式(4-14)中的 $l(\boldsymbol{X})$ 在统计学中称为似然比，而 $\dfrac{P(\omega_2)}{P(\omega_1)}$ 称为似然比阈值。

② 对数形式

$$\ln P(\boldsymbol{X} | \omega_1) - \ln P(\boldsymbol{X} | \omega_2) \begin{Bmatrix} > \\ < \end{Bmatrix} \ln P(\omega_2) - P(\omega_1) \Rightarrow \boldsymbol{X} \in \begin{Bmatrix} \omega_1 \\ \omega_2 \end{Bmatrix} \tag{4-15}$$

式(4-13)、式(4-14)、式(4-15)三种判别函数是一致的，也可以用后验概率来表示判别函数。

2. 多类问题

现在讨论多类问题的情况。在第 1 章中已经介绍了判别函数的一般形式，多类问题的判别如图 4-5 所示。

图 4-5 多类问题的判别

若样本分为 M 类 $\omega_1, \omega_2, \cdots, \omega_M$，各类的先验概率分别为 $P(\omega_1), P(\omega_2), \cdots, P(\omega_M)$，各类的类条件概率密度分别为 $P(\boldsymbol{X} | \omega_1), P(\boldsymbol{X} | \omega_2), \cdots, P(\boldsymbol{X} | \omega_M)$，就有 M 个判别函数。因此对于任一特征 $\boldsymbol{X}$，可以通过比较各个判别函数来确定 $\boldsymbol{X}$ 的类别。

$$P(\omega_i) P(\boldsymbol{X} | \omega_i) = \max_{1 \leq j \leq M} \{ P(\omega_j) P(\boldsymbol{X} | \omega_j) \} \Rightarrow \boldsymbol{X} \in \omega_i \qquad i = 1, 2, \cdots, M \tag{4-16}$$

就是把 X 代入 M 个判别函数中,看哪个判别函数最大,就把 X 归于哪一类。

判别函数的对数形式为

$$\ln P(\omega_i) + \ln P(X|\omega_i) = \max_{1 \leq j \leq M} \{\ln P(\omega_j) + \ln P(X|\omega_j)\} \Rightarrow X \in \omega_i \quad i = 1, 2, \cdots, M \quad (4-17)$$

由于先验概率通常是很容易求出的,贝叶斯分类器的核心问题就是求出类条件概率密度 $P(X|\omega_i)$,如果求出了条件概率,则后验概率就可以求出了,判别问题也就解决了。在大多数情况下,类条件概率密度可以采用多维变量的正态密度函数来模拟。所以此时正态分布的贝叶斯分类器判别函数为

$$h_i(X) = P(X|\omega_i)P(\omega_i) = \frac{1}{(2\pi)^{n/2}|S_i|^{1/2}} \exp\left[-\frac{1}{2}(X - \overline{X^{(\omega_i)}})S_i^{-1}(X - \overline{X^{(\omega_i)}})\right] P(\omega_i)$$

$$= -\frac{1}{2}(X - \overline{X^{(\omega_i)}})^T S_i^{-1}(X - \overline{X^{(\omega_i)}}) - \frac{n}{2}\ln 2\pi - \frac{1}{2}\ln|S_i| + \ln P(\omega_i) \quad (4-18)$$

总之,使用什么样的决策原则可以做到错误率最小呢?前提是要知道特征 X 分属不同类别的可能性,表示成 $P(\omega_i|X)$,然后根据后验概率最大值来分类。

3. 最小错误率证明

基于最小错误率的贝叶斯决策式:如果

$$P(\omega_i|X) = \max_{j=1,2} P(\omega_j|X), \text{则} X \in \omega_i \quad (4-19)$$

由于统计判别方法是基于统计参数做出决策的,因此错误率也只能从平均意义上讲,表示为在观测值可能取值的整个范围内错误率的均值。

为了直观说明,假设 X 只有一个特征,即 $n = 1$,于是 $P(X|\omega_1)$、$P(X|\omega_2)$ 都是一元函数,则可将整个特征空间分为不相交的两个部分 R_1 和 R_2。如果模式落在 R_1 内则判定它属于 ω_1 类;否则,判定它属于 ω_2 类。此时,求分类器相当于求 R_1 和 R_2 的分界线。

(1)第一类判错

如果 X 原属于 ω_1 类,却落在 R_2 内,称为第一类判错,错误率为

$$P_1(e) = P(X \in R_2|\omega_1) = \int_{R_2} P(X|\omega_1) dx$$

(2)第二类判错

如果 X 原属于 ω_2 类,却落在 R_1 内,称为第二类判错,错误率为

$$P_2(e) = P(X \in R_1|\omega_2) = \int_{R_1} P(X|\omega_2) dx$$

因此,平均错误率 $P(e)$ 可表示成

$$P(e) = \int_{R_2} P(X|\omega_1)P(\omega_1) dx + \int_{R_1} P(X|\omega_2)P(\omega_2) dx \quad (4-20)$$

贝叶斯平均错误率最小示意图如图 4-6 所示,因此,错误率为图中两个画线部分之和。

贝叶斯决策式(4-19)表明每个样品所属类别都使 $P(\omega_i|X)$ 为最大,实际上使 X 判错的可能性达到最小时,总的错误率为最小。按贝叶斯决策分类时,$\int_{R_2} P(X|\omega_1)P(\omega_1) dx = \int_{R_1} P(X|\omega_2)P(\omega_2) dx$。

图 4-6 贝叶斯平均错误率最小示意图

4.3 基于最小风险的贝叶斯决策

上面讨论了使错误率最小的贝叶斯决策规则。然而，当接触到实际问题时，可以发现使错误率最小并不一定是一个普遍适用的最佳选择，基于最小错误率分类和基于最小风险分类的比较如图 4-7 所示。

图 4-7 基于最小错误率分类和基于最小风险分类的比较
(a) 基于最小错误率分类　(b) 基于最小风险(扩大错误率减少损失)

直线 B 的划分把正常药品误判为异常药品，这样会扩大总错误率，给企业带来一些损失；直线 A 的划分将异常药品误判为正常药品，虽然使错分类最小，但会使患者因失去正确治疗的机会而遭受极大的损失。可见使错误率最小并不一定是最佳选择。

实际应用时，从不同性质的错误会引起不同程度的损失考虑，宁肯扩大一些总的错误率，但也要使总的损失减少。这时直线 B 的划分为最实用。这会引进一个与损失有关联的概念——风险。在做出决策时，要考虑所承担的风险。基于最小风险的贝叶斯决策规则正是为了体现这一点而产生的。

基于最小错误概率，在分类时取决于观测值 X 对各类的后验概率中的最大值，因而也就无法估计做出错误决策所带来的损失。为此，不妨将做出判决的依据，从单纯考虑后验概率最大值，改为对该观测值 X 条件下各状态后验概率求加权和的方式，表示成

$$R_i(\boldsymbol{X}) = \sum_{j=1}^{M} \lambda(\alpha_i, j) P(\omega_j | \boldsymbol{X}) \tag{4-21}$$

式中，α_i 表示将 $\boldsymbol{X}$ 判为 ω_i 类的决策；$\lambda(\alpha_i, j)$ 表示观测值 $\boldsymbol{X}$ 实属于 ω_j，由于采用 α_i 决策而被判为 ω_i 类时所造成的损失；R_i 则表示观测值 $\boldsymbol{X}$ 被判为 ω_i 类时所造成的损失的均值；$\lambda(\alpha_1, 2)$ 表示 $\boldsymbol{X}$ 确实是 ω_2 类(异常药品)，但采取决策 α_1 被判定为 ω_1 类(正常药品)，则会有损失 $\lambda(\alpha_1, 2)$；$\lambda(\alpha_2, 1)$ 表示 $\boldsymbol{X}$ 确实是 ω_1 类(正常药品)，却采取决策 α_2 被判定为 ω_2 类(异常

药品),则会损失 $\lambda(\alpha_2,1)$。

实际应用时,$\lambda(\alpha_1,2)$ 比 $\lambda(\alpha_2,1)$ 大。另外,为了方便,也可以定义 $\lambda(\alpha_1,1)$ 与 $\lambda(\alpha_2,2)$,是指正确判断也可有损失。那么把 X 判为 ω_1 类造成的损失应该与 $\lambda(\alpha_1,2)$ 和 $\lambda(\alpha_2,1)$ 都有关,哪一个占主要成分,则取决于 $P(\omega_1|X)$ 与 $P(\omega_2|X)$ 的大小。风险分析表见表 4-1。

表 4-1 风险分析表

X	采取 α_1 决策,将 X 判为正常(ω_1)的风险 $R_1(X)$	采取 α_2 决策,将 X 判为异常(ω_2)的风险 $R_2(X)$
X 为正常	损失:$\lambda(\alpha_1,1)$ 风险:$\lambda(\alpha_1,1)P(\omega_1\|X)$	损失:$\lambda(\alpha_2,1)$ 正常(ω_1)被判定为异常(ω_2) 风险:$\lambda(\alpha_2,1)P(\omega_1\|X)$
X 为异常	损失:$\lambda(\alpha_1,2)$ 异常(ω_2)被判定为正常(ω_1) 风险:$\lambda(\alpha_1,2)P(\omega_2\|X)$	损失:$\lambda(\alpha_2,2)$ 风险:$\lambda(\alpha_2,2)P(\omega_2\|X)$
总风险	$R_1(X)=\lambda(\alpha_1,1)P(\omega_1\|X)+\lambda(\alpha_1,2)P(\omega_2\|X)$	$R_2(X)=\lambda(\alpha_2,1)P(\omega_1\|X)+\lambda(\alpha_2,2)P(\omega_2\|X)$

此时做出哪一种决策就要看 $R_1(X)$ 和 $R_2(X)$ 哪个更小了,这就是基于最小风险的贝叶斯决策的基本出发点。如果希望尽可能避免将某类 ω_j 错判为 ω_i,则可将相应的 $\lambda(\alpha_i,j)$ 值选择得大些,以表明损失的严重性。加权和 R_i 用来衡量观测值 X 被判为 ω_i 类所需承担的风险。而究竟将 X 判为哪类则应依据所有 $R_i(i=1,\cdots,M)$ 中的最小值,即最小风险来确定。一般 $\lambda(\alpha_1,1)=\lambda(\alpha_2,2)=0$,为了避免将异常药品判为正常药品的严重损失,取 $\lambda(\alpha_1,2)>\lambda(\alpha_2,1)$ 则会使 $R_2(X)<R_1(X)$ 的机会更多,根据贝叶斯最小风险分类法,表明当将正常药品错判为异常药品的可能性大于将异常药品错判为正常药品的可能性时,可使损失减小。

(1) 贝叶斯决策的相关定义

① 自然状态与状态空间。

其中自然状态是指待识别对象的类别,而状态空间 Ω 则是指由所有自然状态组成的空间,$\Omega=\{\omega_1,\omega_2,\cdots,\omega_M\}$。

② 决策与决策空间。

在决策论中,对分类问题所做的判决,称之为决策,由所有决策组成的空间称为决策空间。决策不仅包括根据观测值将样品归到哪一类别,还包括其他决策,如"拒绝"等。在不考虑"拒绝"的情况下,决策空间内决策总数等于类别数 M,表示成
$$A=\{\alpha_1,\alpha_2,\cdots,\alpha_M\}$$

③ 损失函数 $\lambda(\alpha_i,j)$

它明确表示本身属于 ω_j 类,做出决策 α_i,使其归属于 ω_i 类所造成的损失。

④ 观测值 X 条件下的期望损失 $R(\alpha_i|X)$,R_i 也称为条件风险。

$$R(\alpha_i|X)=\sum_{j=1}^{M}\lambda(\alpha_i,j)P(\omega_j|X) \quad i=1,2,\cdots,M \quad (4-22)$$

⑤ 基于最小风险的贝叶斯决策规则可写成

$$R(\alpha_k|X)=\min_{i=1,\cdots,M}R(\alpha_i|X) \quad (4-23)$$

这里计算的是最小值。

(2) 最小风险贝叶斯决策的操作步骤

① 已知 $P(\omega_i)$ 和 $P(X|\omega_i), i=1,\cdots,M$ 并给出观测值 X 的情况下,根据贝叶斯公式计算出后验概率

$$P(\omega_i|X) = \frac{P(X|\omega_i)P(\omega_i)}{\sum_{j=1}^{M} P(X|\omega_j)P(\omega_j)} \quad j=1,\cdots,M$$

② 利用计算出的后验概率及表 4-1,按式(4-22)计算出采取决策 $\alpha_i, i=1,\cdots,M$ 的条件风险

$$R(\alpha_i|X) = \sum_{j=1}^{M} \lambda(\alpha_i,j) P(\omega_j|X) \quad i=1,2,\cdots,M$$

③ 对②中得到的 M 个条件风险值 $R(\alpha_i|X), i=1,\cdots,M$ 进行比较,找出使条件风险最小的决策 α_k,则 α_k 就是最小风险贝叶斯决策,ω_k 就是观测值 X 的归类。

4.4 贝叶斯决策比较

1. 最小错误率与最小风险的贝叶斯决策比较

讨论一下最小错误率与最小风险的贝叶斯决策之间的关系,设损失函数为

$$\lambda(\alpha_i,\omega_j) = \begin{cases} 0, i=j \\ 1, i \neq j \end{cases} \quad i,j=1,2,\cdots,M \tag{4-24}$$

式中,假定对 M 类只有 M 个决策,即不考虑"拒绝"等其他情况,式(4-24)表明,当做出正确决策(即 $i=j$)时没有损失,而对于任何错误决策,其损失均为 1。这样定义的损失函数称为 0-1 损失函数,最小错误率与最小风险的贝叶斯决策之间的关系见表 4-2。

表 4-2 最小错误率与最小风险的贝叶斯决策之间的关系

X	采取 α_1 决策将 X 判为正常(ω_1)的风险 $R_1(X)$	采取 α_2 决策将 X 判为异常(ω_2)的风险 $R_2(X)$
X 为正常	损失:$\lambda(\alpha_1,1)=0$ 风险:$\lambda(\alpha_1,1)P(\omega_1\|X)=0$	损失:$\lambda(\alpha_2,1)=1$ 正常(ω_1)被判定为异常(ω_2) 风险:$\lambda(\alpha_2,1)P(\omega_1\|X)=P(\omega_1\|X)$
X 为异常	损失:$\lambda(\alpha_1,2)=1$ 异常(ω_2)被判为正常(ω_1) 风险:$\lambda(\alpha_1,2)P(\omega_2\|X)=P(\omega_2\|X)$	损失:$\lambda(\alpha_2,2)=0$ 风险:$\lambda(\alpha_2,2)P(\omega_2\|X)=0$
总风险	$R_1(X)=\lambda(\alpha_1,1)P(\omega_1\|X)+\lambda(\alpha_1,2)P(\omega_2\|X)=P(\omega_2\|X)$ $P(\omega_2\|X)$ 是将 X 判为异常(ω_2)时的错误概率	$R_2(X)=\lambda(\alpha_2,1)P(\omega_1\|X)+\lambda(\alpha_2,2)P(\omega_2\|X)=P(\omega_1\|X)$ $P(\omega_1\|X)$ 是将 X 判为正常(ω_1)时的错误概率

由表 4-2 可知,当 $P(\omega_2|X) > P(\omega_1|X)$ 时,基于最小错误率的贝叶斯决策结果是 ω_2 类;而此时 $R_2(X)=P(\omega_1|X), R_1(X)=P(\omega_2|X), R_2(X)<R_1(X)$,基于最小风险的贝叶斯决策结果同样也是 ω_2 类。因此,在 0-1 损失函数情况下,基于最小风险的贝叶斯决策结果,也就是基于最小错误率的贝叶斯决策结果。

实际上，$\sum_{j=1,j\neq i}^{M} P(\omega_j | X)$ 也是将 X 判为 ω_i 类时的错误概率，$\sum_{j=1,j\neq i}^{M} P(\omega_j | X) = 1 - P(\omega_i | X)$，因此，当 $P(\omega_i | X)$ 最大时，基于最小错误率的贝叶斯决策结果，将该样品判归为 ω_i 类，而此时 $R_i(X)$ 最小，风险也是最小的，即两类判据的结果是一样的。

2. 实例比较

某制药厂生产产品检测分两种情况：正常（ω_1）和异常（ω_2），两类的先验概率分别为 $P(\omega_1) = 0.95, P(\omega_2) = 0.05$。现有一待测产品呈现出特征 X，由类条件概率密度分布曲线查得 $P(X|\omega_1) = 0.3, P(X|\omega_2) = 0.5$，试对该产品 X 按基于最小错误率的贝叶斯决策进行分类。若在上述条件基础之上，已知 $\lambda_{11} = 0, \lambda_{12} = 15, \lambda_{21} = 1, \lambda_{22} = 0$（$\lambda_{11}$ 表示 $\lambda(\alpha_1, \omega_1)$ 的简写），按基于最小风险的贝叶斯决策进行分类。对这两种贝叶斯决策分类结果进行比较，见表 4-3。

表 4-3 两种贝叶斯决策分类结果比较

基于最小错误率分类	基于最小风险分类
解：利用贝叶斯公式，分别计算出特征为 X 时 ω_1 与 ω_2 的后验概率 $$P(\omega_1 | X) = \frac{P(X|\omega_1)P(\omega_1)}{\sum_{j=1}^{2} P(X|\omega_j)P(\omega_j)}$$ $$= \frac{0.3 \times 0.95}{0.3 \times 0.95 + 0.5 \times 0.05} = 0.919$$ 而 $P(\omega_2 | X) = 1 - P(\omega_1 | X) = 0.081$ 根据贝叶斯决策则有 $P(\omega_1 | X) = 0.919 > P(\omega_2 | X) = 0.081$ 特征 X 属于类别 ω_1 的可能性远比属于类别 ω_2 的可能性大，将该产品判为正常产品比较合理	解：已知条件为 $P(\omega_1) = 0.95, P(\omega_2) = 0.05$ $P(X|\omega_1) = 0.3, P(X|\omega_2) = 0.5$ $\lambda_{12} = 0, \lambda_{12} = 15, \lambda_{21} = 1, \lambda_{22} = 0$ 可知后验概率为 $P(\omega_1 | X) = 0.919, P(\omega_2 | X) = 0.081$，再按式（4-22）计算出条件风险 $$R(\alpha_1 | X) = \sum_{j=1}^{2} \lambda_{1j} P(\omega_j | X) = \lambda_{12} P(\omega_2 | X)$$ $$= 1.215$$ $$R(\alpha_2 | X) = \sum_{j=1}^{2} \lambda_{2j} P(\omega_j | X) = \lambda_{21} P(\omega_1 | X) = 0.919$$ 由于 $R(\alpha_1 | X) > R(\alpha_2 | X)$，即决策为 ω_2 的条件风险小于决策为 ω_1 的条件风险，因此应采取决策行动 α_2，即判待识别产品为 ω_2 类——异常产品

通过比较，两种分类结果正好相反，这是因为影响决策结果的因素又多了一个"损失"。由于两类错误决策所造成的损失相差很悬殊，因此"损失"在这里起了主导作用。

从上述讨论可以看出，正确制订损失函数值，是基于最小风险的贝叶斯决策方法在实际应用中的一个关键问题。在实际中列出合适的决策表并不是一件容易的事，需根据所研究的具体问题，分析错误决策所造成损失的严重程度。

4.5 基于最小错误率的贝叶斯分类实现

1. 理论总结

错误率最小的贝叶斯分类器设计思想是寻找一种划分方式，使"错判"率最小。

第 4 章 基于概率统计的贝叶斯分类器设计

(1) 两类问题

若两类样品都满足正态分布,基于最小错误率的贝叶斯分类器可化为

$$h(X) = \frac{1}{2}(X - \overline{X^{(\omega_1)}})^T S_1^{-1}(X - \overline{X^{(\omega_1)}}) - \frac{1}{2}(X - \overline{X^{(\omega_2)}})^T S_2^{-1}(X - \overline{X^{(\omega_2)}}) + \frac{1}{2}\ln\frac{|S_1|}{|S_2|} -$$

$$\ln\frac{P(\omega_1)}{P(\omega_2)} \begin{cases} < \\ > \end{cases} 0 \Rightarrow X \in \begin{cases} \omega_1 \\ \omega_2 \end{cases}$$

若两类样品不仅满足正态分布,而且协方差矩阵相等,即 $S_1 = S_2 = S$,则贝叶斯分类器可进一步简化为

$$h(X) = (\overline{X^{(\omega_2)}} - \overline{X^{(\omega_1)}})^T S^{-1} X + \frac{1}{2}(\overline{X^{(\omega_1)}}^T S^{-1} \overline{X^{(\omega_1)}} - \overline{X^{(\omega_2)}}^T S^{-1} \overline{X^{(\omega_2)}}) -$$

$$\ln\frac{P(\omega_1)}{P(\omega_2)} \begin{cases} < \\ > \end{cases} 0 \Rightarrow X \in \begin{cases} \omega_1 \\ \omega_2 \end{cases}$$

(2) 多类问题

当分类数 $M > 2$ 时,比较 $P(\omega_1)P(X|\omega_1), P(\omega_2)P(X|\omega_2), \cdots, P(\omega_M)P(X|\omega_M)$ 的大小,并且有

$$P(\omega_i)P(X|\omega_i) = \max_{1 \leq l \leq M}\{P(\omega_l)P(X|\omega_l)\} \Rightarrow X \in \omega_i$$

即将 X 划为 M 个函数中最大的那一类。

若 $\omega_1, \omega_2, \cdots, \omega_M$ 均服从正态分布,则判别函数可以写为

$$h_i(X) = -\frac{1}{2}(X - \overline{X^{(\omega_i)}})^T S_i^{-1}(X - \overline{X^{(\omega_i)}}) + \ln P(\omega_i) - \frac{1}{2}\ln|S_i|$$

$$= \max_{1 \leq l \leq M}\left\{-\frac{1}{2}(X - \overline{X^{(\omega_l)}})^T S_l^{-1}(X - \overline{X^{(\omega_l)}}) + \ln P(\omega_l) - \frac{1}{2}\ln|S_l|\right\} \Rightarrow X \in \omega_i$$

若 $\omega_1, \omega_2, \cdots, \omega_M$ 不仅服从正态分布,而且协方差矩阵相等,即 $S_1 = S_2 = \cdots = S_N = S$,则判别函数可变为

$$h_i(X) = -\frac{1}{2}(X - \overline{X^{(\omega_i)}})^T S^{-1}(X - \overline{X^{(\omega_i)}}) + \ln P(\omega_i) - \frac{1}{2}\ln|S|$$

对于每一个 $h_i(X)$,最后一项 $-\frac{1}{2}\ln|S|$ 都相等,可以不计。则 $h_i(X)$ 可以变为

$$h_i(X) = -\frac{1}{2}(X^T S^{-1} X - X^T S^{-1} \overline{X^{(\omega_i)}} - \overline{X^{(\omega_i)}}^T S^{-1} X + \overline{X^{(\omega_i)}}^T S^{-1} \overline{X^{(\omega_i)}}) + \ln P(\omega_i)$$

括号内的第一项对每一个 $h_i(X)$ 都相同,与分类无关,可以省略。又因为

$$\overline{X^{(\omega_i)}}^T S^{-1} X = (X^T S^{-1} \overline{X^{(\omega_i)}})^T$$

是一个数值,所以括号内的第 2、3 项相等,可以合并。因此 $h_i(X)$ 可以简化为

$$h_i(X) = X^T S^{-1} \overline{X^{(\omega_i)}} - \frac{1}{2}\overline{X^{(\omega_i)}}^T S^{-1} \overline{X^{(\omega_i)}} + \ln P(\omega_i)$$

或

$$X^{\mathrm{T}}S^{-1}\overline{X^{(\omega_i)}} - \frac{1}{2}\overline{X^{(\omega_i)}}^{\mathrm{T}}S^{-1}\overline{X^{(\omega_i)}} + \ln P(\omega_i) = \max_{1 \leq l \leq M}\left[X^{\mathrm{T}}S^{-1}\overline{X^{(\omega_l)}} - \frac{1}{2}\overline{X^{(\omega_l)}}S^{-1}\overline{X^{(\omega_l)}} + \ln P(\omega_l)\right]$$

$$\Rightarrow X \in \omega_i$$

2. 实现步骤

在手写数字的识别属于多类的情况,每类样品都满足正态分布。为使样品协方差矩阵为正定,事先将样品库和待测样品进行主成分分析。

① 求出每一类手写数字样品的均值。

$$\overline{X^{(\omega_i)}} = \frac{1}{N_i}\sum_{X \in \omega_i}X = (\overline{x_1^{(\omega_i)}}, \overline{x_2^{(\omega_i)}}, \cdots, \overline{x_n^{(\omega_i)}})^{\mathrm{T}} \qquad i = 0,1,2,\cdots,9$$

式中,N_i 代表 ω_i 类的样品个数;n 代表特征数目。

② 求每一类的协方差矩阵。

$$s_{jk}^i = \frac{1}{N_i - 1}\sum_{l=1}^{N_i}(x_{lj} - \overline{x_j^{(\omega_i)}})(x_{lk} - \overline{x_k^{(\omega_i)}}) \qquad j,k = 1,2,\cdots,n$$

式中,l 代表样品在 ω_i 类中的序号,其中 $l=0,1,2,\cdots,N_i$;x_{lj} 代表 ω_i 类的第 l 个样品,第 j 个特征值;$\overline{x_j^{(\omega_i)}}$ 代表 ω_i 类的 N_i 个样品第 j 个特征的平均值;x_{lk} 代表 ω_i 类的第 l 个样品,第 k 个特征值;$\overline{x_k^{(\omega_i)}}$ 代表 ω_i 类的 N_i 个样品第 k 个特征的平均值。

ω_i 类的协方差矩阵为

$$S^i = \begin{pmatrix} s_{11}^i & s_{12}^i & \cdots & s_{1n}^i \\ s_{21}^i & s_{22}^i & \cdots & s_{2n}^i \\ \vdots & \vdots & \vdots & \vdots \\ s_{n1}^i & s_{n2}^i & \cdots & s_{nn}^i \end{pmatrix}$$

③ 计算出每一类的协方差矩阵的逆矩阵 S_i^{-1} 以及协方差矩阵的行列式 $|S_i|$。

④ 求出每一类的先验概率。

$$P(\omega_i) \approx N_i/N \qquad i = 0,1,2,\cdots,9$$

式中,$P(\omega_i)$ 为类别为 ω_i 的先验概率;N_i 为 ω_i 类的样品数;N 为样品总数。

⑤ 将各个数值代入判别函数。

$$h_i(X) = -\frac{1}{2}(X - \overline{X^{(\omega_i)}})^{\mathrm{T}}S_i^{-1}(X - \overline{X^{(\omega_i)}}) + \ln P(\omega_i) - \frac{1}{2}\ln|S_i|$$

⑥ 判别函数最大值所对应的类别就是手写数字的类别。

3. 编程代码

```
%%%%%%%%%%%%%%%%%%%%%%%%%%%%%%%%%%%%%%%%%%%%%%%%%
% 函数名称:bayesleasterror( )
% 参数:sample,待识别样品特征
% 返回值: y,待识别样品所属类别
% 函数功能:基于最小错误率的贝叶斯分类器
%%%%%%%%%%%%%%%%%%%%%%%%%%%%%%%%%%%%%%%%%%%%%%%%%
```

```
function y = bayesleasterror(sample)
clc;
load templet pattern;
% 对样品库和待测样品进行主成分分析
[pcapat,pcasamp] = pcapro(sample);
temp = 0;
for i = 1:10
    pattern(i).feature = pcapat(:,temp+1:temp+pattern(i).num);
    temp = temp + pattern(i).num;
end
s_cov = [];
s_inv = [];
s_det = [];
for i = 1:10
    s_cov(i).dat = cov(pattern(i).feature');%求各类别的协方差矩阵
    s_inv(i).dat = inv(s_cov(i).dat);%求协方差矩阵的逆矩阵
    s_det(i) = det(s_cov(i).dat);%求协方差矩阵的行列式
end
sum1 = 0;
p = [];
for i = 1:10
    sum1 = sum1 + pattern(i).num;%求样品库样品总数
end
for i = 1:10
    p(i) = pattern(i).num/sum1;%求各类别的先验概率
end
h = [];
mean_sap = [];
for i = 1:10
    mean_sap(i).dat = mean(pattern(i).feature')';%求每一类样品的特征均值
end
% 计算最大的判别函数
for i = 1:10
    h(i) = (pcasamp-mean_sap(i).dat)'*s_inv(i).dat*(pcasamp-mean_sap(i).dat)...
        *(-0.5) + log(p(i)) + log(abs(s_det(i)))*(-0.5);
end
[maxval maxpos] = max(h);
y = maxpos - 1;
```

4. 效果图

采用基于最小错误率的贝叶斯分类实现效果如图 4-8 所示。

(a) 待测样品   (b) 分类结果

图 4-8 采用基于最小错误率的贝叶斯分类实现效果

4.6 基于最小风险的贝叶斯分类实现

1. 实现步骤

图 4-9 所示的是待测样品，基于最小风险的贝叶斯分类步骤如下。

① 求出每一类手写数字样品的均值。

$$\overline{X^{(\omega_i)}} = \frac{1}{N_i}\sum_{X \in \omega_i} X = (\overline{x_1^{(\omega_i)}}, \overline{x_2^{(\omega_i)}}, \cdots, \overline{x_n^{(\omega_i)}})^{\mathrm{T}} \quad i = 0,1,2,\cdots,9$$

式中，N_i 代表 ω_i 类的样品个数；n 代表特征数目。

② 求每一类的协方差矩阵。

$$s_{jk}^i = \frac{1}{N_i - 1}\sum_{l=1}^{N_i}(x_{lj} - \overline{x_j^{(\omega_i)}})(x_{lk} - \overline{x_k^{(\omega_i)}}) \quad j,k = 1,2,\cdots,n$$

式中，l 代表样品在 ω_i 类中的序号，其中 $l = 0,1,2,\cdots,N_i$；x_{lj} 代表 ω_i 类的第 l 个样品，第 j 个特征值；$\overline{x_j^{(\omega_i)}}$ 代表 ω_i 类的 N_i 个样品第 j 个特征的平均值；x_{lk} 代表 ω_i 类的第 l 个样品，第 k 个特征值；$\overline{x_k^{(\omega_i)}}$ 代表 ω_i 类的 N_i 个样品第 k 个特征的平均值。

图 4-9 待测样品

ω_i 类的协方差矩阵为

$$S^i = \begin{pmatrix} s_{11}^i & s_{12}^i & \cdots & s_{1n}^i \\ s_{21}^i & s_{22}^i & \cdots & s_{2n}^i \\ \vdots & \vdots & \vdots & \vdots \\ s_{n1}^i & s_{n2}^i & \cdots & s_{nn}^i \end{pmatrix}$$

③ 计算出每一类的协方差矩阵的逆矩阵 S_i^{-1}，以及协方差矩阵的行列式 $|S_i|$。

④ 求出每一类的先验概率。

$$P(\omega_i) \approx N_i/N \quad i = 0,1,2,\cdots,9$$

式中，$P(\omega_i)$ 为类别为 ω_i 的先验概率；N_i 为 ω_i 类的样品数；N 为样品总数。

⑤ 计算后验概率 $P[\omega_i/X]$，$i = 0,1,\cdots,9$。

$$P[\omega_i/X] = -\frac{1}{2}(X - \overline{X^{(\omega_i)}})^{\mathrm{T}} S_i^{-1}(X - \overline{X^{(\omega_i)}}) + \ln P(\omega_i) - \frac{1}{2}\ln|S_i|$$

⑥ 定义损失数组为 loss[10][10],设初值为
$$\text{loss}[\omega_i][\omega_j] = \begin{cases} 0, i=j \\ 1, i \neq j \end{cases}$$

⑦ 计算每一类的损失。
$$\text{risk}[\omega_i] = \sum_{j=0}^{9} \text{loss}[\omega_i][\omega_j] p[\omega_j]$$

⑧ 找出最小损失所对应的类,该类即待测样品所属的类别。

2. 编程代码

```
%%%%%%%%%%%%%%%%%%%%%%%%%%%%%%%%%%%%%%%%%%%
% 函数名称:bayesleastrisk( )
% 参数:sample,待识别样品特征
% 返回值:y,待识别样品所属类别
% 函数功能:基于最小风险的贝叶斯分类器
%%%%%%%%%%%%%%%%%%%%%%%%%%%%%%%%%%%%%%%%%%%
function y = bayesleastrisk(sample)
clc;
load templet pattern;
% 对样品库和待测样品进行主成分分析
[pcapat,pcasamp] = pcapro(sample);
temp = 0;
for i = 1:10
    pattern(i).feature = pcapat(:,temp+1:temp+pattern(i).num);
    temp = temp + pattern(i).num;
end
s_cov = [];
s_inv = [];
s_det = [];
for i = 1:10
    s_cov(i).dat = cov(pattern(i).feature');% 求各类别的协方差矩阵
    s_inv(i).dat = inv(s_cov(i).dat);% 求协方差矩阵的逆矩阵
    s_det(i) = det(s_cov(i).dat);% 求协方差矩阵的行列式
end
sum1 = 0;
p = [];
for i = 1:10
    sum1 = sum1 + pattern(i).num;% 求样品库样品总数
end
for i = 1:10
    p(i) = pattern(i).num/sum1;% 求各类别的先验概率
end
h = [];
```

```
mean_sap = [ ];
for i = 1:10
    mean_sap(i).dat = mean(pattern(i).feature')';%求每一类样品的特征均值
end
%计算各类别的后验概率
for i = 1:10
    h(i) = (pcasamp-mean_sap(i).dat)' * s_inv(i).dat * (pcasamp-mean_sap(i).dat)...
        *(-0.5)+log(p(i))+log(abs(s_det(i)))*(-0.5);
end
loss = ones(10) - diag(diag(ones(10)));
risk = 0;
m = [ ];
%计算最小风险
for i = 1:10
    m = loss(i,:);
    risk(i) = m * h';
end
[minval minpos] = min(risk);
y = minpos - 1;
```

3. 效果图

应用基于最小风险的贝叶斯分类器对某次手写数字 6 进行分类,结果显示如图 4-10 所示。找出最小损失所对应的类,该类即是待测样品所属的类别。基于最小风险的贝叶斯分类实现效果如图 4-11 所示。

```
risk =

  1.0e+003 *

  -3.5175  -3.5371  -3.4734  -3.3968  -3.3172  -3.4478  -3.5626  -0.9495  -3.5039  -3.2165
```

图 4-10 基于最小风险的贝叶斯分类结果显示

(a) 待测样品   (b) 分类结果

图 4-11 基于最小风险的贝叶斯分类实现效果

本章小结

使用贝叶斯决策需要首先将特征空间中的各类样品的分布了解清楚,得到训练集样品总体的分布知识。若能从训练样品估计近似的正态分布,可以按贝叶斯决策方法对分类器进行设计,包括各类先验概率 $P(\omega)$ 及类条件概率密度函数,计算出样品的后验概率 $P(\omega|X)$,并以此作为产生判别函数的必要数据,设计出相应的判别函数与决策面。一旦待测样品的特征向量值 X 已知,就可以确定 X 对各类的后验概率,也就可按相应的准则分类。这种方法称为参数判别方法。

如果这种分布可以用正态分布等描述,那么决策域的判别函数与分界面方程就可用函数的形式确定下来。所以判别函数等的确定取决于样本统计分布的有关知识。参数分类判别方法一般只能用在有统计知识的场合,或能利用训练样本估计出参数的场合。

贝叶斯分类器可以用一般的形式给出数学上严格的分析以证明:在给出某些变量的条件下,能使分类所造成的平均损失最小,或分类决策的风险最小。因此,能计算出分类器的极限性能。贝叶斯决策采用分类器中最重要的指标——错误率作为产生判别函数和决策面的依据,给出了最一般情况下适用的"最优"分类器设计方法,对各种不同的分类器设计技术在理论上都有指导意义。分类识别中常常会出现错分类的情况,本章讨论了模式识别中经常涉及的一些问题,例如,在何种情况下会出现错分类,错分类的可能性会有多大等,用概率论的方法分析了造成错分类的原因和错分类的根源,并说明与哪些因素有关。介绍了贝叶斯决策的基本概念、贝叶斯公式、基于最小错误率的贝叶斯决策、基于最小风险的贝叶斯决策;并介绍了基于最小错误率的贝叶斯分类和基于最小风险的贝叶斯分类实现方法。

习题 4

1. 分类识别中为什么会有错分类?在何种情况下会出现错分类?
2. 简述贝叶斯决策所讨论的问题。
3. 简述先验概率、类概率密度函数、后验概率三者的关系。
4. 简述 $P(\omega_1|X)$、$P(\omega_2|X)$ 与 $P(X|\omega_1)$、$P(X|\omega_2)$ 的区别。
5. 简述基于最小错误率的贝叶斯分类原则。
6. 写出基于两类问题最小错误率的贝叶斯判别函数形式。
7. 写出基于多类问题最小错误率的贝叶斯判别函数形式。
8. 写出基于多类问题最小风险贝叶斯决策规则判别函数形式。
9. 简述最小风险贝叶斯决策与最小错误率贝叶斯决策之间的关系。
10. 说明基于二值数据的贝叶斯实现方法。
11. 试说明基于最小错误率的贝叶斯实现方法。

第 5 章 判别函数分类器设计

本章要点:
- ☑ 判别函数的基本概念
- ☑ 线性判别函数
- ☑ 线性判别函数的实现
- ☑ 感知器算法
- ☑ Fisher 分类
- ☑ 基于核的 Fisher 分类
- ☑ 支持向量机

5.1 判别函数的基本概念

直接使用贝叶斯决策需要首先得到有关样品总体分布的知识,包括各类先验概率 $P(\omega_1)$ 及类条件概率密度函数,计算出样品的后验概率 $P(\omega_1 | X)$,并以此作为产生判别函数的必要数据,设计出相应的判别函数与决策面,这种方法称为判别函数法。它的前提是对特征空间中的各类样品的分布已经很清楚,一旦待测样品的特征向量值 X 已知,就可以确定 X 对各类的后验概率,也就可按相应的准则计算与分类。所以判别函数等的确定依据样品统计分布的相关知识进行。因此,参数分类判别方法一般只能用在有统计知识或能利用训练样品估计出参数的场合。

由于一个模式通过某种变换映射为一个特征向量后,该特征向量可以理解为特征空间的一个点,在特征空间中,属于一个类的点集,它总是在某种程度上与属于另一个类的点集相分离,各个类之间是确定可分离的。因此,如果能够找到一个分离函数(线性或非线性函数),把不同类的点集分开,则分类任务就完成了。判别函数法不依赖于类条件概率密度的知识,可以理解为通过几何的方法,把特征空间分解为对应于不同类别的子空间。而且呈线性的分离函数,将使计算简化。

假定样品有两个特征,即特征向量 $X = (x_1, x_2)^T$,每一个样品都对应二维空间中的一个点。每个点属于一类图像,共分为三类: $\omega_1, \omega_2, \omega_3$。那么待测样品属于哪一类呢?这就要看它最接近于哪一类,若最接近于 ω_1 则为 ω_1 类,若最接近于 ω_2 则为 ω_2 类,否则就为 ω_3 类。在各类之间都有一个分界线,若能知道各类之间的分界线那么就知道待测样品属于哪一类了。所以,要进一步掌握如何去寻找这条分界线。找分界线的方法就是判别函数法,判别函数法的结果就是提供一个确定的分界线方程,这个分界线方程叫做判别函数,因此,判别函数描述了各类之间的分界线的具体形式。

判别函数法按照判别函数的形式可以划分为线性判别函数和非线性判别函数两大

类。线性分类器由于涉及的数学方法较为简单,在计算机上容易实现,故在模式识别中被广泛应用。但是,这并不意味着,在模式识别中只有线性分类器就足够了。在模式识别的许多问题中,由于线性分类器固有的局限性,它并不能提供理想的识别效果,必须求助于非线性分类器。而且,有些较为简单的非线性分类器,对某些模式识别问题的解决,显得既简单,效果又好。

第 2 章介绍了如何提取手写数字样品的特征,建立样品特征库;本章将讨论如何根据样品特征库建立分类判别函数,用以对待测的手写数字进行分类。在此基础上,本章介绍线性判别函数和非线性判别函数,并介绍它们的实现方法。实现线性判别函数分类的方法有感知器算法、增量校正算法、LMSE 分类算法和 Fisher 分类,本章主要介绍感知器算法和 Fisher 分类;实现非线性判别函数分类的方法有分段线性函数法、势函数法、基于核的 Fisher 分类、支持向量机,本章主要介绍基于核的 Fisher 分类和支持向量机。

5.2 线性判别函数

判别函数分为线性判别函数和非线性判别函数。最简单的判别函数是线性判别函数,它是由所有特征量的线性组合构成的。

1. 两类情况

两类分类器框图如图 5-1 所示,根据计算结果的符号将 X 分类。

图 5-1 两类分类器框图

(1) 两个特征

每类模式均有两个特征,样品是二维的,在二维模式空间中存在线性判别函数

$$d(X) = w_1 x_1 + w_2 x_2 + w_3 = 0 \quad (5-1)$$

式中,w 是参数或者称为权值;x_1、x_2 为坐标变量,即模式的特征值。

可以很明显地看到属于 ω_1 类的任一模式代入 $d(X)$ 后为正值,而属于 ω_2 类的任一模式代入 $d(X)$ 后为负值,两类模式的线性判别函数如图 5-2 所示。

图 5-2 两类模式的线性判别函数

因此,$d(X)$ 可以用来判断某一模式所属的类别,在这里我们把 $d(X)$ 称为判别函数。给定某一未知类别的模式 X,若 $d(X) > 0$,则 X 属于 ω_1 类;若 $d(X) < 0$,则 X 属于 ω_2 类;若 $d(X) = 0$,则此时 X 落在分界线上,即 X 的类别处于不确定状态。这一概念不仅局限于两类别的情

况，还可推广到有限维欧氏空间中的非线性边界的一般情况。

（2）三个特征

每类模式有三个特征，样品是三维的，判别边界为一平面。

（3）三个以上特征

若每类模式有三个以上特征，则判别边界为一超平面。

对于 n 维空间，用矢量 $\boldsymbol{X} = (x_1, x_2, \cdots, x_n)^\mathrm{T}$ 来表示模式，一般的线性判别函数形式为

$$d(\boldsymbol{X}) = w_1 x_1 + w_2 x_2 + \cdots + w_n x_n + w_{n+1} = \boldsymbol{W}_0^\mathrm{T} \boldsymbol{X} + w_{n+1} \tag{5-2}$$

式中，$\boldsymbol{W}_0 = (w_1, w_2, \cdots, w_n)^\mathrm{T}$ 称为权矢量或参数矢量。如果在所有模式矢量的最末元素后再附加元素 1，则式(5-2)可以写成

$$d(\boldsymbol{X}) = \boldsymbol{W}^\mathrm{T} \boldsymbol{X} \tag{5-3}$$

的形式。式中 $\boldsymbol{X} = (x_1, x_2, \cdots, x_n, 1)$ 和 $\boldsymbol{W} = (w_1, w_2, \cdots, w_n, w_{n+1})^\mathrm{T}$ 分别称为增 1 模式矢量和权矢量。式(5-3)仅仅是为了方便而提出来的，模式类的基本几何性质并没有改变。

在两类别情况下，判别函数 $d(\boldsymbol{X})$ 有下述性质，即

$$d(\boldsymbol{X}) = \boldsymbol{W}^\mathrm{T} \boldsymbol{X} \begin{cases} > 0, & \boldsymbol{X} \in \omega_1 \\ < 0, & \boldsymbol{X} \in \omega_2 \end{cases} \tag{5-4}$$

满足 $d(\boldsymbol{X}) = \boldsymbol{W}^\mathrm{T} \boldsymbol{X} = 0$ 的点为两类的判别边界。

2. 多类情况

对于多类别问题，假设有 M 类模式 $\omega_1, \omega_2, \cdots, \omega_M$。对于 n 维空间中的 M 个类别，就要给出 M 个判别函数：$d_1(\boldsymbol{X}), d_2(\boldsymbol{X}), \cdots, d_M(\boldsymbol{X})$，判别函数构成的多类分类器形式如图 5-3 所示，若 $\boldsymbol{X}$ 属于第 i 类，则有

$$d_i(\boldsymbol{X}) > d_j(\boldsymbol{X}), (j = 1, 2, \cdots, M; i \neq j) \tag{5-5}$$

图 5-3 判别函数构成的多类分类器形式

（1）第一种情况

每一个类别可用单个判别平面分割，因此 M 类有 M 个判别函数，具有下面的性质

$$d_i(\boldsymbol{X}) = \boldsymbol{W}_i^\mathrm{T}(\boldsymbol{X}) \begin{cases} > 0, & \boldsymbol{X} \in \omega_i \\ < 0, & \text{其他} \end{cases} \quad i = 1, 2, \cdots, M \tag{5-6}$$

如图 5-4 所示，有 3 个模式类，每一类别可用单个判别边界与其余类别划分开。

图 5-4　多类情况(1)

例如,手写数字共有 10 个类,$M=10$。对任一未知的手写数字,代入判别函数后若只有 $d_7(X)>0$,而其他的均小于 0,则该未知的手写数字是 7。

(2) 第二种情况

每两个类别之间可用判别平面分开,有 $M(M-1)/2$ 个判别函数,判别函数形式为

$$d_{ij}(X) = W_{ij}^T X, 且 d_{ij}(X) = -d_{ji}(X) \tag{5-7}$$

若 $d_{ij}(X)>0, \forall j \neq i$,则 X 属于 ω_i 类。

如图 5-5 所示,没有一个类别可以用一个判别平面与其他类分开,每一个边界只能分割两类。对于一未知的手写数字,若 $d_{71}, d_{72}, d_{73}, d_{74}, d_{75}, d_{76}, d_{78}, d_{79}, d_{70}$ 均大于 0,则可知该手写数字为 7。

图 5-5　多类情况(2)

(3) 第三种情况

存在 M 个判别函数,判别函数形式为

$$d_i(X) = W_i^T X, i = 1, 2, \cdots, M \tag{5-8}$$

把 X 代入 M 个判别函数中,则判别函数最大的那个类就是 X 所属类别。与第一种情况的区别在于此种情况下可以有多个判别函数的值大于 0,第一种情况下只有一个判别函数的值大于 0,如图 5-6 所示。

图 5-6 多类情况(3)

对任一未知的手写数字,代入判别函数后若 $d_7(X)$ 为最大值,则该未知的手写数字是 7。

若可用以上几种情况中的任一种线性判别函数来进行分类,则这些模式类称为线性可分的。线性分类器判别函数形式见表 5-1。

表 5-1 线性分类器判别函数形式

类别情况		判别平面	判别函数形式
两类情况		样品是二维的,判别边界为一直线 $d(X) = w_1x_1 + w_2x_2 + w_3 = 0$	若 $d(X) > 0$,则 $X \in \omega_1$; 若 $d(X) < 0$,则 $X \in \omega_2$; 若 $d(X) = 0$,则 X 落在分界线上,类别不确定
		样品是三维的,判别边界为一平面 $d(X) = w_1x_1 + w_2x_2 + w_3x_3 + w_4 = 0$	同上
		有三个以上特征,判别边界为一超平面 $d(X) = w_1x_1 + w_2x_2 + \cdots + w_nx_n + w_{n+1} = W_0^T X + w_{n+1} = 0$	$d(X) = W^T X \begin{cases} >0, & 当 X \in \omega_1 \\ <0, & 当 X \in \omega_2 \end{cases}$ $d(X) = W^T X = 0$ 为两类的判别边界

类别情况	判别平面	判别函数形式
多类情况（$x_1, x_2, \cdots, x_n$ 经 $d_1, d_2, \cdots, d_M$ 送入 MAX 最大值选择器 决策）	每一个类别可用单个判别平面分割，M 类有 M 个判别函数。存在不满足条件的不确定区域	$d_i(\boldsymbol{X}) = \boldsymbol{W}_i^{\mathrm{T}} \boldsymbol{X} \begin{cases} >0, & \boldsymbol{X} \in \omega_i \\ <0, & 其他 \end{cases}$
	每两个类别之间可用判别平面分开，有 $M(M-1)/2$ 个判别函数，存在不满足条件的不确定区域	$d_{ij}(\boldsymbol{X}) = \boldsymbol{W}_{ij}^{\mathrm{T}} \boldsymbol{X}$ 若 $d_{ij}(\boldsymbol{X}) > 0, \forall j \neq i$，则 $\boldsymbol{X}$ 属于 ω_i 类
	存在 M 个判别函数 $i=1,2,\cdots,M$，除了边界以外，没有不确定区域，是第二种情况的特殊状态。在此种条件下可分，则在第二种情况下也可分；反之不然	$d_i(\boldsymbol{X}) = \boldsymbol{W}_i^{\mathrm{T}} \boldsymbol{X} \max(d_i(\boldsymbol{X}))$ 把 $\boldsymbol{X}$ 代入 M 个判别函数中，判别函数最大的那个类就是 $\boldsymbol{X}$ 所属类别

模式分类方案取决于两个因素：判别函数 $d(\boldsymbol{X})$ 的形式和系数 $\boldsymbol{W}$ 的确定。前者和所研究的模式类的集合形式直接相关。一旦前者确定后，需要确定的就是后者，它们可通过模式的样品来确定。

5.3 线性判别函数的实现

前面介绍了判别函数的形式。对于判别函数来说，应该确定两方面内容：一方面是方程的形式，另一方面是方程所带的系数。对于线性判别函数来说，方程的形式固定为线性，维数固定为特征向量的维数，方程组的数量取决于待识别对象的类数。既然方程组的数量、维数和形式已定，则判别函数的设计就是确定函数的各系数，即线性方程的各个权值。下面将讨论怎样确定线性判别函数的系数。

首先按需要确定一准则函数 J，如 Fisher 准则、感知器算法、增量校正算法、LMSE 算法。确定准则函数 J 达到极值时 $\boldsymbol{W}^*$ 及 $\boldsymbol{W}_0^*$ 的具体数值，从而确定判别函数，完成分类器设计。线性分类器设计任务是在给定样品集的条件下，确定线性判别函数的各项系数；对待测样品进行分类时，能满足相应的准则函数 J 为最优的要求。这种方法的具体过程可大致分为以下几个方面。

（1）确定使用的判别函数类型或决策面方程类型，如线性分类器、分段线性分类器、非线性分类器和近邻法等。

（2）按需要确定一准则函数 J，如 Fisher 准则、感知器算法、增量校正算法、LMSE 算法。增量校正算法与感知器算法的实现相似，只是在进行权矢量修正时加上了权系数；LMSE 算法以最小均方误差作为准则。

（3）确定准则函数 J 达到极值时 $\boldsymbol{W}^*$ 及 $\boldsymbol{W}_0^*$ 的具体数值，从而确定判别函数，完成分类器设计。

在计算机上确定各权值时采用的是"训练"或"学习"的方法,就是挑选一批已分类的样品,把这批样品输入到计算机的"训练"程序中去,通过多次迭代后,准则函数 J 达到极值,得到正确的线性判别函数。

5.4 感知器算法

1. 理论基础

既然判别函数分类器的训练过程就是确定该函数的权集的过程,为叙述方便起见,我们从判别函数的一般形式着手。对于两类问题来说,设有判别函数

$$d(\boldsymbol{X}) = w_1 x_1 + w_2 x_2 + w_3 = 0 \tag{5-9}$$

并已知训练集 $\boldsymbol{X}_A, \boldsymbol{X}_B, \boldsymbol{X}_C, \boldsymbol{X}_D$ 且

$$\{\boldsymbol{X}_A, \boldsymbol{X}_B\} \in \omega_1$$

因而对它们来说

$$d(\boldsymbol{X}) > 0$$

有

$$\{\boldsymbol{X}_C, \boldsymbol{X}_D\} \in \omega_2$$

因而对它们来说

$$d(\boldsymbol{X}) < 0$$

设

$$\boldsymbol{X}_A = \begin{pmatrix} x_{1A} \\ x_{2A} \end{pmatrix} \quad \boldsymbol{X}_B = \begin{pmatrix} x_{1B} \\ x_{2B} \end{pmatrix} \quad \boldsymbol{X}_C = \begin{pmatrix} x_{1C} \\ x_{2C} \end{pmatrix} \quad \boldsymbol{X}_D = \begin{pmatrix} x_{1D} \\ x_{2D} \end{pmatrix}$$

则判别函数可以联立成

$$\begin{cases} x_{1A} w_1 + x_{2A} w_2 + w_3 > 0 \\ x_{1B} w_1 + x_{2B} w_2 + w_3 > 0 \\ x_{1C} w_1 + x_{2C} w_2 + w_3 < 0 \\ x_{1D} w_1 + x_{2D} w_2 + w_3 < 0 \end{cases}$$

即

$$\begin{cases} x_{1A} w_1 + x_{2A} w_2 + w_3 > 0 \\ x_{1B} w_1 + x_{2B} w_2 + w_3 > 0 \\ -x_{1C} w_1 - x_{2C} w_2 - w_3 > 0 \\ -x_{1D} w_1 - x_{2D} w_2 - w_3 > 0 \end{cases}$$

因此判别函数可写成一般方程形式

$$\boldsymbol{X}\boldsymbol{W} > 0 \tag{5-10}$$

式中,$\boldsymbol{W}$ 为权矢量

$$\boldsymbol{W} = (w_1, w_2, w_3)^{\mathrm{T}}$$

$\boldsymbol{X}$ 为这个样品特征值的增 1 矩阵

第 5 章 判别函数分类器设计

$$X = \begin{pmatrix} x_{1A} & x_{2A} & 1 \\ x_{1B} & x_{2B} & 1 \\ -x_{1C} & -x_{2C} & -1 \\ -x_{1D} & -x_{2D} & -1 \end{pmatrix}$$

训练过程就是对判断好的样品集求解权矢量 W，即根据已知类别的样品求出权系数，形成判别界线(面)，再对未知类别的样品求出其类别。这是一个线性联立不等式的求解问题，只对线性可分问题方程(5-10)才有解。对这样的问题来说，如果有解，其解也不一定是单值的，因而就有一个按不同条件取得最优解的问题。因此出现了多种不同的算法，这里介绍梯度法。

(1) 梯度下降法

因为求某一函数 $f(W)$ 的数值解，通常只能求出在某种意义下的最优解，即先定义一个准则函数，然后在使此准则函数最大或最小的情况下，求出 $f(W)$ 的解。梯度下降法准则函数示意图如图 5-7 所示。梯度下降法就是先确定一准则函数 $J(W)$，然后选一初值 $W(1)$，这样可用迭代式

$$W(k+1) = W(k) - C \cdot \Delta J(W(k)) \quad (5-11)$$

找到 W 的数值解。

图 5-7 梯度下降法准则函数示意图

设有一组样品 $X_1, X_2, \cdots, X_N$，其中 X_i 是规范化增广样品向量，目的是找一个解向量 W^*，使得

$$W^T X_i > 0 \quad i = 1, 2, \cdots, N \quad (5-12)$$

显然，在线性可分的情况下，该问题才有解。为此，这里首先考虑处理线性可分问题的算法。

可将准则函数 J 的形式选为

$$J(W, X) = \alpha(|W^T X| - W^T X) \quad (5-13)$$

① 当 X 被错分类时，就有 $W^T X \leq 0$，或 $-W^T X \geq 0$；因此，式(5-13)中的 $J(W, X)$ 总是大于 0。因此，在 X 被错分类时，函数 $J(W, X) = J(W)$ 的坐标原点左侧，为一条反比于 W 的斜线。

② 在 $W^T X > 0$ 时，有 $J(W, X) = J_{\min}(W, X) = 0$，$X$ 被正确分类时，在坐标原点右侧 $J(W, X) = 0$，W 获得一个确定解的区域。

矢量的方向主要是由其取值最大的分量决定的，故负梯度向量 $-\Delta J(W)$ 指出了 W 的最陡下降方向。当梯度向量为 0 时，达到了函数的极值。对方程(5-10)求解 W 的问题，可转化为求函数极小值的问题。若准则函数 J 的梯度 $\dfrac{\partial J}{\partial W}$ 收敛为 0，则表明达到 J 的极值，从而就是方程(5-10)的最优解 W。

我们把样品集看成一个不断重复出现的序列而逐个加以考虑。例如，由三个样品组成的样品序列 $\bar{y}_1, \bar{y}_2, y_3, \bar{y}_1, y_2, y_3, \bar{y}_1, y_2, \cdots$，其中画"ˉ"的是被分错的样品，则把错分类样品序列 $y_1, y_3, y_1, y_2, y_1, \cdots$ 记做 $y^1, y^2, y^3, y^4, y^5, \cdots$；对于任意权向量 $W(k)$，如果它把某个样品错分类了，则对 $W(k)$ 做一次修正。这种方法称为单样品修正法。由于仅在发现错分类时，才修正 $W(k)$，所以只需要注意那些被分错类的样品就行了。当且仅当错分类样品集合为空集时，即

当 $J(W^*) = \min J(W) = 0$ 时,将不存在错分类样品,此时的 W 就是我们要寻找的解向量 W^*。

有了准则函数 $J(W)$,下一步便是求使 $J(W)$ 达到极小值时的解向量 W^* 了。设 $W(k)$ 为 W 的 k 次迭代解,$W(k+1)$ 为其后的另一迭代解,只要下一迭代解沿斜线下降,总有可能搜索到满足要求的 W 值,即

$$W(k+1) = W(k) - C\left\{\frac{\partial J}{\partial W(k)}\right\}_{W=W(k)} \tag{5-14}$$

式中,C 为有助于收敛的校正系数。

在确定式(5-13)中的系数 α 后,可推导出迭代算法的具体关系。不妨设 $\alpha = 1/2$,即

$$J(W, X) = \frac{1}{2}(|W^{\mathrm{T}}X| - W^{\mathrm{T}}X) \tag{5-15}$$

则

$$\frac{\partial J}{\partial W} = \frac{1}{2}[X\mathrm{sgn}(W^{\mathrm{T}}X) - X] \tag{5-16}$$

其中

$$\mathrm{sgn}(W^{\mathrm{T}}X) = \begin{cases} 1, & \text{若 } W^{\mathrm{T}}X > 0 \\ -1, & \text{其他} \end{cases} \tag{5-17}$$

将式(5-16)代入式(5-14)后,有

$$\begin{aligned} W(k+1) &= W(k) + \frac{C}{2}\{X(k) - X(k)\mathrm{sgn}[W^{\mathrm{T}}(k)X(k)]\} \\ &= \begin{cases} W(k), & \text{若 } W^{\mathrm{T}}(k)X(k) > 0 \\ W(k) + CX(k), & \text{其他} \end{cases} \end{aligned} \tag{5-18}$$

即 $W^{\mathrm{T}}(k)X(k) > 0$ 时,表明对样品正确分类,$W(k+1) = W(k)$,不做修正;反之,当 $W^{\mathrm{T}}(k)X(k) \leqslant 0$ 时,表明对样品错分类,$W(k+1) = W(k) + CX(k)$,即应添加一个修正项 $CX(k)$。这就是梯度下降法的基本形式。

梯度下降法可以简单叙述为:任意给定初始权向量 $W(1)$,第 $k+1$ 次迭代时的权向量 $W(k+1)$ 等于第 k 次的权向量加上被 $W(k)$ 错分类的样品乘以某个系数 C,可以证明,对于线性可分的样品集,经过有限次修正,一定可以找到一个解向量 W^*,即算法在有限步内收敛。不失一般性,可令 $C=1$。其收敛速度的快慢取决于初始权向量 $W(1)$ 和系数 C。

(2)"奖惩"算法

将梯度下降法进一步具体化就是"奖惩"算法。

① 两类情况

若 $X(k) \in \omega_1$ 且 $W^{\mathrm{T}}(k)X(k) > 0$,或 $X(k) \in \omega_2$ 且 $W^{\mathrm{T}}(k)X(k) < 0$,则不需要修正,即 $W(k+1) = W(k)$。反之,则需要修正,即

若 $X(k) \in \omega_1$ 且 $W^{\mathrm{T}}(k)X(k) \leqslant 0$,则 $W(k+1) = W(k) + CX(k)$

若 $X(k) \in \omega_2$ 且 $W^{\mathrm{T}}(k)X(k) \geqslant 0$,则 $W(k+1) = W(k) - CX(k)$

② 多类情况

手写体数字的识别属于多类情况。对于多类问题,我们可以采用判别函数最大值的方法来训练,即对于 M 个类,应该有 M 个判别函数。

设有 $\omega_1, \omega_2, \cdots, \omega_M$(共 M 类样品),并且在 k 次迭代时出现的样品 $X(k) \in \omega_i$,如果采用奖

惩算法,则对 M 个判别函数 $d_i[X(k)] = W_i^T(k)X(k), i=1,2,\cdots,M]$ 都应加以计算。

对于 $d_i[X(k)] > d_j[X(k)]$,则权矢量不必加以修正,即

$$\begin{cases} W_i(k+1) = W_i(k) \\ W_j(k+1) = W_j(k) \end{cases} \quad (5-19)$$

若对于 $d_i[X(k)] \le d_j[X(k)]$,则应按下式修正权矢量

$$\begin{cases} W_i(k+1) = W_i(k) + CX(k) \\ W_j(k+1) = W_j(k) - CX(k) \end{cases} \quad (5-20)$$

例如,手写数字分 10 个类,每个样品有 25 个特征,有 10 个判别函数,即

$$d_0(X) = \omega_{00}x_0 + \omega_{01}x_1 + \cdots + \omega_{0,24}x_{24}$$
$$d_1(X) = \omega_{10}x_0 + \omega_{11}x_1 + \cdots + \omega_{1,24}x_{24}$$
$$\vdots$$
$$d_9(X) = \omega_{90}x_0 + \omega_{91}x_1 + \cdots + \omega_{9,24}x_{24}$$

对于某一个已知类别为 1 的样品 X,计算这 10 个判别函数,如果有 $d_1(X) > d_j(X), (j = 0,2,3,\cdots,9)$,则 $W_j(j=0,2,3,\cdots,9)$ 不需要修正,$W_j(k+1) = W_j(k)$。

而若 $d_1(X) < d_8(X)$ 或 $d_1(X) < d_9(X)$,则 W_1、W_2 至 W_9 按如下规则修正

$$\begin{cases} W_1(k+1) = W_1(k) + CX(k) \\ W_j(k+1) = W_j(k) - CX(k) \end{cases} \quad (j=0,2,3,\cdots,9)$$

(3) 实例说明

为了理解算法的思路,这里给一个简单的例子,用梯度下降法对三类模式求判别函数,每类仅含一个样品,即

$\omega_1: \{(0,0)^T\}, \omega_2: \{(1,1)^T\}, \omega_3: \{(-1,1)^T\}$。

其增广形式为

$(0,0,1)^T, (1,1,1)^T, (-1,1,1)^T$。

取参数 $C=1$,初始值 $W_1(1) = W_2(1) = W_3(1) = (0,0,0)^T$。其步骤如下。

① 输入样品 $X(1)$,则

$$d_1[X(1)] = W_1^T(1)X(1) = 0$$
$$d_2[X(1)] = W_2^T(1)X(1) = 0$$
$$d_3[X(1)] = W_3^T(1)X(1) = 0$$

因 $X(1) \in \omega_1$,而 $d[X(1)]$ 均为 0,$d_1[X(1)]$ 不是最大值,故需要根据式(5-20)来修正权矢量,即

$$W_1(2) = W_1(1) + X(1) = (0,0,1)^T$$
$$W_2(2) = W_2(1) - X(1) = (0,0,-1)^T$$
$$W_3(2) = W_3(1) - X(1) = (0,0,-1)^T$$

② 输入 $X(2)$,$X(2) \in \omega_2$,则

$$W_1^T(2)X(2) = 1, W_2^T(2)X(2) = -1, W_3^T(2)X(2) = -1$$

$d_2[X(2)]$ 不是最大值,故需要修正权矢量

$$W_1(3) = W_1(2) - X(2) = (-1,-1,0)^T$$

$$W_2(3) = W_2(2) + X(2) = (1,1,0)^{\mathrm{T}}$$
$$W_3(3) = W_3(2) - X(2) = (-1,-1,-2)^{\mathrm{T}}$$

③ 输入样品 $X(3), X(3) \in \omega_3$，则
$$W_1^{\mathrm{T}}(3)X(3) = 0, W_2^{\mathrm{T}}(3)X(3) = 0, W_3^{\mathrm{T}}(3)X(3) = -2$$

由于 $d_3[X(3)]$ 不是最大值，故需要修正权矢量
$$W_1(4) = W_1(3) - X(3) = (0,-2,-1)^{\mathrm{T}}$$
$$W_2(4) = W_2(3) - X(3) = (2,0,-1)^{\mathrm{T}}$$
$$W_3(4) = W_3(3) + X(3) = (-2,0,-1)^{\mathrm{T}}$$

至此已完成一次迭代，但未得到对三类模式均正确分类的权矢量，故令 $X(4) = X(1)$，$X(5) = X(2), X(6) = X(3)$，再次进行迭代。

④ 输入样品 $X(4)$，得到
$$W_1^{\mathrm{T}}(4)X(4) = -1, W_2^{\mathrm{T}}(4)X(4) = -1, W_3^{\mathrm{T}}(4)X(4) = -1$$

因 $X(4) \in \omega_1$，而 $d_1[X(4)]$ 不是最大值，需要修正权矢量
$$W_1(5) = W_1(4) + X(4) = (0,-2,0)^{\mathrm{T}}$$
$$W_2(5) = W_2(4) - X(4) = (2,0,-2)^{\mathrm{T}}$$
$$W_3(5) = W_3(4) - X(4) = (-2,0,-2)^{\mathrm{T}}$$

⑤ 输入样品 $X(5) \in \omega_2$，各判别函数的值为
$$W_1^{\mathrm{T}}(5)X(5) = -2, W_2^{\mathrm{T}}(5)X(5) = 0, W_3^{\mathrm{T}}(5)X(5) = -4$$

$d_2[X(5)]$ 是最大值，这一判别结果是正确的，因而权矢量不需要修正，即
$$W_1(6) = W_1(5) = (0,-2,0)^{\mathrm{T}}$$
$$W_2(6) = W_2(5) = (2,0,-2)^{\mathrm{T}}$$
$$W_3(6) = W_3(5) = (-2,0,-2)^{\mathrm{T}}$$

⑥ 输入样品 $X(6) \in \omega_3$，判别结果为
$$W_1^{\mathrm{T}}(6)X(6) = -2, W_2^{\mathrm{T}}(6)X(6) = -4, W_3^{\mathrm{T}}(6)X(6) = 0$$

判别结果正确，因而
$$W_1(7) = W_1(6) = (0,-2,0)^{\mathrm{T}}$$
$$W_2(7) = W_2(6) = (2,0,-2)^{\mathrm{T}}$$
$$W_3(7) = W_3(6) = (-2,0,-2)^{\mathrm{T}}$$

⑦ 输入样品 $X(7) = (0,0,1)^{\mathrm{T}}, X(7) \in \omega_1$，各判别函数的值为
$$W_1^{\mathrm{T}}(7)X(7) = 0, W_2^{\mathrm{T}}(7)W(7) = -2, W_3^{\mathrm{T}}(7)X(7) = -2$$

至此，所有的样品都通过了检验，因而权矢量为
$$W_1(8) = W_1(7) = (0,-2,0)^{\mathrm{T}}$$
$$W_2(8) = W_2(7) = (2,0,-2)^{\mathrm{T}}$$
$$W_3(8) = W_3(7) = (-2,0,-2)^{\mathrm{T}}$$

于是三个判别函数为
$$d_1(X) = -2x_2$$
$$d_2(X) = 2x_1 - 2$$
$$d_3(X) = -2x_1 - 2$$

第 5 章 判别函数分类器设计

2. 实现步骤

① 设各个权矢量的初始值为 0，即 $W_0 = W_1 = W_2 = \cdots = W_9 = 0$。

② 第 k 次输入一个样品 $X(k)$，计算第 k 次迭代计算的结果为
$$d_i[X(k)] = W_i^T(k)X(k), i = 0, 1, \cdots, 9$$

③ 若 $X(k) \in \omega_i, i = 0, 1, \cdots, 9$，判断 $d_i[X(k)]$ 是不是最大值。若是，则各权矢量不需要修正；否则，各权矢量需要修正：
$$W_i(k+1) = W_i(k) + X(k), W_j(k+1) = W_j(k) - X(k) \quad j = 0, 1, \cdots, 9, j \neq i$$

④ 循环执行第②步，直到输入所有的样品，权矢量都不需要修正为止。注意，对于判别函数分类器样品总数不需要过多。

3. 编程代码

```
%%%%%%%%%%%%%%%%%%%%%%%%%%%%%%%%%%%%%%%%%%%%
% 函数名称:jiangcheng( )
% 参数:sample,待识别样品特征
% 返回值: y,待识别样品所属类别
% 函数功能:奖惩算法
%%%%%%%%%%%%%%%%%%%%%%%%%%%%%%%%%%%%%%%%%%%%
function y = jiangcheng( sample)
    clc;
    load templet pattern;
    w = zeros(26,10);% 初始化权矢量矩阵
    d = [ ];
    maxpos = 0;
    maxval = 0;
    f = 1;
    n = [ ];m = [ ];
    % 依次输入样本
    for j = 1:100
        for i = 1:10
            f = 1;
            pattern(i). feature(26,j) = 1;% 最后一位置 1
            for k = 1:10
                m = pattern(i). feature( :,j);
                d(k) = w( :,k)' * m;
            end
            % 判断是否为最大值,如果是,f = 1,否则 f = 0
            for k = 1:10
                if k ~ = i
                    if d(i) < = d(k)
                        f = 0;
```

```
                end
            end
        end
        % 修正权值
        if ~f
            for k = 1:10
                if k == i
                    w(:,k) = w(:,k) + pattern(i).feature(:,j);
                else
                    w(:,k) = w(:,k) - pattern(i).feature(:,j);
                end
            end
        end
    end
end
sample(26) = 1;
h = [];
% 计算各类别的判别函数
for k = 1:10
    h(k) = w(:,k)' * sample';
end
[maxval,maxpos] = max(h);
y = maxpos - 1;
```

4. 效果图

奖惩算法识别效果如图 5-8 所示。

(a) 待测样品　　　　　　(b) 分类结果

图 5-8　奖惩算法识别效果

由于模式识别算法复杂,步骤较多,实现起来有一定的难度。为了使样品库少一些,将精力着重放在算法的理解及编程实现上,我们将模板设计为 5×5,比较小。读者可以将模板扩充得更大一些,这样计算会更准确些。

5.5 Fisher 分类

1. 理论基础

在应用统计方法解决模式识别问题时,经常会遇到所谓的"维数灾难"问题,在低维空间里适用的方法在高维空间里可能完全不适用。因此压缩特征空间的维数有时是很重要的。Fisher 分类实际上涉及维数压缩的问题。

Fisher 线性判别原理示意图如图 5-9 所示。如果把多维特征空间的点投影到一条直线上,就能把特征空间压缩成一维,这个在数学上是很容易办到的。但是,在高维空间里很容易分开的样品,当把它们投影到任意一条直线上时,有可能不同类别的样品就混在一起了,无法区分,见图 5-9(a),投影到 x_1 或 x_2 轴无法区分。若把直线绕原点转动,就有可能找到一个方向,使得当样品投影到这个方向的直线上时,各类样品能很好地区分开,见图 5-9(b)。因此直线方向的选择是很重要的。一般来说,总能够找到一个最好的方向,使样品投影到这个方向的直线上很容易区分开。如何找到这个最好的直线方向以及如何实现向最好方向的投影变换,正是 Fisher 算法要解决的基本问题,这个投影变换恰是我们所寻求的解向量 W^*。

(a) 投影到 x_1 或 x_2 轴无法区分

(b) 绕原点转动找到一个方向投影可分

图 5-9 Fisher 线性判别原理示意图

样品训练集以及待测样品的特征总数为 n。为了找到最佳投影方向,需要计算出各类样品均值、样品类内离散度矩阵 S_i、总类间离散度矩阵 S_w 和样品类间离散度矩阵 S_b,根据 Fisher 准则,找到最佳投影向量,将训练集内所有样品进行投影,投影到一维 Y 空间,由于 Y 空间是一维的,则需要求出 Y 空间的划分边界点,找到边界点后,就可以对待测样品进行一维 Y 空间的投影,判断它的投影点与分界点的关系,并将其归类,具体方法如下。

① 计算各类样品均值向量 m_i,m_i 是各个类的均值,N_i 是 ω_i 类的样品个数。

$$m_i = \frac{1}{N_i} \sum_{X \in \omega_i} X \quad i = 1,2 \tag{5-21}$$

② 计算样品类内离散度矩阵 S_i 和总类内离散度矩阵 S_w。

$$S_i = \sum_{X \in \omega_i} (X - m_i)(X - m_i)^T \quad i = 1,2 \tag{5-22}$$

$$S_w = S_1 + S_2 \tag{5-23}$$

③ 计算样品类间离散度矩阵 S_b。

$$S_b = (m_1 - m_2)(m_1 - m_2)^T \tag{5-24}$$

④ 求向量 W^*。

我们希望投影后，在一维 Y 空间里各类样品尽可能地分开，也就是说我们希望两类样品均值之差 $(\tilde{m}_1 - \tilde{m}_2)$ 越大越好，同时希望各类样品内部尽量密集，即希望类内离散度越小越好，因此，我们可以定义 Fisher 准则函数为

$$J_F(W) = \frac{W^T S_b W}{W^T S_w W} \tag{5-25}$$

使得 $J_F(W)$ 取得最大值的 W^* 为

$$W^* = S_w^{-1}(m_1 - m_2) \tag{5-26}$$

⑤ 对训练集内所有样品进行投影。

$$y = (W^*)^T X \tag{5-27}$$

⑥ 计算在投影空间上的分割阈值 y_0。

在一维 Y 空间，各类样品均值 $\tilde{m}_i$ 为

$$\tilde{m}_i = \frac{1}{N_i} \sum_{y \in w_i} y \quad i = 1, 2 \tag{5-28}$$

样品类内离散度 $\tilde{s}_i^2$ 和总类内离散度 $\tilde{s}_w$ 为

$$\tilde{s}_i^2 = \sum_{y \in w_i} (y - \tilde{m}_i)^2 \quad i = 1, 2 \tag{5-29}$$

$$\tilde{s}_w = \tilde{s}_1^2 + \tilde{s}_2^2 \tag{5-30}$$

阈值 y_0 的选取可以有不同的方案，较常用的一种是

$$y_0 = \frac{N_1 \tilde{m}_1 + N_2 \tilde{m}_2}{N_1 + N_2} \tag{5-31}$$

另一种是

$$y_0 = \frac{\tilde{m}_1 + \tilde{m}_2}{2} + \frac{\ln(P(\omega_1)/P(\omega_2))}{N_1 + N_2 - 2} \tag{5-32}$$

⑦ 对于给定的 X，计算出它在 W^* 上的投影点 y。

$$y = (W^*)^T X$$

⑧ 根据决策规则分类

$$\begin{cases} y > y_0 \Rightarrow X \in \omega_1 \\ y < y_0 \Rightarrow X \in \omega_2 \end{cases} \tag{5-33}$$

2. 实现步骤

要实现 Fisher 分类，应首先实现两类 Fisher 算法，两类 Fisher 算法能够返回最接近待测样品的类别，然后用返回的类别和新的类别做两类 Fisher 运算，又能够得到比较接近的类别，以此类推，直至得出未知样品的类别。

两类 Fisher 算法实现步骤如下：

① 求两类样品均值向量 m_1 和 m_2。

② 求两类样品类内离散度矩阵 S_i。

③ 求总类内离散度矩阵 S_w。

④ 求向量 W^*，$W^* = S_w^{-1}(m_1 - m_2)$。

⑤ 对于两类已知样品，求出它们在 W^* 上的投影点 y_i。

⑥ 求各类样品均值 $\widetilde{m}_i$，$\widetilde{m}_i = \dfrac{1}{N_i} \sum\limits_{y \in w_i} y$。

⑦ 选取阈值 y_0，在这里取 $y_0 = \dfrac{N_1 \widetilde{m}_1 + N_2 \widetilde{m}_2}{N_1 + N_2}$。

⑧ 对于未知样品 X，计算它在 W^* 上的投影点 y。

⑨ 根据决策规则分类。

3. 算法代码

```
%%%%%%%%%%%%%%%%%%%%%%%%%%%%%%%%%%%%%%%%%%%%%%%%%%%
% 函数名称:fisher( )
% 参数:sample,待识别样品特征
% 返回值: y,待识别样品所属类别
% 函数功能:Fisher 分类器
%%%%%%%%%%%%%%%%%%%%%%%%%%%%%%%%%%%%%%%%%%%%%%%%%%%
function y = fisher(sample);
    clc;
    num = zeros(1,10);
    classnum = 0;
    for i = 1:10
        for j = 1:i
            classnum = fisherclassify(i,j,sample);
            num(classnum) = num(classnum) + 1;
        end
    end
    [max_val,max_pos] = max(num);
    y = max_pos - 1;
%--------------------------------------------------
%%%%%%%%%%%%%%%%%%%%%%%%%%%%%%%%%%%%%%%%%%%%%%%%%%%
% 函数名称:fisherclassify( )
% 参数:sample,待识别样品特征;class1、class2,0~9 中的任意两个类别
% 返回值: classfit,返回与样品 sample 最接近的类别
% 函数功能:两类 Fisher 分类器
%%%%%%%%%%%%%%%%%%%%%%%%%%%%%%%%%%%%%%%%%%%%%%%%%%%
function classfit = fisherclassify(class1,class2,sample)
    load templet pattern;
    % 求两类样品均值向量
    m1 = (mean(pattern(class1).feature'))';
    m2 = (mean(pattern(class2).feature'))';
    % 求两类样品类内离散度矩阵
```

```
s1 = cov(pattern(class1).feature') * (pattern(class1).num-1);
s2 = cov(pattern(class2).feature') * (pattern(class2).num-1);
sw = s1 + s2;%求总类间离散度矩阵
sb = (m1 - m2) * (m1 - m2)';%求样品类间离散度矩阵
w = inv(sw) * (m1 - m2);%求 w
%求已知类别在 w 上的投影
y1 = w' * pattern(class1).feature;
y2 = w' * pattern(class2).feature;
%求各类别样品在投影空间上的均值
mean1 = mean(y1');
mean2 = mean(y2');
%求阈值 y0
y0 = (pattern(class1).num * mean1 + pattern(class2).num * mean2)/...
     (pattern(class1).num + pattern(class2).num);
% 对于未知样本 sample,计算在 w 上的投影 y
y = w' * sample';
%根据决策规则分类
if y > y0
    classfit = class1;
else
    classfit = class2;
end
```

4. 效果图

应用 Fisher 算法识别效果如图 5-10 所示。

(a) 待测样品　　　　　　　　(b) 分类结果

图 5-10　应用 Fisher 算法识别效果

5.6　基于核的 Fisher 分类

1. 理论基础

随着科学技术的迅速发展和研究对象的日益复杂,高维数据的统计分析方法显得越来越重要。直接对高维数据进行处理会遇到很多困难,包括随着维数的增加,计算量的迅速增大;数据的可视性差;维数灾难,即当维数较高时,即使数据的样本点很多,散布在高维空间中的样本点仍显得很稀疏,许多在低维时应用成功的数据处理方法,在高维中不能应用,如关于密度函数估计的核估计法、邻域法等;低维时鲁棒性很好的统计方法到了高维,其稳健性也就变差了。由此可见在多元统计过程中降维的重要性。

然而,一般常见的降维方法是建立在正态分布这一假设基础上的线性方法,显得过于简化,往往不能满足现实中的需要。这里将传统的线性降维方法通过引入核函数的方式(核方法)推广到非线性领域中。

基于核方法的特征提取理论本质上都是基于样本的,因此,它不仅适合解决非线性特征提取问题,还能比线性降维方法提供更多的特征数目和更好的特征质量,因为前者可提供的特征数目与输入样本的数目是相等的,而后者可提供的特征数目仅为输入样本的维数。

核方法首先采用非线性映射的方法将原始数据由数据空间映射到特征空间,进而在特征空间进行对应的线性操作。由于运用了非线性映射,且这种非线性映射往往是非常复杂的,从而大大增强了非线性数据处理能力。

从本质上讲,核方法实现了数据空间、特征空间和类别空间之间的非线性变换。设 X_i 和 X_j 为数据空间中的样本点,数据空间到特征空间的映射函数为 Φ,核方法的基础是实现向量的内积变换 $\langle X_i, X_j \rangle \rightarrow k(X_i, X_j) = \Phi(X_i) \cdot \Phi(X_j)$。

通常,非线性变换函数 $\Phi(\cdot)$ 相当复杂,而运算过程中实际用到的核函数 $k(\cdot,\cdot)$ 则相对简单得多,这也正是核方法最为迷人的地方。

(1) 几种常用核函数形式

核函数必须满足 Mercer 条件。目前,获得应用的核函数有以下几种形式。

① 线性核函数。

$$k(X,Y) = \langle X, Y \rangle \tag{5-34}$$

② 二次核函数。

$$k(X,Y) = \langle X \cdot Y \rangle (\langle X \cdot Y \rangle + 1) \tag{5-35}$$

③ 多项式核函数。多项式是最常使用的一种非线性映射,d 阶的多项式核函数定义如下

$$k(X,Y) = (\langle X \cdot Y \rangle + c)^d \tag{5-36}$$

式中,c 为常数,d 为多项式阶数。当 $c=0, d=1$ 时,该核函数即为线性核函数。

④ 高斯径向基(RBF)函数。最通用的径向基函数采用高斯径向基函数,定义为

$$k(X,Y) = \exp\left\{\frac{|X-Y|^2}{2\sigma^2}\right\} \tag{5-37}$$

式中,$|X-Y|$ 为两个向量之间的距离,σ 为常数。

⑤ 多层感知器核函数(又称 Sigmoid 核函数)

$$k(X,Y) = \tanh(\text{scale} \times \langle X \cdot Y \rangle - \text{offset}) \tag{5-38}$$

式中,scale 和 offset 是尺度和衰减参数。

实际上,在核方法的应用中,核函数的选择及相关参数的确定是问题的关键和难点所在,到目前为止,也没有太多的理论指导。需要指出的是,与同一个核函数对应的映射可能不唯一。在实际应用中,甚至使用者无须知道映射函数的具体形式。与同一个核函数对应的不同

映射在维数上也存在差别。

(2) 输入数据空间到特征空间的非线性映射 $\Phi: X \to F$

在特征空间中往往存在输入空间所没有的性能,考虑输入空间中两类线性不可分样本 $X = (x_1, x_2)^T$,一类为 $\{(1,0),(0,1)\}$,另一类为 $\{(0,0),(1,1)\}$。而与式 $\Phi(x) = (x_1 \cdot x_1, \sqrt{2} \cdot x_1 \cdot x_2, x_2 \cdot x_2)$ 对应的特征空间中相应的一类为 $\{(1,0,0),(0,0,1)\}$,另一类为 $\{(0,0,0),(1,\sqrt{2},1)\}$,变为线性可分。

从上面的讨论可见,核方法可以将线性空间中的非线性问题映射为非线性空间中的线性问题,从而有望较好地克服以往线性方法处理非线性问题所存在的不足。

Fisher 判别函数过于简单,往往不能满足处理非线性数据的要求。改进的途径有两条:一是对样本集进行复杂的概率密度估计,在此基础上再使用贝叶斯最优分类器,这种方法在理论上是最理想的,然而由于需要极多的数据样本,在实际中常常是不可行的;第二条途径是采用非线性投影,使投影后的数据线性可分。核 Fisher 判别分析使用了类似于 SVM 和核 PCA 方法的"核技巧",即首先把数据非线性地映射到某个特征空间 F,然后在这个特征空间中进行 Fisher 线性判别,这样就隐含地实现了原输入空间的非线性判别。

设 Φ 是输入空间到某个特征空间 F 的非线性映射

$$\Phi: X \to F$$

通过非线性映射,输入空间中的向量集合 $X_1, X_2, \cdots, X_N$ 映射为特征空间中的向量集合

$$\Phi(X_1), \Phi(X_2), \cdots, \Phi(X_N)$$

则在特征空间中可定义两类样本的均值向量 m_i^Φ 为

$$m_i^\Phi = \left(\frac{1}{N_i}\right) \sum_{X \in X_i} \Phi(X) \quad (i = 1, 2) \tag{5-39}$$

样本类间离散度矩阵 S_b^Φ 为

$$S_b^\Phi = (m_1^\Phi - m_2^\Phi)(m_1^\Phi - m_2^\Phi)^T \tag{5-40}$$

总类内离散度矩阵 S_w^Φ 为

$$S_w^\Phi = \sum_{i=1,2} \sum_{X \in X_i} (\Phi(X) - m_i^\Phi)(\Phi(X) - m_i^\Phi)^T \tag{5-41}$$

(3) 特征空间中 $\Phi(X)$ 在 W 上的投影变换

设投影直线的方向为 W,则投影后应有

$$\max J_F(W) = \frac{W^T S_b^\Phi W}{W^T S_w^\Phi W} \tag{5-42}$$

由式(5-42)解得的最优投影方向为

$$W^* = (S_w^\Phi)^{-1}(m_1^\Phi - m_2^\Phi) \tag{5-43}$$

$\Phi(X)$ 在 W 上的投影为

$$y = W^{*T} \Phi(X) \tag{5-44}$$

考虑到 W 可由 $\Phi(X_1), \Phi(X_2), \cdots, \Phi(X_N)$ 线性表示,即有

$$W = \sum_{i=1}^{N} \alpha_i \Phi(X_i) \tag{5-45}$$

结合式(5-39)和式(5-45),有

$$\bar{y}_i = \boldsymbol{W}^{\mathrm{T}} \boldsymbol{m}_i^{\varPhi} = \frac{1}{N_i} \sum_{j=1}^{N} \sum_{k=1}^{N_i} \boldsymbol{\alpha}_j k(\boldsymbol{X}_j, \boldsymbol{X}_k^{(\omega_i)}) = \boldsymbol{\alpha}^{\mathrm{T}} \boldsymbol{M}_i (i=1,2; j=1,2,\cdots,N) \quad (5\text{-}46)$$

式中定义 $\boldsymbol{M}_i$ 为一 $N \times 1$ 的矩阵,且

$$(\boldsymbol{M}_i)_j = \left(\frac{1}{N_i}\right) \sum_{k=1}^{N_i} k(\boldsymbol{X}_j, \boldsymbol{X}_k^{(\omega_i)}) \qquad (i=1,2; j=1,2,\cdots,N) \quad (5\text{-}47)$$

结合式(5-40)和式(5-46)有

$$\boldsymbol{W}^{\mathrm{T}} \boldsymbol{S}_b^{\varPhi} \boldsymbol{W} = \boldsymbol{W}^{\mathrm{T}} (\boldsymbol{m}_1^{\varPhi} - \boldsymbol{m}_2^{\varPhi})(\boldsymbol{m}_1^{\varPhi} - \boldsymbol{m}_2^{\varPhi})^{\mathrm{T}} \boldsymbol{W} = \boldsymbol{\alpha}^{\mathrm{T}} (\boldsymbol{M}_1 - \boldsymbol{M}_2)(\boldsymbol{M}_1 - \boldsymbol{M}_2)^{\mathrm{T}} \boldsymbol{\alpha} = \boldsymbol{\alpha}^{\mathrm{T}} \boldsymbol{M} \boldsymbol{\alpha} \quad (5\text{-}48)$$

式(5-48)中定义

$$\boldsymbol{M} = (\boldsymbol{M}_1 - \boldsymbol{M}_2)(\boldsymbol{M}_1 - \boldsymbol{M}_2)^{\mathrm{T}} \quad (5\text{-}49)$$

结合式(5-41)和式(5-45)有

$$\boldsymbol{W}^{\mathrm{T}} \boldsymbol{S}_w^{\varPhi} \boldsymbol{W} = \boldsymbol{W}^{\mathrm{T}} \sum_{i=1,2} \sum_{x \in X_i} (\varPhi(\boldsymbol{X}) - \boldsymbol{m}_i^{\varPhi})(\varPhi(\boldsymbol{X}) - \boldsymbol{m}_i^{\varPhi})^{\mathrm{T}} \boldsymbol{W} = \boldsymbol{\alpha}^{\mathrm{T}} \boldsymbol{H} \boldsymbol{\alpha} \quad (5\text{-}50)$$

式中

$$\boldsymbol{H} = \sum_{i=1,2} \boldsymbol{K}_i (\boldsymbol{I} - \boldsymbol{L}_i) \boldsymbol{K}_i^{\mathrm{T}} \quad (5\text{-}51)$$

式中,$\boldsymbol{K}_i$ 为 $N \times N_i (i=1,2)$ 矩阵,并满足

$$(\boldsymbol{K}_i)_{p,q} = k(\boldsymbol{X}_p, \boldsymbol{X}_q^{(\omega_i)}) \qquad (p=1,2,\cdots,N; q=1,2,\cdots,N_i) \quad (5\text{-}52)$$

即 $\boldsymbol{K}_i$ 为第 i 类的核矩阵,$\boldsymbol{I}$ 为 $N_i \times N_i$ 大小的单位阵;$\boldsymbol{L}_i$ 为 $N_i \times N_i$ 大小的矩阵,其所有元素都为 $1/N_i$。

则结合式(5-48)和式(5-50),式(5-42)等价为

$$\max J(\boldsymbol{\alpha}) = \frac{\boldsymbol{\alpha}^{\mathrm{T}} \boldsymbol{M} \boldsymbol{\alpha}}{\boldsymbol{\alpha}^{\mathrm{T}} \boldsymbol{H} \boldsymbol{\alpha}} \quad (5\text{-}53)$$

可见,$\boldsymbol{\alpha}$ 实质是矩阵 $\boldsymbol{H}^{-1} \boldsymbol{M}$ 的最大特征值对应的特征向量。可以直接求得

$$\boldsymbol{\alpha} = \boldsymbol{H}^{-1}(\boldsymbol{M}_1 - \boldsymbol{M}_2) \quad (5\text{-}54)$$

为了求解 $\boldsymbol{W}$,需要使 $\boldsymbol{H}$ 为正定的。为此,我们简单地对矩阵 $\boldsymbol{H}$ 加上一个量 $\boldsymbol{\mu}$,即用 $\boldsymbol{H}_\mu$ 替代 $\boldsymbol{H}$,即

$$\boldsymbol{H}_\mu = \boldsymbol{H} + \mu \boldsymbol{I} \quad (5\text{-}55)$$

式中,$\boldsymbol{I}$ 为单位阵。

特征空间中 $\varPhi(\boldsymbol{X})$ 在 $\boldsymbol{W}$ 上的投影变换为 $k(\cdot, \boldsymbol{X})$ 在 $\boldsymbol{\alpha}$ 上的投影,即

$$y = \boldsymbol{W}^{\mathrm{T}} \cdot \varPhi(\boldsymbol{X}) = \sum_{j=1}^{N} \boldsymbol{\alpha}_j k(\boldsymbol{X}_j, \boldsymbol{X}) \quad (5\text{-}56)$$

(4) 确定分界阈值点 y_0

① $\tilde{m}_i^{\varPhi} (i=1,2)$ 为投影后的各类别的平均值,$\tilde{m}_i^{\varPhi}$ 满足

$$\tilde{m}_i^{\varPhi} = \frac{1}{N_i} \sum_{y_j \in \omega_i} y_j = \frac{1}{N_i} \sum_{X \in \omega_i} \boldsymbol{W}^{\mathrm{T}} \varPhi(\boldsymbol{X}) = \frac{1}{N_i} \sum_{X \in \omega_i} \sum_{j=1}^{N} \boldsymbol{\alpha}_j k(\boldsymbol{X}_j, \boldsymbol{X}) \quad (5\text{-}57)$$

② 对于核 Fisher 线性判别法,分界阈值点 y_0 可选为

$$y_0 = \frac{N_1 \tilde{m}_1^{\varPhi} + N_2 \tilde{m}_2^{\varPhi}}{N_1 + N_2} \quad (5\text{-}58)$$

(5) 待测样品投影

将待测样品也进行投影得到 y_0,若 $y > y_0$,则 x 属于 ω_1;若 $y < y_0$,则 x 属于 ω_2。

2. 实现步骤

同 Fisher 算法,基于核的 Fisher 分类同样要首先实现两类分类,返回最接近待测样品的类别,然后用返回的类别和新的类别做两类分类,又能够得到比较接近的类别,以此类推,最后得出未知样品的类别。

两类基于核的 Fisher 算法步骤如下:

① 求 $(M_i)_j = \left(\dfrac{1}{N_i}\right) \sum\limits_{k=1}^{N_i} k(X_j, X_k^{(\omega_i)}) (i = 1,2; j = 1,2,\cdots,N)$。取高斯径向基核函数 $k(X_j, X_k^{(\omega_i)}) = \exp\left\{-\dfrac{|X_j - X_k^{(\omega_i)}|^2}{2\sigma^2}\right\}$

② 求 $H = \sum\limits_{i=1,2} K_i(I - L_i)K_i^{\mathrm{T}}$ 及 $H_\mu = H + \mu I$,其中 K_i 的计算见式(5-52)。

③ 求 $\alpha = H_\mu^{-1}(M_1 - M_2)$。

④ 求训练集内各类样品投影。$y_j = W^{\mathrm{T}} \cdot \Phi(X_j) = \sum\limits_{i=1}^{N} \alpha_i k(X_i, X_j), j = 1,2,\cdots,N$。

⑤ 求均值 $\widetilde{m}_i^{\Phi} = \dfrac{1}{N_i} \sum\limits_{y_j \in \omega_i} y_j$。

⑥ 求阈值点 y_0。

⑦ 对于特定样品 X,求它的投影点 y。

⑧ 根据决策规则分类。

3. 编程代码

```
%%%%%%%%%%%%%%%%%%%%%%%%%%%%%%%%%%%%%%%%%%%%%
% 函数名称:kenfisher( )
% 参数:sample,待识别样品特征
% 返回值:y,待识别样品所属类别
% 函数功能:基于核的 Fisher 分类器
%%%%%%%%%%%%%%%%%%%%%%%%%%%%%%%%%%%%%%%%%%%%%
function y = kenfisher( sample ) ;
    clc;
    num = zeros(1,10) ;
    classnum = 0;
    for i = 1:10
        for j = 1:i - 1
            classnum = fisherclassify( i,j,sample) ;
            num( classnum) = num( classnum) + 1;
        end
    end
```

[max_val, max_pos] = max(num);
y = max_pos - 1;
%---
%%
% 函数名称:fisherclassify( )
% 参数:sample,待识别样品特征;class1、class2,0~9 中的任意两个类别
% 返回值: classfit,返回与样品 sample 最接近的类别
% 函数功能:两类基于核的 Fisher 分类器
%%
function classfit = fisherclassify(class1, class2, sample)
    load templet pattern;
    num1 = 50;%class1 类选取样品个数
    num2 = 50;%class2 类选取样品个数
    m1 = [];m2 = [];
    l = num1 + num2;%样品总个数
    % 将两类样品合在一起存放在矩阵 p 中
    p = [pattern(class1).feature(:,1:num1) pattern(class2).feature(:,1:num2)];
    % 求 M1
    for i = 1:l
        m1(i) = 0;
        for j = 1:num1
            m1(i) = m1(i) + k(p(:,i), pattern(class1).feature(:,j));
        end
        m1(i) = m1(i)/num1;
    end
    m1 = m1';
    % 求 M2
    for i = 1:l
        m2(i) = 0;
        for j = 1:num2
            m2(i) = m2(i) + k(p(:,i), pattern(class2).feature(:,j));
        end
        m2(i) = m2(i)/num2;
    end
    m2 = m2';
    m = (m1 - m2) * (m1 - m2)';%求 M
    k1 = [];k2 = [];
    % 求 K1
    for i = 1:l
        for j = 1:num1
            k1(i,j) = k(p(:,i), pattern(class1).feature(:,j));
        end
    end

```matlab
% 求 K2
for i = 1:l
    for j = 1:num2
        k2(i,j) = k(p(:,i),pattern(class2).feature(:,j));
    end
end
% 求 N
I11 = eye(num1);
I22 = eye(num2);
I1 = ones(num1)/num1;
I2 = ones(num2)/num2;
n = k1 * (I11 - I1) * k1' + k2 * (I22 - I2) * k2';
n = n + 0.001 * eye(l);% 使 N 正定
a = inv(n) * (m1 - m2);% 求 a
y1 = [];y2 = [];
% 求两类样品的线性投影
for i = 1:num1
    y1(i) = 0;
    for j = 1:l
        y1(i) = y1(i) + a(j) * k(p(:,j),pattern(class1).feature(:,i));
    end
end
for i = 1:num2
    y2(i) = 0;
    for j = 1:l
        y2(i) = y2(i) + a(j) * k(p(:,j),pattern(class2).feature(:,i));
    end
end
% 求各类别在特征空间的均值
mean1 = mean(y1');
mean2 = mean(y2');
% 求阈值
y0 = (num1 * mean1 + num2 * mean2)/(num1 + num2);
% 对于未知样品 sample,计算投影点
y = 0;
for i = 1:l
    y = y + a(i) * k(p(:,i),sample');
end
% 决策分类
if y > y0
    classfit = class1;
else
    classfit = class2;
```

```
end
%-------------------------------------------------------------------------
%%%%%%%%%%%%%%%%%%%%%%%%%%%%%%%%%%%%%%%%%%%%%%%%%%%%%%%%%
% 函数名称:k( )
% 参数:x1、x2,两个样本向量
% 返回值: y,核值
% 函数功能:高斯核函数
%%%%%%%%%%%%%%%%%%%%%%%%%%%%%%%%%%%%%%%%%%%%%%%%%%%%%%%%%
function y = k( x1,x2)
    y = exp( -(x1 - x2)' * (x1 - x2));
```

4. 效果图

采用基于核的 Fisher 算法自动分类识别效果如图 5-11 所示。

(a) 待测样品　　　　　　　　　(b) 分类结果

图 5-11　采用基于核的 Fisher 算法自动分类识别效果

5.7　支持向量机

1. 理论基础

支持向量机是 Vapnik 等人根据统计学理论提出的一种新的通用学习方法,它建立在统计学理论的 VC 维理论和结构风险最小原理基础上,能较好地解决小样本、非线性、高维数和局部极小点等实际问题,已成为机器学习界的研究热点之一,并成功地应用于分类、函数逼近和时间序列预测等方面。

(1) 线性最优分类超平面

支持向量机的研究最初是针对模式识别中的两类线性可分问题的。设线性可分样本集,$(\boldsymbol{X}_i, y_i)(i = 1,2,\cdots,N, \boldsymbol{X} \in R^n, y \in \{-1,1\})$,根据类别 y 的不同分为正样本子集 $\boldsymbol{X}^+$ 和负样本子集 $\boldsymbol{X}^-$,这两个子集对于超平面可分的条件是,存在一个单位向量 $\boldsymbol{\phi}(\|\boldsymbol{\phi}\| = 1)$ 和常数 c,使式(5-59)成立,其中"·"是向量内积运算。

$$\begin{cases} \langle \boldsymbol{X}^+ \cdot \boldsymbol{\phi} \rangle > c \\ \langle \boldsymbol{X}^- \cdot \boldsymbol{\phi} \rangle < c \end{cases} \quad (5\text{-}59)$$

对于任何单位向量 $\boldsymbol{\phi}$，确定两个值

$$\begin{cases} c_1(\boldsymbol{\phi}) = \min\langle X^+ \cdot \boldsymbol{\phi}\rangle \\ c_2(\boldsymbol{\phi}) = \max\langle X^- \cdot \boldsymbol{\phi}\rangle \end{cases} \tag{5-60}$$

最大化函数式为

$$\gamma(\boldsymbol{\phi}) = \frac{c_1(\boldsymbol{\phi}) - c_2(\boldsymbol{\phi})}{2}, \ \|\boldsymbol{\phi}\| = 1 \tag{5-61}$$

找到一个 $\boldsymbol{\phi}_0$，使式(5-61)最大化。

$$c_0 = \frac{c_1(\boldsymbol{\phi}_0) + c_2(\boldsymbol{\phi}_0)}{2} \tag{5-62}$$

由最大化函数式(5-61)和约束式(5-62)得到向量 $\boldsymbol{\phi}_0$ 与常数 c_0。

确定一个超平面，将两类样本集分开，并具有最大间隔，参见式(5-61)，这样的超平面为最大间隔超平面，也称最优分类超平面，如图 5-12 所示。

图 5-12 最优分类超平面

我们的目标是找到构造最优分类超平面的方法。考虑问题的一种等价表述为：找到一个向量 $\boldsymbol{W}^*$ 和常数 b^*，使它们满足约束条件

$$\begin{cases} \langle X^+ \cdot \boldsymbol{W}^* \rangle + b^* \geq 1 \\ \langle X^- \cdot \boldsymbol{W}^* \rangle + b^* \leq -1 \end{cases} \tag{5-63}$$

且向量 $\boldsymbol{W}^*$ 具有最小范数

$$\min \rho(\boldsymbol{W}) = \frac{1}{2}\|\boldsymbol{W}^*\|^2 \tag{5-64}$$

此时的判别函数为

$$f(\boldsymbol{X}) = \boldsymbol{W}^* \cdot \boldsymbol{X} + b^*$$
$$\begin{cases} 若 f(\boldsymbol{X}) > 0, \ 则 \boldsymbol{X} \in X^+ \\ 若 f(\boldsymbol{X}) < 0, \ 则 \boldsymbol{X} \in X^- \end{cases} \tag{5-65}$$

定理 5.1 在满足式(5-63)的条件下最小化式(5-64)所得到的向量 $\boldsymbol{W}^*$ 与构成最优分类超平面的向量之间的关系是

$$\boldsymbol{\phi}_0 = \frac{\boldsymbol{W}^*}{\|\boldsymbol{W}^*\|} \tag{5-66}$$

最优分类超平面与分类向量之间的间隔 γ_0 为

$$\gamma(\boldsymbol{\phi}_0) = \sup \frac{1}{2}(c_1(\boldsymbol{\phi}_0) - c_2(\boldsymbol{\phi}_0)) = \frac{1}{\|\boldsymbol{W}^*\|} \tag{5-67}$$

因此,具有最小范数且满足约束式(5-63)的向量 $\boldsymbol{W}^*$ 定义了最优分类超平面。

为了简化符号,将约束式(5-63)改写成如下形式

$$y_i(\langle \boldsymbol{X}_i \cdot \boldsymbol{W}^* \rangle + b^*) \geq 1, i = 1, \cdots, N \tag{5-68}$$

因此,为了得到最优分类超平面,我们必须求解二次规划问题,在线性约束式(5-68)条件下,最小化二次型,参见式(5-64)。经典的求解方法可用 Lagrange 乘子法求解,Lagrange 方程为

$$L(\boldsymbol{W}, \boldsymbol{a}, b) = \frac{1}{2} \|\boldsymbol{W}\|^2 - \sum_{i=1}^{N} a_i \{ y_i(\langle \boldsymbol{X}_i \cdot \boldsymbol{W} \rangle + b) - 1 \} \tag{5-69}$$

其中 $a_i \geq 0$ 为 Lagrange 乘子。对 $\boldsymbol{W}$ 和 b 求偏微分,得到如下条件

$$\begin{cases} \dfrac{\partial L(\boldsymbol{W}, \boldsymbol{a}, b)}{\partial \boldsymbol{W}} = \boldsymbol{W} - \sum_{i=1}^{N} y_i a_i \boldsymbol{X}_i = 0 \\ \dfrac{\partial L(\boldsymbol{W}, \boldsymbol{a}, b)}{\partial b} = -\sum_{i=1}^{N} y_i a_i = 0 \end{cases} \tag{5-70}$$

得到关系式

$$\boldsymbol{W} = \sum_{i=1}^{N} y_i a_i \boldsymbol{X}_i \tag{5-71}$$

$$0 = \sum_{i=1}^{N} y_i a_i \tag{5-72}$$

代入式(5-69)得到

$$\max H(\boldsymbol{a}) = \sum_{i=1}^{N} a_i - \frac{1}{2} \sum_{i=1}^{N} \sum_{j=1}^{N} y_i y_j a_i a_j \langle \boldsymbol{X}_i \cdot \boldsymbol{X}_j \rangle \tag{5-73}$$

因为式(5-73)只涉及向量 $\boldsymbol{a}$ 的求解,因此我们把 $L(\boldsymbol{W}, \boldsymbol{a}, b)$ 改成 $H(\boldsymbol{a})$,此式也称为原问题的对偶问题。为了构造最优化超平面,在 $a_i \geq 0, i = 1, 2, \cdots, N$ 且满足式(5-72)的条件下,对式(5-73)求解得到 $a_i^* \geq 0, i = 1, 2, \cdots, N$,代入式(5-71)得到向量

$$\boldsymbol{W}^* = \sum_{i=1}^{N} y_i a_i^* \boldsymbol{X}_i \tag{5-74}$$

在求解此优化问题的过程中,Karush-Kuhn-Tucker(KKT)互补条件提供了关于解结构的有用信息。根据 KKT 条件,最优解 a^* 必须满足

$$a^* [y_i(\langle \boldsymbol{W}^* \cdot \boldsymbol{X}_i \rangle + b^*) - 1] = 0, \quad i = 1, \cdots, N \tag{5-75}$$

在图 5-12 中大写字母所示的样品向量为支持向量。所有其他样本向量对应的 a_i^* 为零。因此在计算权重向量的表达式(5-74)中,实际只有这些支持向量。

最优解 a^* 和 $\boldsymbol{W}^*$ 可由二次规划算法求得。选取一个支持向量 $\boldsymbol{X}_i$,可求得 b^*

$$b^* = y_i - \langle \boldsymbol{X}_i \cdot \boldsymbol{W}^* \rangle \tag{5-76}$$

最优判别函数具有如下形式

$$f(\boldsymbol{X}) = \sum_{i=1}^{N} y_i a_i^* \langle \boldsymbol{X}_i \cdot \boldsymbol{X} \rangle + b^* \tag{5-77}$$

(2) 支持向量机模型

我们介绍了线性可分的支持向量机最优超平面的求解,而对于线性不可分的分类问题,必

须对最优化问题做一些改动。可以通过非线性变换把样本输入空间转化为某个高维空间中的线性问题,在高维空间中求线性最优分类超平面,这样的高维空间也称为特征空间或高维特征空间(Hilbert 空间)。这种变换可能比较复杂,且高维特征空间的转换函数也很难显式地表示出来,因此这种思路在一般情况下不易实现。但是注意到,在线性情况下的对偶问题中,不论是寻优目标函数式(5-73)还是判别函数式(5-77)都只涉及训练样本之间的内积运算$\langle \boldsymbol{X}_i \cdot \boldsymbol{X}_j \rangle$。

假设有非线性映射 $\boldsymbol{\Phi}:R^n \rightarrow \boldsymbol{H}$ 将输入空间的样本映射到高维(可能是无穷维)的特征空间 $\boldsymbol{H}$ 中。当在特征空间 $\boldsymbol{H}$ 中构造最优超平面时,训练算法仅使用空间中的点积,即$\langle \boldsymbol{\Phi}(\boldsymbol{X}_i), \boldsymbol{\Phi}(\boldsymbol{X}_j) \rangle$,而没有单独的 $\boldsymbol{\Phi}(\boldsymbol{X}_i)$ 出现。因此,如果能够找到一个函数 k 使得 $k(\boldsymbol{X}_i, \boldsymbol{X}_j) = \langle \boldsymbol{\Phi}(\boldsymbol{X}_i), \boldsymbol{\Phi}(\boldsymbol{X}_j) \rangle$,这样,在高维特征空间中实际上只需进行内积运算,而这种内积运算可以用输入空间中的某些特殊函数来实现,我们甚至没有必要知道变换 $\boldsymbol{\Phi}$ 的具体形式。这些特殊的函数 k 称为核函数。根据泛函的有关理论,只要核函数 $k(x_i,x_j)$ 满足 Mercer 条件,它就对应某一变换空间中的内积。

此时,目标函数变为

$$\max H(\boldsymbol{a}) = \sum_{i=1}^{N} a_i - \frac{1}{2} \sum_{i=1}^{N} \sum_{j=1}^{N} y_i y_j a_i a_j k(\boldsymbol{X}_i \cdot \boldsymbol{X}_j)$$

$$\sum_{i=1}^{n} y_i a_i = 0, a_i \geq 0, i = 1, \cdots, N$$

(5-78)

相应的判别函数变为

$$f(\boldsymbol{X}) = \sum_{i=1}^{N} y_i a_i^* k(\boldsymbol{X}_i \cdot \boldsymbol{X}) + b^*$$

(5-79)

这就是支持向量机(SVM)。

支持向量机利用输入空间的核函数取代了高维特征空间中的内积运算,解决了算法可能导致的"维数灾难"问题:在构造判别函数时,不是对输入空间的样本做非线性变换,然后在特征空间中求解,而是先在输入空间比较向量(如求内积或是某种距离),对结果再做非线性变换。这样,大的工作量将在输入空间而不是在高维特征空间中完成。

支持向量机判别函数形式上类似于一个神经网络,输出是 M 个中间节点的线性组合,每个中间节点对应一个支持向量,支持向量机的网络结构如图5-13所示。

图 5-13 支持向量机的网络结构

(3) 特征空间与核函数

Mercer 定理将核解释为特征空间的内积,核函数的思想是将原本在高维特征空间中的计算,通过核函数在输入空间中完成,而无须知道高维变换的显式公式。为了避免维数灾难,许多学习算法都通过"降维"的方式,将高维原始空间变换到较低维的特征空间,这容易损失一些有用的特征,导致学习性能的下降;而基于核的方法却恰好相反,它将低维向高维映射,却不需要过多地考虑维数对学习机器性能的影响。核函数是支持向量机的重要组成部分。根据 Hilbert-Schmidt 定理,只要变换 Φ 满足 Mercy 条件,就可用于构建核函数,Mercy 条件如下:给定对称函数 $k(x,y)$ 和任意函数 $\varphi(x) \neq 0$,满足约束

$$\begin{cases} \int_{-\infty}^{+\infty} \varphi^2(x) \mathrm{d}x < 0 \\ \iint_{-\infty}^{+\infty} k(x,y) \varphi(x) \varphi(y) \mathrm{d}x \mathrm{d}y > 0 \end{cases} \tag{5-80}$$

目前常用的核函数主要有线性核函数、二次核函数、多项式核函数、高斯径向基核函数、多层感知器核函数,函数定义见式(5-34)~式(5-38)。

2. 实现步骤

要实现支持向量机的多类分类,首先要实现两类分类。支持向量机分类算法包括两部分,支持向量机的训练和支持向量机分类。

(1) 支持向量机训练的步骤

① 输入两类训练样品向量 $(X_i, Y_i)(i=1,2,\cdots,N, X \in R^n, y \in \{-1,1\})$,类号分别为 ω_1、ω_2。如果 $X_i \in \omega_1$,则 $y_i = -1$;如果 $X_i \in \omega_2$,则 $y_i = 1$。

② 指定核函数类型。

③ 利用二次规划方法求解目标函数式(5-78)的最优解,得到最优 Lagrange 乘子 a^*。

④ 利用样本库中的一个支持向量 X,代入式(5-79),左值 $f(X)$ 为其类别值(-1 或 1),可得到偏差值 b^*。

(2) 支持向量机分类的步骤

① 输入待测样品 X。

② 利用训练好的 Lagrange 乘子 a^*、偏差值 b^* 和核函数,根据式(5-77)求解判别函数 $f(X)$。

③ 根据 $\mathrm{sgn}(f(X))$ 的值,输出类别。如果 $\mathrm{sgn}(f(X))$ 为 -1,则该样品属于 ω_1 类;如果 $\mathrm{sgn}(f(X))$ 为 1,则该样品属于 ω_2 类。

3. 编程代码

MATLAB 中的支持向量机工具箱中提供了支持向量机训练和支持向量机分类方法的函数,其中 svmtrain 函数实现对样品进行训练并将训练结果保存到指定结构;svmclassify 函数通过输入指定训练结果和待测样品实现待测样品的分类。具体函数说明可参考 MATLAB 帮助文件。

(1) 支持向量机训练方法代码

```
%%%%%%%%%%%%%%%%%%%%%%%%%%%%%%%%%%%%%%%%%%%%%%%%%%%%%%%
```

```
% 函数名称:SupportVectorTrain( )
% 参数:
% 返回值:
% 函数功能:支持向量机训练
%%%%%%%%%%%%%%%%%%%%%%%%%%%%%%%%%%%%%%%%
function SupportVectorTrain( );
    patternNum = 50;
    classnum = 0;
    % 选择核函数类型
    str = {'线性核函数 ','二次核函数 ','多项式核函数 ','rbf 核函数 ','多层感知器核函数 '};
    kernalType = listdlg('ListString', str,'PromptString','选择核函数计算类型 ',...
        'SelectionMode','Single','ListSize',[160,100],'Name','核函数选择对话框 ');
    switch( kernalType)
        case 1
            kernal ='linear';
        case 2
            kernal ='quadratic';
        case 3
            kernal ='polynomial';
        case 4
            kernal ='rbf';
        case 5
            kernal ='mlp';
    end
    load templet pattern;
    for i = 1:10
        for j = 1:i - 1
            x = [pattern(i).feature(:,1:patternNum) pattern(j).feature(:,1:patternNum)];
            y = ones(1,patternNum * 2);
            y(patternNum + 1:patternNum * 2) = - 1;
            % 进行两类支持向量机训练,结果保存到 svmStruct 结构中。
            svmStruct(i,j) = svmtrain(x,y,'Kernel _ Function', kernal);
        end
    end
    % 保存训练结果
    save svmStruct svmStruct;
    msgbox('训练结束 ');
```

(2) 支持向量机分类方法代码

```
%%%%%%%%%%%%%%%%%%%%%%%%%%%%%%%%%%%%%%%%
% 函数名称:SupportVector( )
% 参数:sample,待测样品
% 返回值:result,分类结果
```

% 函数功能:支持向量机分类
%%%
function result = SupportVector(sample);
    % 读取训练结果
    load svmStruct svmStruct
    num = zeros(1,10);
    classnum = 0;
    for i = 1:10
        for j = 1:i-1
            % 支持向量机两类分类
            G = svmclassify(svmStruct(i,j),sample);
            if(G == 1)
                num(i) = num(i) + 1;
            elseif(G == -1)
                num(j) = num(j) + 1;
            end
        end
    end
    % 找出分类数目最多的类
    [max_val,max_pos] = max(num);
    result = max_pos - 1;
```

### 4. 效果图

首先对样品库进行支持向量机训练,单击"支持向量机训练"菜单,弹出"核函数选择"对话框,如图5-14(a)所示。选择合适的核函数,开始训练,等待至训练结束(图5-14(b))。手写一数字,如图5-14(c)所示,单击"支持向量机分类"菜单,进行分类,显示分类结果对话框,如图5-14(d)所示。

(a) 核函数选择　　(b) 支持向量机训练　　(c) 待测样品　　(d) 支持向量机分类

图 5-14　支持向量机分类效果图

## 本章小结

本章介绍了线性判别函数与非线性判别函数,并介绍它们的实现方法,讨论了各种分类情况的判别函数设计基础理论、实现步骤、编程代码等,线性分类器介绍了感知器算法和 Fisher 分类,感知器算法只有在某一个模式样品被错误分类时才校正权向量,Fisher 分类算法,它是
```

将特征空间进行投影压缩后以实现分类的方法。非线性分类器介绍了核 Fisher 方法和支持向量机方法。

习题 5

1. 写出每一个类别可用单个判别平面分开的判别函数形式。
2. 写出每两个类别之间可用判别平面分开的判别函数形式。
3. 简述多类可分的判别函数实现方法。
4. 写出非线性分类器判别函数的一般形式。
5. 简述感知器算法的分类准则,并写出梯度下降法的实现步骤。
6. 简述 Fisher 算法分类的实现步骤。
7. 简述基于核的 Fisher 算法分类的实现步骤。
8. 简述支持向量机的原理以及支持向量机分类方法的实现步骤。

第6章 神经网络分类器设计

本章要点：
- ☑ 人工神经网络的基本原理
- ☑ BP 神经网络
- ☑ 径向基函数（RBF）神经网络
- ☑ 自组织竞争神经网络
- ☑ 概率神经网络（PNN）
- ☑ 对向传播神经网络（CPN）
- ☑ 反馈型神经网络（Hopfield）

6.1 人工神经网络的基本原理

人工神经网络结构和工作机理基本上是以人脑的组织结构（大脑神经元网络）和活动规律为背景的，它反映了人脑的某些基本特征，但并不是要对人脑部分的真实再现，可以说它是某种抽象、简化或模仿。参照生物神经元网络发展起来的人工神经网络现已有许多种类型，但它们中的基本单元——神经元的结构是基本相同的。

6.1.1 人工神经元

人工神经元模型是生物神经元的模拟与抽象。这里所说的抽象是从数学角度而言的，所谓模拟是针对神经元的结构和功能而言的。图 6-1 所示的是一种典型的人工神经元模型，它是通过模拟生物神经元的细胞体、树突、轴突、突触等主要部分而形成的。

图 6-1 人工神经元模型

人工神经元相当于一个多输入、单输出的非线性阈值器件。这里的 $x_1, x_2, \cdots, x_n$ 表示它的 n 个输入；$w_1, w_2, \cdots, w_n$ 表示与它相连的 n 个突触的连接强度，其值称为权值；ΣWX 称为激活值，表示这个人工神经元的输入总和，对应于生物神经细胞的膜电位；o 表示这个人工神经元的输出；θ 表示这个人工神经元的阈值。如果输入信号的加权和超过 θ，则人工神经元被激活。

这样,人工神经元的输出可描述为

$$o = f(\sum \boldsymbol{WX} - \theta) \tag{6-1}$$

式中,$f(\cdot)$表示神经元输入/输出关系函数,称为激活函数或输出函数。

$\boldsymbol{W}$ 为权矢量(Weight Vector):

$$\boldsymbol{W} = \begin{bmatrix} w_1 \\ w_2 \\ \vdots \\ w_n \end{bmatrix}$$

$\boldsymbol{X}$ 为输入矢量(Input Vector):

$$\boldsymbol{X} = \begin{bmatrix} x_1 \\ x_2 \\ \vdots \\ x_n \end{bmatrix}$$

设 net $= \boldsymbol{W}^{\mathrm{T}}\boldsymbol{X}$ 是权与输入的矢量积(标量),相当于生物神经元由外加刺激引起的膜内电位的变化。这样激活函数可写成 $f(\text{net})$。

阈值 θ 一般不是一个常数,它是随着神经元的兴奋程度而变化的。

激活函数有许多种类型,其中比较常用的激活函数可归结为三种形式:阈值函数、Sigmoid 函数和分段线性函数。

1. 阈值函数

阈值函数通常也称为阶跃函数,其定义为

$$f(t) = \begin{cases} 1, & t \geqslant 0 \\ 0, & t < 0 \end{cases} \tag{6-2}$$

若激励函数采用阶跃函数,如图 6-2(a) 所示,人工神经元模型为著名的 MP(McCulloch - Pitts)模型。此时神经元的输出取 1 或 0,反映了神经元的兴奋或抑制。

此外,符号函数 sgn(t) 也常常作为神经元的激励函数,如图 6-2(b) 所示。

$$\text{sgn}(t) = \begin{cases} 1, & t \geqslant 0 \\ -1, & t < 0 \end{cases} \tag{6-3}$$

(a) 阶跃函数   (b) 符号函数

图 6-2　阈值函数

2. Sigmoid 函数

Sigmoid 函数也称为 S 型函数。到目前为止,它是人工神经网络中最常用的激励函数。S 型函数的定义为

$$f(t) = \frac{1}{1 + e^{-at}} \tag{6-4}$$

式中,a 为 Sigmoid 函数的斜率参数,通过改变参数 a,我们会获取不同斜率的 Sigmoid 函数,如图 6-3 所示。

图 6-3 不同斜率的 Sigmoid 函数

当斜率参数接近无穷大时,此函数转化为简单的阈值函数,但 Sigmoid 函数对应 0~1 的连续区域,而阈值函数对应的只是 0 和 1 两点,此外,Sigmoid 函数是可微分的,而阈值函数是不可微分的。

Sigmoid 函数也可用双曲正切函数(Signum Function)来表示:

$$f(t) = \tanh(t) \tag{6-5}$$

双曲正切函数如图 6-4 所示。

图 6-4 双曲正切函数

3. 分段线性函数

分段线性函数的定义为

$$f(t) = \begin{cases} 1, & t \geq 1 \\ t, & -1 < t < 1 \\ -1, & t \leq -1 \end{cases} \quad (6\text{-}6)$$

该函数在线性区间[−1,1]内的放大系数是一致的,如图6-5所示。

这种形式的激励函数可看成非线性放大器的近似。

(1) 分段函数的特殊形式

图6-5 分段线性函数

以下两种情况是分段线性函数的特殊形式:

① 在执行中保持线性区域而使其不进入饱和状态,则会产生线性组合器。

② 若线性区域的放大倍数无限大,则分段线性函数可简化为阈值函数。

(2) 人工神经元的特点

① 人工神经元是多输入、单输出的器件。

② 它具有非线性的输入/输出特性。

③ 它具有可塑性,可塑性反映在新突触的产生和现有神经突触的调整上,可塑性使神经网络能够适应周围的环境。可塑性变化的部分主要是权值(w_i)的变化,这相当于生物神经元的突触部分的变化。对于激发状态,w_i取正值;对于抑制状态,w_i取负值。

④ 人工神经元的输出响应是各个输入值的综合作用结果。

⑤ 时空整合功能,时间整合功能表现在不同时间、同一突触上;空间整合功能表现在同一时间、不同突触上。

⑥ 兴奋与抑制状态,当传入神经冲动的时空整合结果时,细胞膜电位升高,超过被称为动作电位的阈值,细胞进入兴奋状态,产生神经冲动,由轴突输出;同样,当膜电位低于阈值时,无神经冲动输出,细胞进入抑制状态。

6.1.2 人工神经网络模型

根据神经元之间连接的拓扑结构上的不同,可将神经网络结构分为两大类,即分层网络和相互连接型网络。分层网络是指将一个神经网络中的所有神经元按功能分为若干层,一般有输入层、隐含层和输出层,各层按顺序连接。分层网络可以细分为三种互连形式:简单的前向网络、具有反馈的前向网络以及层内有相互连接的前向网络。对于简单的前向网络,给定某一输入模式,网络能产生一个相应的输出模式,并保持不变。输入模式由输入层进入网络,经过隐含层的模式变换,由输出层产生输出模式。因此前向网络是由分层网络逐层模式变换处理的方向而得名的。相互连接型网络是指网络中任意两个单元之间都是可以相互连接的,对于给定的输入模式,相互连接型网络由某一初始状态出发开始运行,在一段时间内网络处于不断更新输出状态的变化过程中。如果网络设计得好,最终可能会产生某一稳定的输出模式;如果网络设计得不好,也有可能进入周期性振荡或发散状态。

本章着重应用BP神经网络、径向基函数神经网络、自组织竞争神经网络、概率神经网络、对向传播神经网络和反馈型神经网络对手写数字进行分类识别。其中5种网络结构模型及分类特点见表6-1。

表 6-1　5 种网络结构模型及分类特点

	多层 BP 神经网络	径向基函数神经网络	自组织竞争神经网络
网络模型图			
结构特点	BP 神经网络具有三层或三层以上的多层神经网络，上下各神经元之间无连接	与 BP 神经网络结构相似，但其隐含层函数取为高斯核函数	由输入层和竞争层构成的两层网络，没有隐含层，输入和竞争层之间实现双向连接，同时竞争层各个神经元之间还存在横向连接
训练学习方式比较	当一对样品提供给网络后，从输入层向输出层传播，在输出层获得响应，按照减少目标与实际输出误差的方向，采用负梯度下降等多种方法，从输出层经过中间层逐层修正连接权值，使正确率不断提高	输入层到隐含层采用非线性映射，隐含层到输出层采用线性映射，具有最佳逼近，克服局部极小值的性能。神经元个数可能比 BP 神经网络多，训练时间比 BP 神经网络少	网络竞争层的各神经元通过竞争来获取输入模式的响应机会。最后仅有一个神经元成为竞争胜利者，并将与获胜神经元有关的各连接权值向着更有利于其竞争的方向发展
学习方式	两步都采用有导师学习	第一步为无导师学习，第二步为有导师学习	无导师自组织自学习
训练时间	长	较短	较短

续表

	对向传播神经网络	反馈型神经网络
网络模型图		
结构特点	由输入层、竞争层、输出层组成三层结构，输入层与竞争层构成SOM网络，竞争层与输出层构成基本竞争型网络	全连接型网络，属于单层反馈非线性网络，每一个节点的输出均反馈到其他节点的输入
训练学习方式比较	仅仅调整与竞争层获胜神经元相关的连接权向量，既反映了输入模式的统计特性，又反映了输出模式的统计特性。输入模式与输出模式实现了相互映射，即网络具有双向记忆性能	是一种循环神经网络，从输出到输入有反馈连接，这个反馈过程一直进行下去。如果网络能稳定收敛，则反馈迭代计算所产生的变化将越来越小，一旦到达了稳定平衡状态，会输出稳定的恒值。具有联想记忆功能
学习方式	从整体上看属于有导师型网络，而由输入层和竞争层构成的SOM网络属于无导师型网络	无导师学习
训练时间	较长	短

6.1.3 神经网络的学习过程

人的学习过程主要有三种：有导师学习、无导师学习和强化学习。通过模仿人的学习过程，人们提出了多种神经网络的学习方式，按学习方式进行神经网络模型分类，可以分为相应的三种，即有导师学习网络、无导师学习网络和强化学习网络。有导师型的学习或者说有监督型的学习是在有指导和考察的情况下进行的，如果学完了没有达到要求，那么就要再继续学习（重新学习）。无导师型的学习或者说无监督型的学习是靠学习者或者说神经网络本身自行完成的。学习是一个相对持久的变化过程，往往也是一个推理的过程，例如，通过经验也可以学习，学习是神经网络最重要的能力。

人工神经网络可从所需要的例子集合中学习、从输入与输出的映射中学习。对于有监督型学习，是在已知输入模式和期望输出的情况下进行的学习。对应每一个输入，有导师型的系统以实际响应与期望响应之间的差距作为测量误差，用来校正网络的参数（权值和阈值），输入—输出模式的集合称为这个学习模型的训练样品集合。

神经网络最大的特点就是它有学习的能力，在学习过程中，主要是网络连接的权值发生了相应的变化，学习到的内容记忆在连接的权值中。

6.1.4 人工神经网络在模式识别问题上的优势

人工神经网络（Artificial Neural Networks，ANN），简称神经网络（NN），是对人脑或自然神经网络若干基本特性的抽象和模拟，是一种基于连接学说构造的智能仿生模型，是由大量神经元组成的非线性动力系统。

以生物神经网络为模拟基础的人工神经网络试图在模拟推理和自动学习等方面向前发展，使人工智能更接近人脑的自组织和并行处理功能，它在模式识别、聚类分析和专家系统等多方面显示出了新的前景和思路。神经网络可以看成从输入空间到输出空间的一个非线性映射，它通过调整权重和阈值来"学习"或发现变量间的关系，实现对事物的分类。由于神经网络是一种对数据分布无任何要求的非线性技术，它能有效解决非正态分布、非线性的评价问题，因而受到广泛的应用。由于神经网络具有信息的分布存储、并行处理以及自学习能力等特点，所以它在信息处理、模式识别、智能控制等领域有着广泛的应用前景。近年来，神经网络已成为研究的热点，并取得了广泛的应用。

1. 人工神经网络的特点

（1）固有的并行结构和并行处理

人工神经网络和人类的大脑类似，不但结构上是并行的，它的处理顺序也是并行的和同时的。在同一层内的处理单元都是同时操作的，即神经网络的计算功能分布在多个处理单元上。而一般计算机通常有一个处理单元，其处理顺序是串行的。

（2）知识的分布存储

在神经网络中，知识不是存储在特定的存储单元中，而是分布在整个系统中，要存储多个知识就需要很多连接。在计算机中，只要给定一个地址就可得到一个或一组数据。在神经网络中要获得存储的知识则采用"联想"的办法,这类似人类和动物的联想记忆。人类根据联想善于正确识别图形,人工神经网络也是这样的。

(3) 容错性

人工神经网络具有很强的容错性,它可以在不完善的数据和图形中进行学习并做出决定。由于知识存在于整个系统中,而不只是在一个存储单元中,预定比例的节点不参与运算,对整个系统的性能不会产生重大的影响。人工神经网络能够处理那些有噪声或不完全的数据,具有泛化功能和很强的容错能力。

(4) 自适应性

自适应性是指人工神经网络能够根据所提供的数据,通过学习和训练,找出输入和输出之间的内在关系,从而求取问题的解。人工神经网络具有自适应性功能,这对于弱化权重确定人为因素是十分有益的。

(5) 模式识别能力

目前有各种各样的神经网络模型,其中有很多网络模型善于进行模式识别。模式识别是ANN最重要的特征之一,它不但能识别静态信息,在实时处理复杂的动态信息方面(随时间和空间变化的)也具有巨大潜力。模式识别往往是非常复杂的,各个因素之间相互影响,呈现出复杂的非线性关系,人工神经网络为处理这类非线性问题提供了强有力的工具。

2. 人工神经网络的优点

相比其他传统方法,人工神经网络在模式识别问题上的优势可以大致归结为以下三点:
① 要求对问题的了解较少。
② 可对特征空间进行较为复杂的划分。
③ 适用于高速并行处理系统。

但是人工神经网络同其他理论一样也不是完美的,也有其固有的弱点,例如,需要更多的训练数据,在非并行处理系统中的模拟运行速度很慢,以及无法获取特征空间中的决策面等。

6.2 BP 神经网络

6.2.1 BP 神经网络的基本概念

1. BP 神经网络拓扑结构

BP 神经网络是一种具有三层或三层以上的多层神经网络,每一层都由若干个神经元组成,它的左、右各层之间各个神经元实现全连接,即左层的每一个神经元与右层的每个神经元都有连接,而上下各神经元之间无连接。用于多指标综合评价的三层 BP 神经网络如图 6-6 所示。BP 神经网络按有导师学习方式进行训练,当一对学习模式提供给网络后,其神经元的激活值将从输入层经各隐含层向输出层传播,在输出层的各神经元输出对应于输入模式的网络响应。然后,按减少希望输出与实际输出误差的原则,从输出层经各隐含层最后回到输入层,逐层修正各连接权值。由于这种修正过程是从输出层到输入逐层进行的,所以称它为"误差逆传播算法"。随着这种误差逆传播训练的不断进行,网络对输入模式响应的正确率也将不断提高。

图6-6　用于多指标综合评价的三层BP神经网络

由于BP神经网络有处于中间位置的隐含层,并有相应的学习规则可循,因此可训练这种网络,使其具有对非线性模式的识别能力。特别是它的数学意义明确、学习步骤分明,更使其有广泛的应用前景。

2. BP神经网络训练

在进行BP神经网络的设计时,应从网络的层数、隐含层中的神经元数、初始权值的选取,以及学习速率等几个方面进行考虑。

① 网络的层数。已经证明:三层BP神经网络可以实现多维单位立方体 R^m 到 R^n 的映射,即能够逼近任何有理函数。这实际上给出了一个设计BP神经网络的基本原则。增加层数可以更进一步地降低误差,提高精度,但同时也会使网络更加复杂化,从而增加网络权值的训练时间。而误差精度的提高实际上也可以通过增加隐含层中的神经元数目来获得,其训练结果也比增加层数更容易观察和调整,所以一般情况下,应优先考虑增加隐含层中的神经元数。

② 隐含层中的神经元数。可以通过采用一个隐含层而增加神经元数的方法来提高网络训练精度,这在结构的实现上要比增加更多的隐含层简单得多。在具体设计时,比较实用的做法是隐含层的神经元数取输入层的两倍,然后适当地加上一点余量。评价一个网络设计得好坏,首先是它的精度,其次是训练时间。时间包含有两层含义:一是循环次数,二是每次循环中计算所花的时间。

③ 初始权值的选取。由于系统是非线性的,初始权值的选取对于学习能否达到局部最小、是否能够收敛以及训练时间的长短有很大关系。初始权值过大或过小都会影响学习速度,因此初始权值应选为均匀分布的小数经验值,初始权值一般取在$(-1,1)$之间的随机数,也可选取在$[-2.4/n, 2.4/n]$内的随机数,其中 n 为输入特征个数。为避免每一步权值的调整方向是同向的,应将初始权值设为随机数。

④ 学习速率。学习速率取决于每一次循环训练中所产生的权值变化量。高的学习速率可能导致系统的不稳定;但低的学习速率又将导致较长的训练时间,可能收敛很慢,不过能保证网络的误差值跳出误差表面的低谷而最终趋于最小误差值。在一般情况下,倾向于选取较小的学习速率以保证系统的稳定性。学习速率通常选取$0.01 \sim 0.8$。

如同初始权值的选取过程一样,在一个神经网络的设计中,网络要经过几个不同学习速率的训练,通过观察每一次训练后的误差平方和 $\sum e^2$ 的下降速率来判断所选定的学习速率是否合适,若 $\sum e^2$ 下降得很快,则说明学习速率合适;若 $\sum e^2$ 出现振荡现象,则说明学习速率过大。对于每一个具体网络都存在一个合适的学习速率,但对于较复杂网络,在误差曲面的不同部位可能需要不同的学习速率。为了减少寻找学习速率的训练次数以及训练时间,比较合适的方法是采用变化的自适应学习速率,使网络的训练在不同的阶段自动设置不同的学习速率。一般来说,学习速率越高,收敛越快,但容易振荡;而学习速率越低,则收敛越慢。

⑤ 期望误差的选取。在网络的训练过程中,期望误差值也应当通过对比训练后确定一个合适的值。所谓的"合适",是相对于所需要的隐含层的节点数来确定的,因为较小的期望误差要靠增加隐含层的节点,以及训练时间来获得。一般情况下,作为对比,可以同时对两个不同期望误差的网络进行训练,最后综合考虑来确定采用其中一个网络。

尽管含有隐含层的神经网络能实现任意连续函数的逼近,但在训练过程中如果一些参数选取得合适,可以加快神经网络的训练,缩短神经网络的训练时间和取得满意的训练结果。对训练过程有较大影响的是权系数的初值、学习速率等。

调整量与误差成正比,即误差越大,调整的幅度就越大,这一物理意义是显而易见的。

调整量与输入值的大小成正比例,这里由于输入值越大,在学习过程中就显得越活跃,所以与其相连的权值的调整幅度就应该越大。

调整量与学习速率成正比,通常学习速率为 0.1~0.8,为使整个学习过程加快,又不引起振荡,可采用变学习速率的方法,即在学习初期取较大的学习速率,随着学习过程的进行逐渐减少其值。

下面以梯度下降法训练 BP 神经网络为例,介绍和分析这四个过程,在第 l 次输入样品 $(l=1,2,\cdots,N)$ 进行训练时各个参数的表达及计算方法。

(1) 确定参数

① 确定输入向量 $\boldsymbol{X}$:

输入向量 $\boldsymbol{X} = [x_1, x_2, \cdots, x_n]^T$($n$ 为输入层单元个数)。

② 确定输出向量 $\boldsymbol{Y}$ 和希望输出向量 $\boldsymbol{O}$:

输出向量 $\boldsymbol{Y} = [y_1, y_2, \cdots, y_q]^T$($q$ 为输出层单元数)。

希望输出向量 $\boldsymbol{O} = [o_1, o_2, \cdots, o_q]^T$。

③ 确定隐含层输出向量 $\boldsymbol{B}$:

隐含层输出向量 $\boldsymbol{B} = [b_1, b_2, \cdots, b_p]^T$,($p$ 为隐含层单元数)。

④ 初始化输入层至隐含层的连接权值 $\boldsymbol{W}_j = [w_{j1}, w_{j2}, \cdots, w_{ji}, \cdots, w_{jn}]^T, j=1,2,\cdots,p$。

⑤ 初始化隐含层至输出层的连接权值 $\boldsymbol{V}_k = [v_{k1}, v_{k2}, \cdots, v_{kj}, \cdots, v_{kp}]^T, k=1,2,\cdots,q$。

(2) 输入模式顺传播

这一过程主要是利用输入模式求出它所对应的实际输出。

① 计算隐含层各神经元的激活值 s_j:

$$s_j = \sum_{i=1}^{n} w_{ji} \cdot x_i - \theta_j \qquad (j=1,2,\cdots,p) \qquad (6\text{-}7)$$

式中,w_{ji} 为输入层至隐含层的连接权;θ_j 为隐含层单元的阈值。

激活函数采用 S 型函数,即

$$f(x) = \frac{1}{1 + \exp(-x)} \tag{6-8}$$

这里之所以选 S 型函数为 BP 神经网络神经元的激活函数,是因为它是连续可微分的,而且更接近于生物神经元的信号输出形式。

② 计算隐含层 j 单元的输出值。将上面的激活值代入激活函数中可得隐含层 j 单元的输出值为

$$b_j = f(s_j) = \frac{1}{1 + \exp\left(-\sum_{i=1}^{n} w_{ji} \cdot x_i + \theta_j\right)} \tag{6-9}$$

阈值 θ_j 在学习过程中和权值一样也不断地被修正。阈值的作用反映在 S 型函数的输出曲线上,如图 6-7 所示。

由图中可见,阈值的作用相当于将输出值移了 θ 个单位。

图 6-7 阈值的作用

同理,可求得输出端的激活值和输出值。

③ 计算输出层第 k 个单元的激活值 s_k:

$$s_k = \sum_{j=1}^{p} v_{kj} \cdot b_j - \theta_k \tag{6-10}$$

式中,v_{kj} 为隐含层至输出层的权值;θ_k 为输出层单元阈值。

④ 计算输出层第 k 个单元的实际输出值 y_k:

$$y_k = f(s_k) \quad (k = 1, 2, \cdots, q) \tag{6-11}$$

式中,$f(x)$ 为 S 型激活函数。

利用以上各式就可计算出一个输入模式的顺传播过程。

(3) 输出误差的逆传播

在第(2)步的输入模式顺传播计算中我们得到了网络的实际输出值,当这些实际的输出值与希望的输出值不一样时或者说误差大于所限定的数值时,就要对网络进行校正。

这里的校正是从后向前进行的,所以叫做误差逆传播,计算时从输出层到隐含层,再从隐含层到输入层。

① 输出层的校正误差为

$$d_k = (o_k - y_k) y_k (1 - y_k) \quad (k = 1, 2, \cdots, q) \tag{6-12}$$

式中,y_k 为实际输出;o_k 为希望输出。

② 隐含层各单元的校正误差为

$$e_j = \left(\sum_{k=1}^{q} v_{kj} \cdot d_k\right) b_j (1 - b_j) \tag{6-13}$$

这里应注意,每一个中间单元的校正误差都是由 q 个输出层单元校正误差传递而产生的。当

求得校正误差后,则可利用 d_k 和 e_j 沿逆方向逐层调整输出层至隐含层,隐含层至输入层的权值。

③ 对于输出层至隐含层连接权值和输出层阈值的校正量为

$$\Delta v_{kj} = \alpha \cdot d_k \cdot b_j \tag{6-14}$$

$$\Delta \theta_k = \alpha \cdot d_k \tag{6-15}$$

式中,b_j 为隐含层 j 单元的输出;d_k 为输出层的校正误差;α 为(学习系数),$\alpha > 0$。

④ 隐含层至输入层的校正量为

$$\Delta w_{ji} = \beta \cdot e_j \cdot x_i \tag{6-16}$$

$$\Delta \theta_j = \beta \cdot e_j \tag{6-17}$$

式中,e_j 为隐含层 j 单元的校正误差;β 为学习系数,$0 < \beta < 1$。

这里可以看出:

➢ 调整量与误差成正比,即误差越大,调整的幅度就越大,这一物理意义是显而易见的。

➢ 调整量与输入值的大小成正比例,这里由于输入值越大,在学习过程中就显得越活跃,所以与其相连的权值的调整幅度就应该越大。

➢ 调整量与学习系数成正比,通常学习系数为 0.1~0.8,为使整个学习过程加快,又不引起振荡,可采用变学习速率的方法,即在学习初期取较大的学习系数,随着学习过程的进行逐渐减少其值。

(4) 循环记忆训练

为使网络的输出误差趋于极小值,对于 BP 神经网络输入的每一组训练模式,一般要经过数百次甚至上万次的循环记忆训练,才能使网络记住这一模式。这种循环记忆训练实际上就是反复重复上面介绍的输入模式。

(5) 学习结果的判别

当每次循环记忆训练结束后,都要进行学习结果的判别。判别的目的主要是检查输出误差是否已经小到可以允许的程度。如果小到了可以允许的程度,就可以结束整个学习过程,否则还要继续进行循环训练。学习或者说训练的过程是网络全局误差趋向于极小值的过程。但是对于 BP 神经网络,其收敛过程存在着两个很大的缺陷:一是收敛速度慢,二是存在"局部极小点"问题。在学习过程中有时会出现,当学习反复进行到一定次数后,虽然网络的实际输出与希望输出还存在很大的误差,但无论再如何学习下去,网络全局误差的减少速度都变得很缓慢,或者根本不再变化,这种现象是因网络收敛于局部极小点所致的。BP 神经网络的全局误差函数 E 是一个以 S 型函数为自变量的非线性函数。这就意味着由 E 构成的连接权值空间不是只有一个极小点的曲面,而是存在多个局部极小点的超曲面,如图 6-8 所示。

导致这一缺陷的主要原因是采用了按误差函数梯度下降的方向进行校正。在图 6-8 中,若初始条件是从 A 点的位置开始的,则只能达到局部极小点,但如果从 B 点开始则可达到全局最小点。所以 BP 神经网络的收敛依赖于学习模式的初始化位置,适当改进 BP 神经网络隐含层的单元个数,或者给每个连接权值加上一个很小的随机数,都有可能使收敛过程避开局部极小点。

图 6-8 最小点和极小点

6.2.2 BP 神经网络分类器设计

1. BP 神经网络分类器结构设计

我们设计的 BP 神经网络结构有三层：输入层、隐含层、输出层，三层 BP 神经网络结构图如图 6-9 所示。对于手写数字，提取了 $5 \times 5 = 25$ 个特征作为神经网络的输入，因此输入节点为 25 个，根据隐含层神经元（即节点）个数大约为输入节点两倍关系，隐含层取 50 个节点，输出层取 4 个节点，这 4 个输出为 4 位二进制数，代表神经网络输出的数字类型。

图 6-9 中的三层 BP 神经网络的学习分为正向（顺）传播输出和反向（逆）传播修正权值两阶段。

$o3[0]\sim o3[3]$ 为 0 或 1，表示 0~9 的一个二进制数

图 6-9 三层 BP 神经网络结构图

2. 实现步骤

① 初始化输入、输出矩阵 $p[\ ]$、$t[\ ]$。p 为训练样品，t 为训练样品所属的类别。

② 构建 BP 神经网络，设置参数调整方式。Mablab 的 newff 函数具有构建 BP 神经网络的功能，为了选择不同的调整 BP 网络参数方式，只需修改 newff 函数最后一个参数。构建 BP 神

经网络的核心函数见表6-2。表6-2列出了采用不同的调整参数方式构建BP网络，newff中的第一个参数代表手写数字训练集中输入节点为x个特征范围，第二个参数[50,4]代表隐含层和输出层的节点个数，由于构建BP网络和训练网络编程语句相同，本程序仅列出梯度下降法构建BP神经网络编程代码，供读者参考，其他不一一列出。

表6-2 构建BP神经网络的核心函数

序号	调整BP网络参数方式	核心语句
1	梯度下降法	bpnet = newff(x,[50,4],{'logsig','logsig'},'traingd');
2	有动量的梯度下降法	bpnet = newff(x,[50,4],{'logsig','logsig'},'traingdm');
3	有自适应lr的梯度下降法	bpnet = newff(x,[50,4],{'logsig','logsig'},'traingda');
4	有动量加自适应lr的梯度下降法	bpnet = newff(x,[50,4],{'logsig','logsig'},'traingdx');
5	弹性梯度下降法	bpnet = newff(x,[50,4],{'logsig','logsig'},'trainrp');
6	Fletcher-Reeves共轭梯度法	bpnet = newff(x,[50,4],{'logsig','logsig'},'traincgf');
7	Polak-Ribiere共轭梯度法	bpnet = newff(x,[50,4],{'logsig','logsig'},'traincgp');
8	Powell-Beale共轭梯度法	bpnet = newff(x,[50,4],{'logsig','logsig'},'traincgb');
9	量化共轭梯度法	bpnet = newff(x,[50,4],{'logsig','logsig'},'trainscg');

③ 调用MATLAB的train(bpnet,p,t)函数，训练BP神经网络。其中，bpnet为已经建立好的BP网络，p为训练样品，t为训练样品所属的类别。

④ 对待测样品，调用MATLAB的sim函数，利用已经训练好的BP神经网络识别。sim函数定义为：[t,x,y] = sim(model,timespan,options,ut)；其中参数model表示网络结构名，timespan表示循环次数，options表示可选条件，ut表示输入的向量，t表示网络输出向量结构，x表示仿真状态矩阵，y表示仿真输出矩阵。

3. 编程代码

```
%%%%%%%%%%%%%%%%%%%%%%%%%%%%%%%%%%%%
% 函数名称:bpgdtrain
% 函数功能:构建BP神经网络,使用梯度下降法训练BP神经网络
% 函数参数:无
% 函数返回值:无
%%%%%%%%%%%%%%%%%%%%%%%%%%%%%%%%%%%%
function bpgdtrain
    global bpnet;
    clc;
    load templet pattern;
    c = 0;
    p = [];
    for i = 1:10
```

```
        for j = 1:20
            c = c + 1;
            p(:,c) = pattern(i).feature(:,j);
        end
    end
    t = zeros(4,200);
    t(4,1:20) = 1;
    t(3,21:40) = 1;
    t(3:4,41:60) = 1;
    t(2,61:80) = 1;
    t(2,81:100) = 1;
    t(4,81:100) = 1;
    t(2:3,101:120) = 1;
    t(2:4,121:140) = 1;
    t(1,141:160) = 1;
    t(1,161:180) = 1;
    t(4,161:180) = 1;
    t(1,181:200) = 1;
    t(3,181:200) = 1;
    x = ones(25,2);
    x(:,1) = 0;
    bpnet = newff(x,[50,4],{'logsig','logsig'},'traingd');
    bpnet.trainParam.show = 50;  % 显示训练迭代过程(每隔50次训练,显示一次训练进程)
    bpnet.trainParam.lr = 0.2;  % 学习速率
    bpnet.trainParam.epochs = 20000;  % 最大训练次数
    bpnet.trainParam.goal = 0.5e-1;  % 训练要求的精度(科学计数法:0.05)
    [bpnet] = train(bpnet,p,t);
%%%%%%%%%%%%%%%%%%%%%%%%%%%%%%%%%%%%%%%%
% 函数名称:bpnet
% 函数功能:识别手写数字
% 函数参数:手写数字特征 sample
% 函数返回值:手写数字所属类别 y
%%%%%%%%%%%%%%%%%%%%%%%%%%%%%%%%%%%%%%%%
function y = bpnet(sample)
    global bpnet;
    clc;
    a = sim(bpnet,sample');
    a = round(a);
    b = num2str(a);
    c = bin2dec(b');
    y = c - 1;
```

4. 效果图

① 选择"神经网络"→"BP 神经网络分类法"→"梯度下降法 BP 训练"菜单命令(注:此处

也可选择使用其他方法，如有动量的梯度下降法 BP 训练、Powell-Beale 共轭梯度法 BP 训练等，来训练 BP 神经网络），建立并训练 BP 神经网络如图 6-10 所示，训练结果如图 6-11 所示。

图 6-10 采用梯度下降法训练 BP 神经网络

图 6-11 采用梯度下降法训练 BP 神经网络的结果

② 训练后权值详见文件"BP 神经网络训练后的权值和阈值.txt"。

③ 拖动鼠标左键在视图区用鼠标手写一个数字，然后选择"神经网络"→"BP 神经网络分类法"→"BP 网络法识别"菜单命令，如图 6-12 所示，进行手写数字分类。

由于样品库中存储的是作者自己手写的数字，神经网络训练集能够对这些形状的数字进行识别，BP 神经网络识别效果如图 6-13 所示。读者可以借鉴下面各数字的形状来运行神经网络分类，会得到正确的结果，否则读者书写的数字有可能错误识别。读者可以将自己手写的数字尽可能多地添加到样品库,每个数字添加 20 个左右即可较轻松识别读者个人手写的数字。

图 6-12　BP 神经网络识别菜单

(a) 手写数字 0 识别示意图
(b) 手写数字 1 识别示意图
(c) 手写数字 2 识别示意图
(d) 手写数字 3 识别示意图
(e) 手写数字 4 识别示意图
(f) 手写数字 5 识别示意图
(g) 手写数字 6 识别示意图
(h) 手写数字 7 识别示意图
(i) 手写数字 8 识别示意图

图 6-13　BP 神经网络识别效果

(j) 手写数字9识别示意图

图 6-13　BP 神经网络识别效果(续)

6.3　径向基函数(RBF)神经网络

众所周知,BP 神经网络用于函数逼近时,权值的调节采用的是负梯度下降法,这种调节权值的方法具有局限性。本节主要介绍在逼近能力、分类能力和学习速度等方面都优于 BP 神经网络的另一种网络——径向基函数(Radial Basis Function,RBF)神经网络。

径向基函数神经网络(简称径向基网络)是由 J. Moody 和 C. Darken 于 20 世纪 80 年代末提出的一种神经网络结构,它是具有单隐含层的三层前向网络。目前已经证明,径向基网络能够以任意精度逼近任意连续函数。

RBF 神经网络是一种性能良好的前向网络,具有最佳逼近,以及克服局部极小点问题的性能。另外,BP 网络的初始权值参数是随机产生的,而 RBF 网络的有关参数(如具有重要性能的隐含层神经元的中心向量和宽度向量)则是根据训练集中的样本模式按照一定的规则来确定或者初始化的。这就可能使 RBF 神经网络在训练过程中不易陷入局部极小点的解域中。如果要实现同一个功能,RBF 神经网络的神经元个数可能要比前向 BP 神经网络的神经元个数要多,但是,径向基网络所需要的训练时间却比 BP 神经网络少。

6.3.1　径向基函数神经网络的基本概念

用 RBF 作为隐单元的"基"构成隐含层空间,这样就可以将输入矢量直接(即不通过权连接)映射到隐空间。当 RBF 神经网络的中心点确定以后,这种映射关系也就确定了。而隐含层空间到输出空间的映射是线性的,即网络的输出是隐单元输出的线性加权和,此处的权为网络可调参数。以上便是构成 RBF 神经网络的基本思想。由此可见,从总体上看,网络由输入到输出的映射是非线性的,而网络输出对可调参数而言却又是线性的;这样网络的权就可由线性方程组直接解出或用 RLS 方法递推计算,从而大大加快学习速率并避免局部极小点问题。下面对这种网络进行介绍。

1. RBF 神经网络中心点选取方法

对于 RBF 神经网络的学习算法,关键问题是隐含层神经元中心参数的合理确定。在已有的常用学习算法中,中心参数(或者中心参数的初始值)要么是从给定的训练样本集里按照某种方法直接选取,要么采用聚类的方法进行确定。RBF 神经网络中心选取常用方法有如下几种。

(1) 直接计算法（随机选取 RBF 神经网络中心）

这是一种最简单的方法。在此方法中，隐含层神经元的中心是随机地在输入样本中选取的，且中心固定。一旦中心固定下来后，隐含层神经元的输出便是已知的，这样神经网络的连接权值就可以通过求线性方程组来确定。当样本数据的分布具有明显的代表性时，这种方法是一种简单有效的方法。

(2) 自组织学习选取 RBF 神经网络中心法

在这种方法中，RBF 神经网络的中心是可以变化的，并通过自组织学习确定其位置。而输出层的线性权重则是通过有监督型的学习来确定的。因此，这是一种回合的学习方法。该方法在某种意义上是 RBF 对神经网络资源的再分配，通过学习，使 RBF 神经网络的隐含层神经元中心位于输入空间重要的区域。这种方法主要采用 K-均值聚类法来选择 RBF 神经网络的中心，属于无监督型（无导师型）的学习方法，在模式识别中有较为广泛的应用。

(3) 有导师型的学习选取 RBF 神经网络中心法

RBF 神经网络的中心以及其他参数都是通过有导师型的学习来确定的。通过训练样本集来获得满足导师（监督）要求的网络中心和其他权重参数，这也是 RBF 神经网络最一般的学习方法。常用的学习迭代方法是梯度下降法。

(4) 正交最小二乘法选取 RBF 神经网络中心

正交最小二乘（Orthogonal Least Squares，OLS）法是 RBF 神经网络的另一种重要的学习方法，其思想来源于线性回归模型。RBF 神经网络的输出实际上是隐含层神经元某种响应参数（这里称为回归因子）和隐含层—输出层间连接权重的线性组合。所有隐含层神经元上的回归因子构成回归向量。正交最小二乘法的任务是通过 RBF 神经网络的学习来获得合适的回归向量。学习过程主要是回归向量的正交化的过程。

实际应用表明，这些学习算法均有不足之处，使之应用范围受到限制。主要缺点体现在：如果隐含层神经元的取值是训练样本中的数据，那么在多数情况下难以反映系统的真正映射关系，并且在中心点的优选中会出现病态现象，导致训练失败。在很多实际问题中，RBF 神经网络隐含层神经元的中心并非是训练集中的某些样本点或样本的聚类中心，需要通过学习的方法获得，使所得到的中心能够更好地反映训练集数据所包含的信息。因此，有监督型的学习选取 RBF 神经网络中心的学习算法是一般的形式。但是，这种算法也有其缺点，即如果中心选取不当，会导致学习不收敛。因此，针对这种学习算法，并结合高斯核函数的特点，给出了一种新的 RBF 神经网络学习算法——基于高斯核的 RBF 神经网络。

2. 基于高斯核的 RBF 神经网络拓扑结构

RBF 神经网络的拓扑结构是一种三层前馈网络：第一层为输入层，由信号源节点构成，仅起到数据信息的传递作用，对输入信息不进行任何变换。第二层为隐含层，其节点数视需要而定，隐含层神经元的核函数（作用函数）为高斯函数，对输入信息进行空间映射变换。第三层为输出层，它对输入模式做出响应。输出层神经元的作用函数为线性函数，对隐含层神经元输出的信息进行线性加权后输出，作为整个神经网络的输出结果。基于高斯核的 RBF 神经网络的拓扑结构如图 6-14 所示。

图 6-14 基于高斯核的 RBF 神经网络的拓扑结构

隐含层径向基神经元模型机构如图 6-15 所示。由图 6-15 可见，径向基网络传递函数是以输入向量与阈值向量之间的距离 $\|X-C_j\|$ 作为自变量的，其中 $\|X-C_j\|$ 是通过输入向量和加权矩阵 C 的行向量的乘积得到的。径向基函数神经网络传递函数可以取多种形式，最常用的有下面三种：

① 高斯函数：

$$\phi_i(t) = e^{-\frac{t^2}{\delta_i^2}}$$

② 反常 S 型函数：

$$\phi_i(t) = \frac{1}{1+e^{\frac{t^2}{\delta^2}}}$$

③ 逆 Multiquadric 函数：

$$\phi_i(t) = \frac{1}{(t^2+\delta_i^2)^a}, \quad a>0$$

图 6-15 隐含层径向基神经元模型机构

但是，较为常用的还是高斯函数。本书选用高斯函数 $y=e^{-x^2}$ 作为径向基函数。

当输入自变量为 0 时，传递函数取得最大值为 1。随着权值和输入向量间的距离不断减小，网络输出是递增的。也就是说，径向基函数对输入信号在局部产生响应。函数的输入信号 X 靠近函数的中央范围时，隐含层节点将产生较大的输出，如图 6-16 所示。由此可以看出这种网络具有局部逼近的能力。

当输入向量加到网络输入端时，径向基层每个神经元都会输出一个值，代表输入向量与神经元权值向量之间的接近程度。如果输入向量与权值向量相差很多,则径向基层输出接近于 0,经过第二层的线性神经元,输出也接近于 0;如果输入向量与权值向量很接近,则径向基层的输出接近于 1,经过第二层的线性神经元,输出值就靠近第二层权值。在这个过程中,如果只有一个径向基神经元的输出为 1,而其他的神经元输出均为 0 或者接近 0,那么线性神经元的输出就相当于输出为 1 的神经元相对应的第二层权值的值。一般情况下,不止一个径向基神经元的输出为 1,所以输出值也就会有所不同。

图 6-16 Gaussian 函数

3. RBF 神经网络训练

训练的目的是求两层的最终权值 C_j、D_j 和 W_j。RBF 神经网络的训练过程分为两步:第一步为无导师型的学习,训练确定输入层与隐含层间的权值 C_j、D_j;第二步为有导师型的学习,训练确定隐含层与输出层间的权值 W_j。在训练前,需要提供输入向量 X、对应的目标输出向量 Y 和径向基函数的宽度向量 D_j。在第 l 次输入样品 ($l=1,2,\cdots,N$) 进行训练时各个参数的表达及计算方法如下。

(1) 确定参数

① 确定输入向量 X:

输入向量 $X = [x_1, x_2, \cdots, x_n]^T$ (n 为输入层单元个数)。

② 确定输出向量 Y 和希望输出向量 O:

输出向量 $Y = [y_1, y_2, \cdots, y_q]^T$ (q 为输出层单元数)。

希望输出向量 $O = [o_1, o_2, \cdots, o_q]^T$。

③ 初始化隐含层至输出层的连接权值 $W_k = [w_{k1}, w_{k2}, \cdots, w_{kp}]^T$ ($k=1,2,\cdots,q$)。

参考中心初始化的方法为:

$$W_{kj} = \min k + j \frac{\max k - \min k}{q+1} \qquad (6-18)$$

式中,$\min k$ 为训练集中第 k 个输出神经元所有期望输出的最小值;$\max k$ 为训练集中第 k 个输出神经元所有期望输出的最大值。

④ 初始化隐含层各神经元的中心参数 $C_j = [c_{j1}, c_{j2}, \cdots, c_{jn}]^T$。不同隐含层神经元的中心应有不同的取值,并且与中心的对应宽度能够调节,使得不同的输入信息特征能被不同的隐含层神经元最大程度地反映出来,在实际应用时,一个输入信息总是包含在一定的取值范围内。不失一般性,将隐含层各神经元的中心分量的初值,按从小到大等间距变化,使较弱的输入信息在较小的中心附近产生较强的响应。间距的大小可由隐含层神经元的个数来调节。这样做的好处是,能够通过试凑的方法找出较为合理的隐含层神经元个数,并使中心的初始化尽量合理,不同的输入特征更为明显地在不同的中心处反映出来,体现高斯核的特点。

基于上述思想,RBF 神经网络中心参数的初始值可由下式给出:

$$c_{ji} = \min i + \frac{\max i - \min i}{2p} + (j-1)\frac{\max i - \min i}{p} \qquad (p \text{ 为隐含层神经元总个数},j=1,2,\cdots,p)$$

(6-19)

式中,$\mathrm{min}i$ 为训练集中第 i 个特征所有输入信息的最小值;$\mathrm{max}i$ 为训练集中第 i 个特征所有输入信息的最大值。

⑤ 初始化宽度向量 $\boldsymbol{D}_j = [d_{j1}, d_{j2}, \cdots, d_{jn}]^\mathrm{T}$。宽度向量影响着神经元对输入信息的作用范围:宽度越小,相应隐含层神经元作用函数的形状越窄,那么处于其他神经元中心附近的信息在该神经元处的响应就越小。一般计算方法如下:

$$d_{ji} = d_\mathrm{f} \sqrt{\frac{1}{N} \sum_{k=1}^{N} (x_i^k - c_{ji})} \tag{6-20}$$

式中,d_f 为宽度调节系数,取值应小于 1,其作用是使每个隐含层神经元更容易实现对局部信息的感受能力,有利于提高 RBF 神经网络的局部响应能力。

(2) 计算隐含层第 j 个神经元的输出值 z_j

$$z_j = \exp\left(-\left\|\frac{\boldsymbol{X} - \boldsymbol{C}_j}{\boldsymbol{D}_j}\right\|^2\right) \quad j = 1, 2, \cdots, p \tag{6-21}$$

式中,$\boldsymbol{C}_j$ 为隐含层第 j 个神经元的中心向量,由隐含层第 j 个神经元对应于输入层所有神经元的中心分量构成,$\boldsymbol{C}_j = [c_{j1}, c_{j2}, \cdots, c_{jn}]^\mathrm{T}$;$\boldsymbol{D}_j$ 为隐含层第 j 个神经元的宽度向量,与 $\boldsymbol{C}_j$ 相对应,$\boldsymbol{D}_j = [d_{j1}, d_{j2}, \cdots, d_{jn}]^\mathrm{T}$,$\boldsymbol{D}_j$ 越大,隐含层对输入向量的响应范围就越大,且神经元间的平滑度也较好;$\|\cdot\|$ 为欧氏范数。

(3) 计算输出层神经元的输出

$$\boldsymbol{Y} = [y_1, y_2, \cdots, y_q]^\mathrm{T}$$

$$y_k = \sum_{j=1}^{p} w_{kj} z_j \quad k = 1, 2, \cdots, q \tag{6-22}$$

式中,w_{kj} 为输出层第 k 个神经元与隐含层第 j 个神经元间的调节权重。

(4) 权重参数的迭代计算

RBF 神经网络权重参数的训练方法在这里采用梯度下降法。中心、宽度和调节权重参数均通过学习来自适应调节到最佳值,它们的迭代计算如下:

$$w_{kj}(t) = w_{kj}(t-1) - \eta \frac{\partial E}{\partial w_{kj}(t-1)} + \alpha [w_{kj}(t-1) - w_{kj}(t-2)] \tag{6-23}$$

$$c_{ji}(t) = c_{ji}(t-1) - \eta \frac{\partial E}{\partial c_{ji}(t-1)} + \alpha [c_{ji}(t-1) - c_{ji}(t-2)] \tag{6-24}$$

$$d_{ji}(t) = d_{ji}(t-1) - \eta \frac{\partial E}{\partial d_{ji}(t-1)} + \alpha [d_{ji}(t-1) - d_{ji}(t-2)] \tag{6-25}$$

式中,$w_{kj}(t)$ 为第 k 个输出神经元与第 j 个隐层神经元之间在第 t 次迭代计算时的调节权重;$c_{ji}(t)$ 为第 j 个隐层神经元对应于第 i 个输入神经元在第 t 次迭代计算时的中心分量;$d_{ji}(t)$ 为与中心 $c_{ji}(t)$ 对应的宽度;η 为学习因子;E 为 RBF 神经网络评价函数,由下式给出:

$$E = \frac{1}{2} \sum_{l=1}^{N} \sum_{k=1}^{q} (y_{lk} - O_{lk})^2 \tag{6-26}$$

式中,O_{lk} 为第 k 个输出神经元在第 l 个输入样本时的期望输出值;y_{lk} 为第 k 个输出神经元在第 l 个输入样本时的网络输出值。

综上所述,可给出 RBF 神经网络如下的学习算法:

① 按式(6-18)~式(6-20)对神经网络参数进行初始化,并给定 η 和 α 的取值及迭代终止精度 ε 的值。

② 按下式计算网络输出的均方根误差 RMS 的值,若 RMS≤ε,则训练结束,否则转到第③步。

$$\text{RMS} = \sqrt{\frac{\sum_{l=1}^{N}\sum_{k=1}^{q}(O_{lk}-y_{lk})^2}{qN}} \tag{6-27}$$

③ 按式(6-23)~式(6-25)对调节权重、中心和宽度参数进行迭代计算。

④ 返回步骤②。

6.3.2 径向基函数神经网络分类器设计

1. 实现步骤

① 从样本库中获取训练样本。

② 设置目标向量及径向基函数的分布密度。

③ 调用 newrbe,构建并训练径向基函数神经网络。newrbe 定义为:net = newrbe(P,T,spread),其中 P 为输入向量,T 为输出向量,spread 为径向基函数分布密度(默认值为1)。

④ 获取手写数字特征,调用 sim,识别手写数字所属类别。

2. 编程代码

```
%%%%%%%%%%%%%%%%%%%%%%%%%%%%%%%%%%%%%%%%
% 函数名称:rbfnet
% 函数功能:构建并训练 RBF 神经网络
% 函数参数:无
% 函数返回值:无
%%%%%%%%%%%%%%%%%%%%%%%%%%%%%%%%%%%%%%%%
function rbfnet;
    global rbfnet;
    clc;
    load templet pattern;
    c = 0;
    for i = 1:10
        for j = 1:100
            c = c + 1;
            p(:,c) = pattern(i).feature(:,j);
        end
    end
    tc(:,1:100) = 0;
    tc(:,101:200) = 1;
    tc(:,201:300) = 2;
```

```
tc(:,301:400) = 3;
tc(:,401:500) = 4;
tc(:,501:600) = 5;
tc(:,601:700) = 6;
tc(:,701:800) = 7;
tc(:,801:900) = 8;
tc(:,901:1000) = 9;
tc = tc/10; % tc = [1 1 1 1 1 1 1 1 1 1 1 1 1 1 1 1 1 1 1 2 2 2 2....]
t = tc;
SPREAD = 1;
rbfnet = newrbe(p,t,SPREAD);
%%%%%%%%%%%%%%%%%%%%%%%%%%%%%%%%%%%%%%%%
% 函数名称:rbfnettest
% 函数功能:识别手写数字
% 函数参数:手写数字特征 sample
% 函数返回值:手写数字所属类别 y
%%%%%%%%%%%%%%%%%%%%%%%%%%%%%%%%%%%%%%%%
function y = rbfnettest(sample);
    global rbfnet;
    t = sim(rbfnet,sample');
    t = t * 10;
    y = round(t);
```

3. 效果图

① 选择"神经网络"→"RBF 神经网络分类法"→"RBF 神经网络训练"菜单命令,建立并训练 RBF 神经网络,如图 6-17 所示。

(a) 训练菜单　　　　　　　　　　　　(b) 识别菜单

图 6-17　建立并训练 RBF 神经网络

② 拖动鼠标左键在视图区用鼠标手写一个数字,如图 6-18 所示,然后选择"神经网络"→"RBF 神经网络分类法"→"RBF 神经网络识别"菜单命令,进行手写数字分类。

图 6-18 RBF 神经网络识别

6.4 自组织竞争神经网络

在生物神经系统中,存在着一种侧抑制现象,即一个神经细胞兴奋后,通过它的分支会对周围其他神经细胞产生抑制。由于侧抑制的作用,各个细胞之间相互竞争的最终结果是:兴奋作用最强的的神经元细胞所产生的抑制作用战胜了周围其他所有细胞的抑制作用而"赢"了,其周围的其他神经细胞全"输"了。

自组织竞争神经网络正是基于上述生物结构和现象形成的。它是一种以无导师型学习方式进行网络训练的,具有自组织能力的神经网络。它能够对输入模式进行自组织训练和判断,并将其最终分为不同的类型。与 BP 神经网络相比,这种自组织自适应的学习能力进一步拓宽了人工神经网络在模式识别、分类方面的应用。另外,竞争学习网络的核心——竞争层,又是许多种其他神经网络模型的重要组成部分。

在网络结构上,自组织竞争神经网络一般是由输入层和竞争层构成的两层网络,网络没有隐含层,输入层和竞争层之间的神经元实现双向连接,同时竞争层的各个神经元之间还存在横向连接。在学习算法上,它模拟生物神经系统依靠神经元之间兴奋、协调、抑制、竞争的作用来进行信号处理的动力学原理,指导神经网络的学习与工作。

自组织竞争神经网络的基本思想是网络竞争层各个神经元竞争对输入模式的响应机会,最后仅有一个神经元成为竞争的获胜者,并对那些与获胜神经元有关的各个连接权值朝更有利于竞争的方向调整,获胜神经元表示输入模式的分类。除了竞争方法外,还可以通过另一种手段获胜,即网络竞争层各神经元都能抑制所有其他神经元对输入模式的响应机会,从而使自己成为获胜者。此外,还有一种抑制的方法,即每个神经元只抑制与自己邻近的神经元,而对远离自己的神经元则不抑制。因此,自组织竞争神经网络具有自组织自适应的学习能力,进一步拓宽了神经网络在模式识别、分类方面的应用。

6.4.1 自组织竞争神经网络的基本概念

1. 自组织竞争神经网络学习规则

自组织竞争神经网络在经过竞争而求得获胜节点后,则对与获胜节点相连的权值进行调整,调整权值的目的是为了使权值与其输入矢量之间的差别越来越小,从而使训练后的自组织竞争神经网络的权值能够代表对应输入矢量的特征,把相似的输入矢量分成同一类,并由输出来指示所代表的类别。自组织竞争神经网络修正权值的公式为

$$\Delta w_{ij} = \alpha \cdot (x_i - w_{ij}) \tag{6-28}$$

式中,α 为学习速率,且 $0 < \alpha < 1$,一般的取值范围为 $0.01 \sim 0.3$;x_i 为经过归一化处理后的输入。

2. 自组织竞争神经网络的拓扑结构

自组织竞争神经网络是一类无导师型学习的神经网络模型,这类模型大都采用竞争型学习规则,可以对外界未知环境(或样本空间)进行学习或仿真,并对自身的网络结构进行适当调整。自组织竞争神经网络可分为输入层和竞争层,其结构如图 6-19 所示。

图 6-19 自组织竞争神经网络结构

3. 自组织竞争神经网络训练

自组织竞争神经网络训练实际上是对输入矢量的划分聚类过程,使得获胜节点与输入矢量之间的权矢量代表获胜输入矢量。这样,当达到最大循环的值后,网络已重复多次训练了训练模式 X 中的所有矢量,训练结束后,对于用于训练的模式 X,其网络输出矢量中,其值为 1 的代表一种类型,而每类的典型模式值由该输出节点与输入节点相连的权矢量表示。在第 l 次输入样品($l = 1, 2, \cdots, N$)进行训练时各个参数的表达及计算方法如下。

(1) 确定参数

① 确定自组织竞争神经网络的输入层节点。输入层节点是由已知输入矢量决定的。
$X = [x_1, x_2, \cdots, x_n]$($n$ 为输入层单元个数)。

输入样本为二值向量,每个元素的取值都是 0 或 1。

② 确定竞争层的神经元数 p。竞争层的神经元数 p 是由设计者确定的,一般情况下,可以根据输入矢量的维数及其估计,再适当地增加些数目来确定。

③ 确定学习速率和最大循环次数。自组织竞争神经网络的训练是在达到最大循环次数后停止,这个最大循环次数一般可取输入矢量数组的 15~20 倍,即使每组输入矢量能够在网络重复出现 15~20 次。通过重复训练,自组织竞争神经网络将所有输入向量进行了分类。

④ 确定输入层到竞争层的权值 $\boldsymbol{W}_j = [w_{j1}, w_{j2}, \cdots, w_{ji}, \cdots, w_{jn}]^T$。网络的连接权值为 w_{ji},$i = 1, 2, \cdots, n, j = 1, 2, \cdots, p$,且满足约束条件 $\sum_{i=1}^{n} w_{ji} = 1$。自组织竞争神经网络的权值要进行随机归一化的初始化处理,然后可以进入竞争以及权值的调整阶段。

(2) 计算竞争层神经元 j 的状态 s_j

竞争层神经元 j 的状态可按下式计算:

$$s_j = \sum_{i=1}^{n} w_{ji} x_i \tag{6-29}$$

式中,x_i 为输入样本向量的第 i 个元素。

(3) 求解赢得竞争胜利的神经元

竞争胜利的神经元代表着当前输入样本的分类模式。根据竞争机制,竞争层中具有最大加权值的神经元 k 赢得竞争胜利,输出为

$$a_k = \begin{cases} 1, & s_k > s_j, \forall j, k \neq j \\ 0, & 其他 \end{cases} \tag{6-30}$$

(4) 竞争后获胜节点权值修正

在竞争层中,神经元之间相互竞争,最终只有一个或者几个神经元获胜,以适应当前的输入样本。只有与获胜节点相连的权值才能得到修正,并且通过其学习法则修正后的权值更加接近其获胜输入向量。竞争后获胜节点的权值按照下式进行修正:

$$w_{ji} = w_{ji} + \alpha \left(\frac{x_i}{m} - w_{ji} \right) \tag{6-31}$$

式中,α 为学习参数,$0 < \alpha < 1$,一般为 0.01~0.03;m 为输入层中输出为 1 的神经元个数,即 $m = \sum_{i=1}^{n} x_i$。

权值调整式中的 $\frac{x_i}{m}$ 项表示当 x_i 为 1 时,权值增加;而当 x_i 为 0 时,权值减小。也就是说,当 x_i 活跃时,对应的第 i 个权值就增加,否则就减小。由于所有权值的和为 1,所以当第 i 个权值增加或减小时,对应的其他权值就可能减小或增加。此外,该式还保证了权值的调整能够满足所有的权值调整量之和为 0。

获胜的节点对将来再次出现的相似向量更加容易使该节点赢得胜利。而对于一个不同的向量出现时,就更加不易取胜,但可能是其他某个节点获胜,归于另一类向量群中。随着输入向量的不断出现而不断调整获胜者相连的权向量,以使其更加接近于某一类输入向量。最终,如果有足够的神经元节点,每一组输入向量都能使某一节点的输出为 1 而聚为此类。

6.4.2 自组织竞争神经网络分类器设计

1. 实现步骤

① 提取每类的所有样本的均值作为该类的代表,组成训练样本矩阵。
② 调用 newc,构建自组织竞争神经网络。
③ 调用 train,训练网络。
④ 调用 sim,对手写数字进行仿真识别,将识别出的结果与每类代表该次训练所属的类号进行比对,确定识别结果。

2. 编程代码

```matlab
%%%%%%%%%%%%%%%%%%%%%%%%%%%%%%%%%%%%%%
% 函数名称:zizuzhitrain
% 函数功能:构建并训练自组织竞争神经网络
% 函数参数:无
% 函数返回值:无
%%%%%%%%%%%%%%%%%%%%%%%%%%%%%%%%%%%%%%
function zizuzhitrain
    global net;
    global T;
    T = [0 0 0 0 0 0 0 0 0 0];% 存储每次训练后训练集中每类所属的类号(各次训练后每类所属的类号不同)
    load templet pattern;
    % 取得第一类所有样本的平均特征向量
    a = pattern(1,1).feature(:,1:130);
    b = cumsum(a,2);
    c = b(:,130);
    d = c/130;
    A = d;
    for i = 2:10
        ax = pattern(1,i).feature(:,1:130);
        bx = cumsum(ax,2);
        cx = bx(:,130);
        dx = cx/130;
        B = dx;% 取得各类各自所有样本的平均特征向量
        C = [A B];% 矩阵拼接
        A = C;
    end
    net = newc(minmax(C),10,0.1);% 构建自组织网络
    net.trainParam.epochs = 400;% 训练次数
    net = train(net,C); % 训练网络
```

```
        Y = sim(net,C)% 训练集分类结果
        T = vec2ind(Y)% 训练集分类结果类别
%%%%%%%%%%%%%%%%%%%%%%%%%%%%%%%%%%%%%%%%%
% 函数名称:zizuzhi
% 函数功能:使用自组织竞争神经网络,识别手写数字
% 函数参数:手写数字特征 sample
% 函数返回值:手写数字所属类别 y
%%%%%%%%%%%%%%%%%%%%%%%%%%%%%%%%%%%%%%%%%
function y = zizuzhi(sample);
    clc;
    global net;
    global T;% 存储每次训练后训练集中每类所属的类号(各次训练后每类所属的类号不同)
    yt = sim(net,sample');
    yy = vec2ind(yt);
    switch(yy)% 翻译识别结果
        case T(1,1)
            y = 0;
            return;
        case T(1,2)
            y = 1;
            return;
        case T(1,3)
            y = 2;
            return;
        case T(1,4)
            y = 3;
            return;
        case T(1,5)
            y = 4;
            return;
        case T(1,6)
            y = 5;
            return;
        case T(1,7)
            y = 6;
            return;
        case T(1,8)
            y = 7;
            return;
        case T(1,9)
            y = 8;
            return;
        case T(1,10)
```

　　　　y = 9;
　　　　return;
　　end
　　y = -1;

3. 效果图

① 选择"神经网络"→"自组织神经网络分类法"→"自组织神经网络训练"菜单命令,建立并训练网络,如图 6-20 所示。

(a) 训练　　　　　　　　　　　　　　(b) 训练结果

图 6-20　组建并训练自组织竞争神经网络

② 训练后权值(详见"自组织网络训练后的权值和阈值.txt")。

③ 拖动鼠标左键在视图区用鼠标手写一个数字,如图 6-21 所示,然后选择"神经网络"→"自组织神经网络分类法"→"自组织神经网络识别"菜单命令,进行手写数字分类。

图 6-21　自组织神经网络分类

手写数字的识别效果如图 6-22 所示。

图 6-22　手写数字的识别效果

6.5　概率神经网络(PNN)

6.5.1　概率神经网络的基本概念

概率神经网络(Probabilistic Neural Networks,PNN)是由 D. F. Specht 在 1990 年提出的[1]，其主要思想是利用贝叶斯决策规则，即错误分类的期望风险最小，在多维输入空间内分离决策空间。它是一种基于统计原理的人工神经网络，是以 Parzen 窗口函数为激活函数的一种前馈网络模型。PNN 吸收了径向基函数神经网络与经典的概率密度估计原理的优点，与传统的前馈神经网络相比，径向基神经元还可以和竞争神经元一起共同组建概率神经网络，在模式分类方面尤其具有较为显著的优势。

1. 概率神经网络拓扑结构

概率神经网络由四层结构组成，如图 6-23 所示。第一层为输入层，进行待测样品向量输入；第二层计算输入向量与训练样本之间的距离，表示输入向量与训练样本之间的接近程度；第三层将与输入向量相关的所有类别综合在一起，网络输出为表示概率的向量；最后通过第四层的竞争(Compete)传递函数进行取舍，概率最大值的那一类为 1，其他类用 0 表示。

输入层：首先将输入向量 $\vec{x}$ 输入到输入层，网络计算输入向量与训练样本向量之间的差值 $\vec{x}-\vec{x}_{ik}$，差值绝对值 $\|\vec{x}-\vec{x}_{ik}\|$ 的大小代表这两个向量之间的距离，所得的向量由输入层输出，该向量反映了向量间的接近程度；接着，把输入层的输出向量 $\vec{x}-\vec{x}_{ik}$ 送入到样本层中。

样本层：样本层节点的数目等于训练样本数目的总和，$N = \sum_{i=1}^{i=M} N_i$，其中 M 是类的总数。先判断哪些类与输入向量有关，再将相关度高的类集中起来，样本层的输出值就代表相识度；然后，将样本层的输出值送入到求和层。

求和层：求和层的节点个数是 M，每个节点对应一个类，通过求和层的竞争传递函数进行判决。

竞争层：最后判决的结果由竞争层输出，输出结果中只有一个 1，其余都是 0，概率值最大的那一类输出结果为1。

图 6-23 概率神经网络拓扑结构图

2. 概率神经网络的工作过程

（1）确定参数

① 确定输入层参数，有 n 个神经元，p 个待测样品，每个样品有 n 个特征。

输入模式 $\boldsymbol{D} = \begin{bmatrix} d_{11} & d_{12} & \cdots & d_{1n} \\ d_{21} & d_{22} & \cdots & d_{2n} \\ \cdots & \cdots & \cdots & \cdots \\ d_{p1} & d_{p2} & \cdots & d_{pn} \end{bmatrix}$，将输入向量 $\boldsymbol{D}$ 进行归一化处理：

$$d_i = \frac{d}{\|\boldsymbol{D}\|}, \|\boldsymbol{D}\| = \sqrt{\sum_{i=1}^{n}(d_i)^2}, (i=1,2,\cdots,n)$$

② 确定样本层参数，原始学习样本有 m 个，就有 m 个神经元。

归一化学习矩阵 $\boldsymbol{C}$。样本层节点个数为训练样本个数，设原始学习样本有 m 个，每一个样本的特征属性有 n 个。对样本层矩阵进行归一化处理，可以减小误差，避免较小的值被较大的值"吃掉"。训练学习的样本矩阵为

$$\boldsymbol{X} = \begin{bmatrix} X_{11} & X_{12} & \cdots & X_{1n} \\ X_{21} & X_{22} & \cdots & X_{2n} \\ \cdots & \cdots & \cdots & \cdots \\ X_{m1} & X_{m2} & \cdots & X_{mn} \end{bmatrix} \quad (6-32)$$

从样本矩阵中可以看出，在求归一化因子之前，必须先计算 $\boldsymbol{B}^\mathrm{T}$ 矩阵

$$\boldsymbol{B}^\mathrm{T} = \begin{bmatrix} \dfrac{1}{\sqrt{\sum\limits_{k=1}^{n} x_{1k}^2}} & \dfrac{1}{\sqrt{\sum\limits_{k=1}^{n} x_{2k}^2}} & \cdots & \dfrac{1}{\sqrt{\sum\limits_{k=1}^{n} x_{mk}^2}} \end{bmatrix}$$

然后计算

$$C_{m \times n} = B_{m \times 1} \begin{bmatrix} 1 & 1 & \cdots & 1 \end{bmatrix}_{1 \times n} \cdot X_{m \times n} = \begin{bmatrix} \dfrac{x_{11}}{\sqrt{M_1}} & \dfrac{x_{12}}{\sqrt{M_1}} & \cdots & \dfrac{x_{1n}}{\sqrt{M_1}} \\ \dfrac{x_{21}}{\sqrt{M_2}} & \dfrac{x_{22}}{\sqrt{M_2}} & \cdots & \dfrac{x_{2n}}{\sqrt{M_2}} \\ \cdots & \cdots & \cdots & \cdots \\ \dfrac{x_{m1}}{\sqrt{M_m}} & \dfrac{x_{m2}}{\sqrt{M_m}} & \cdots & \dfrac{x_{mn}}{\sqrt{M_m}} \end{bmatrix}$$

$$= \begin{bmatrix} C_{11} & C_{12} & \cdots & C_{1n} \\ C_{21} & C_{22} & \cdots & C_{2n} \\ \cdots & \cdots & \cdots & \cdots \\ C_{m1} & C_{m2} & \cdots & C_{mn} \end{bmatrix} \tag{6-33}$$

式中，$M_1 = \sum_{k=1}^{n} x_{1k}^2, M_2 = \sum_{k=1}^{n} x_{2k}^2, \cdots, M_m = \sum_{k=1}^{n} x_{mk}^2$

在式(6-33)中，符号"·"表示矩阵在做乘法运算时，相应元素之间的乘积。

因为采用有监督型的学习算法，所以很容易知道每个样本属于的类。假设 m 个样本一共可以分为 c 个类，并且各类样本的数目相同，设为 k，于是 $m = k \times c$。

③ 确定求和层，有 c 个类，就有 c 个神经元。每个节点对应一个类的输出，$Y = [y_1, y_2, \cdots, y_c]^T$。

(2) 模式距离的计算

该距离是指待测样本矩阵与学习矩阵中相应元素之间的距离。假设将由 p 个 n 维向量组成的矩阵称为待识别样本矩阵，则经归一化后，需要待识别的输入样本矩阵为

$$D = \begin{bmatrix} d_{11} & d_{12} & \cdots & d_{1n} \\ d_{21} & d_{22} & \cdots & d_{2n} \\ \cdots & \cdots & \cdots & \cdots \\ d_{p1} & d_{p2} & \cdots & d_{pn} \end{bmatrix} \tag{6-34}$$

计算欧氏距离，就是需要计算每个待测样品到训练集中已经识别样本的距离。

$$E = \begin{bmatrix} \sqrt{\sum_{k=1}^{n} |d_{1k} - c_{1k}|^2} & \sqrt{\sum_{k=1}^{n} |d_{1k} - c_{2k}|^2} & \cdots & \sqrt{\sum_{k=1}^{n} |d_{1k} - c_{mk}|^2} \\ \sqrt{\sum_{k=1}^{n} |d_{2k} - c_{1k}|^2} & \sqrt{\sum_{k=1}^{n} |d_{2k} - c_{2k}|^2} & \cdots & \sqrt{\sum_{k=1}^{n} |d_{2k} - c_{mk}|^2} \\ \cdots & & & \\ \sqrt{\sum_{k=1}^{n} |d_{pk} - c_{1k}|^2} & \sqrt{\sum_{k=1}^{n} |d_{pk} - c_{2k}|^2} & \cdots & \sqrt{\sum_{k=1}^{n} |d_{pk} - c_{mk}|^2} \end{bmatrix} = \begin{bmatrix} E_{11} & E_{12} & \cdots & E_{1m} \\ E_{21} & E_{22} & \cdots & E_{2m} \\ \cdots & \cdots & \cdots & \cdots \\ E_{p1} & E_{p2} & \cdots & E_{pm} \end{bmatrix}$$

$$\tag{6-35}$$

(3) 激活样本层径向基函数的神经元

学习样本 C 与待识别样本 D 被归一化后，通常取标准差 $\sigma = 0.1$ 的高斯型函数。激活后

得到初始概率矩阵

$$P = \begin{bmatrix} e^{-\frac{E_{11}}{2\sigma^2}} & e^{-\frac{E_{12}}{2\sigma^2}} & \cdots & e^{-\frac{E_{1m}}{2\sigma^2}} \\ e^{-\frac{E_{21}}{2\sigma^2}} & e^{-\frac{E_{22}}{2\sigma^2}} & \cdots & e^{-\frac{E_{2m}}{2\sigma^2}} \\ \cdots & \cdots & \cdots & \cdots \\ e^{-\frac{E_{p1}}{2\sigma^2}} & e^{-\frac{E_{p2}}{2\sigma^2}} & \cdots & e^{-\frac{E_{pm}}{2\sigma^2}} \end{bmatrix} = \begin{bmatrix} P_{11} & P_{12} & \cdots & P_{1m} \\ P_{21} & P_{22} & \cdots & P_{2m} \\ \cdots & \cdots & \cdots & \cdots \\ P_{p1} & P_{p2} & \cdots & P_{pm} \end{bmatrix} \quad (6\text{-}36)$$

（4）求和层计算各个样本属于各类的初始概率和

假设样本有 m 个，那么一共可以分为 c 个类，并且各类样本的数目相同，设为 k，则可以在网络的求和层求得各个样本属于各类的初始概率和

$$S = \begin{bmatrix} \sum_{l=1}^{k} P_{1l} & \sum_{l=k+1}^{2k} P_{1l} & \cdots & \sum_{l=m-k+1}^{m} P_{1l} \\ \sum_{l=1}^{k} P_{2l} & \sum_{l=k+1}^{2k} P_{2l} & \cdots & \sum_{l=m-k+1}^{m} P_{2l} \\ \cdots & \cdots & \cdots & \cdots \\ \sum_{l=1}^{k} P_{pl} & \sum_{l=k+1}^{2k} P_{pl} & \cdots & \sum_{l=m-k+1}^{m} P_{pl} \end{bmatrix} = \begin{bmatrix} S_{11} & S_{12} & \cdots & S_{1c} \\ S_{21} & S_{22} & \cdots & S_{2c} \\ \cdots & \cdots & \cdots & \cdots \\ S_{p1} & S_{p2} & \cdots & S_{pc} \end{bmatrix} \quad (6\text{-}37)$$

式中，S_{ij} 代表的意思是：将要被识别的样本中，第 i 个样本属于第 j 类的初始概率和。

（5）竞争层

通过计算概率 prob_{ij}，即第 i 个样本属于第 j 类的概率，找出每行中最大的概率，求得每个样品的类。

$$\text{prob}_{ij} = \frac{S_{ij}}{\sum_{l=1}^{c} S_{il}} \quad (6\text{-}38)$$

6.5.2 概率神经网络分类器设计

设隐含层中心向量数目为 p，期望值为 M，表示类别只有一个元素为 1，其余均为 0。

PNN 网络第一层的输入权值 C 为隐含层神经元中心向量，经过距离计算后，第一层输入向量表示输入向量与训练样本向量的接近程度，然后与阈值向量相乘，再经过径向传递函数计算。输入向量与哪个输入样本最接近，则神经元输出 Z 对应元素就为 1，如果输入向量与几个类别的输入样本都接近，则 Z 相对应的几个元素均为 1。

第二层权值矩阵 V 的每个行向量只有一个元素为 1，代表相应的类，其余元素为 0，然后计算乘积 VZ。最后通过第二层传递函数竞争计算得到输出，较大的元素取值为 1，其余为 0。至此 PNN 网络就能够完成对输入向量的分类了。

概率神经网络按此方式进行分类，为网络提供一种输入模式向量后，首先，径向基层计算该输入向量与样本输入向量间的距离，该层输出为一个距离向量。竞争层接收距离向量为输入向量，计算每个模式出现的概率，通过竞争传递函数后概率最大的元素对应的输出为 1，这

第 6 章　神经网络分类器设计

就是一类模式;否则输出为 0,作为其他分类模式。

1. 实现步骤

① 提取样本库样品。

② 提取样本库样品所属的类别;调用 ind2vec 函数,将类向量转换为 PNN 可以使用的目标向量。

③ 调用函数 rbfpnntrain,构建并训练 PNN 网络。

④ 调用 sim 函数,对手写数字进行仿真实验。

⑤ 调用 vec2ind 函数将分类结果转换为容易识别的类别向量。

2. 编程代码

```
%%%%%%%%%%%%%%%%%%%%%%%%%%%%%%%%%%%%%%%%%  % 函数名称:rbfpnntrain
% 函数功能:构建并训练 PNN 网络
% 函数参数:无
% 函数返回值:无
%%%%%%%%%%%%%%%%%%%%%%%%%%%%%%%%%%%%%%%%%
function pnntrain
    global pnnnet;
    clc;
    load templet pattern;
    c = 0;
    for i = 1:10
        for j = 1:20
            c = c + 1;
            p(:,c) = pattern(i).feature(:,j);
        end
    end
    tc(:,1:20) = 1;
    tc(:,21:40) = 2;
    tc(:,41:60) = 3;
    tc(:,61:80) = 4;
    tc(:,81:100) = 5;
    tc(:,101:120) = 6;
    tc(:,121:140) = 7;
    tc(:,141:160) = 8;
    tc(:,161:180) = 9;
    tc(:,181:200) = 10;
    tc = tc;
    t = ind2vec(tc);
    pnnnet = newpnn(p,t); % 构建概率神经网络
%%%%%%%%%%%%%%%%%%%%%%%%%%%%%%%%%%%%%%%%%%
% 函数名称:pnnnet
% 函数功能:识别手写数字
% 函数参数:手写数字特征 sample
```

```
% 函数返回值:手写数字所属类别 yc
%%%%%%%%%%%%%%%%%%%%%%%%%%%%%%%%%%%
function yc = pnnnet(sample)
    clc;
    global rbfnet;
    y = sim(pnnnet,sample');  % 测试
    yc = vec2ind(y) - 1;
```

3. 效果图

① 选择"神经网络"→"RBF 神经网络分类法"→"PNN 概率神经网络训练"菜单命令,建立并训练 PNN 网络,如图 6-24 所示。

(a) 训练　　　　　　　　　　(b) 训练结果

图 6-24　建立并训练 PNN 网络

② 训练后的权值详见文件"RBF 网络训练后的权值和阈值.txt"。

③ 拖动鼠标左键在视图区用鼠标手写一个数字,如图 6-25 所示,然后选择"神经网络"→"RBF 神经网络分类法"→"PNN 概率神经网络识别"菜单命令,进行手写数字识别。

图 6-25　PNN 概率神经网络识别

PNN 网络手写数字的识别效果如图 6-26 所示。

图 6-26　PNN 网络手写数字的识别效果

6.6　对向传播神经网络(CPN)

对向传播(Counter Propagation)网络,简称 CPN,是将 Kohonen 特征映射网络与 Grossberg 基本竞争型网络相结合,发挥各自的特长的一种新型特征映射网络。这一网络是美国计算机专家 Robert Hecht-Nielsen 于 1987 年提出的,被广泛应用于模式分类、函数近似、统计分析和数据压缩等领域。

6.6.1　对向传播神经网络的基本概念

CPN 网络结构如图 6-27 所示,网络分为输入层、竞争层和输出层。输入层与竞争层构成 SOM 网络,竞争层与输出层构成基本竞争型网络。从整体上看,网络属于有导师型的网络,而由输入层和竞争层构成的 SOM 网络又是一种典型的无导师型的神经网络。因此,这一网络既具有无导师型网络分类灵活、算法简练的优点,又采纳了有导师型网络分类精细、准确的长处,使两种不同类型的网络有机地结合起来。

CPN 网络的基本思想是,由输入层到竞争层,网络按照 SOM 学习规则产生竞争层的获胜神经元,并按照这一规则调整相应的输入层到竞争层的连接权;由竞争层到输出层,网络按照基本竞争型网络学习规则,得到各输出神经元的实际输出值,并按照有导师型

图 6-27　CPN 网络结构

的误差校正方法,修正由竞争层到输出层的连接权值。经过这样的反复学习,可以将任意的输入模式映射为输出模式。

从这一基本思想可以发现,处于网络中间未知的竞争层获胜神经元以及与其相关的连接权向量,既反映了输入模式的统计特性,又反映了输出模式的统计特性。因此,可以认为输入、输出模式通过竞争层实现了相互映射,即网络具有双向记忆的性能。在第 l 次输入样品($l = 1, 2, \cdots, N$)进行训练时各个参数的表达及计算方法如下。

① 确定参数。

确定输入层有 n 个神经元。

输入模式为 $\boldsymbol{X} = [x_1, x_2, \cdots, x_n]^T$,将输入向量 $\boldsymbol{X}$ 进行归一化处理:

$$x_i = \frac{x_i}{\|\boldsymbol{X}\|}, \|\boldsymbol{X}\| = \sqrt{\sum_{i=1}^{n}(x_i)^2} \quad (i = 1, 2, \cdots, n) \tag{6-39}$$

确定竞争层有 p 个神经元。对应的二值输出向量 $\boldsymbol{B} = [b_1, b_2, \cdots, b_p]^T$。

确定输出层输出向量 $\boldsymbol{Y} = [y_1, y_2, \cdots, y_q]^T$,目标输出向量 $\boldsymbol{O} = [o_1, o_2, \cdots, o_q]^T$。

确定由输入层到竞争层的连接权值向量为 $\boldsymbol{W}_j = [w_{j1}, w_{j2}, \cdots, w_{jn}]^T, j = 1, 2, \cdots, p$,将连接权值向量 $\boldsymbol{W}_j$ 赋值为 $[0, 1]$ 内的随机值。

确定由竞争层到输出层的连接权值向量 $\boldsymbol{V}_k = [v_{k1}, v_{k2}, \cdots, v_{kp}]^T, k = 1, 2, \cdots, q$,将连接权值向量 $\boldsymbol{V}_k$ 赋值为 $[0, 1]$ 内的随机值。

② 将连接权值向量 $\boldsymbol{W}_j$ 进行归一化处理:

$$w_{ji} = \frac{w_{ji}}{\|\boldsymbol{W}_j\|}, \|\boldsymbol{W}_j\| = \sqrt{\sum_{i=1}^{n} w_{ji}^2} \tag{6-40}$$

③ 求竞争层中每个神经元的加权输入和:

$$S_j = \sum_{i=1}^{n} x_i w_{ji}, j = 1, 2, \cdots, p \tag{6-41}$$

④ 求连接权值向量 $\boldsymbol{W}_j$ 与 $\boldsymbol{X}$ 距离最近的向量:

$$\boldsymbol{W}_g = \max_{j=1,2,\cdots,p} \sum_{i=1}^{n} x_i w_{ji} = \max_{j=1,2,\cdots,p} S_j \tag{6-42}$$

⑤ 将神经元 g 的输出设定为 1,其余神经元输出设定为 0:

$$b_j = \begin{cases} 1, & j = g \\ 0, & j \neq g \end{cases} \tag{6-43}$$

⑥ 修正连接权值向量 $\boldsymbol{W}_g$:

$$w_{gi}(t+1) = w_{gi}(t) + \alpha(x_i - w_{gi}(t)) \quad i = 1, 2, \cdots, n; 0 < \alpha < 1 \tag{6-44}$$

⑦ 归一化连接权值向量 $\boldsymbol{W}_g$:

$$w_{gi} = \frac{w_{gi}}{\|\boldsymbol{W}_g\|}, \|\boldsymbol{W}_g\| = \sqrt{\sum_{i=1}^{n} w_{gi}^2} \tag{6-45}$$

⑧ 求输出层各神经元的加权输出,将其作为输出神经元的实际输出值:

$$y_k = \sum_{j=1}^{p} v_{kj} b_j \qquad k = 1, 2, \cdots, q \tag{6-46}$$

⑨ 只需调整竞争层中获胜神经元 g 到输出神经元的连接权值向量 V_g，按照下式修正竞争层到输出层的连接权向量 V_g：

$$v_{kg}(t+1) = v_{kg}(t) + \beta b_j (y_k - o_k), \qquad k = 1, 2, \cdots, q \tag{6-47}$$

式中，$0 < \beta < 1$ 为学习速率。

⑩ 返回②，直到将 N 个输入模式全部提供给网络。

⑪ 令 $t = t + 1$，将输入模式 X 重新提供给网络学习，直到 $t = T$，其中 T 为预先设定的学习总次数，一般 $500 < T < 10000$。

6.6.2 对向传播神经网络分类器设计

1. 实现步骤

① 初始化输入层和竞争层、竞争层和输出层之间的连接权值向量矩阵 W、V。
② 取得训练样本，并对其进行归一化处理。
③ 设定期望输出模式。
④ 归一化连接权值向量 W。
⑤ 计算每一个竞争层神经元的加权输出 S_j。
⑥ 找出竞争层加权输出最大的神经元，并将该神经元的输出设置为1，将同层其他神经元的输出设置为0。
⑦ 调整与竞争层输出为1的神经元相关的连接权值向量，并进行归一化。
⑧ 修正竞争层和输出层之间的连接权值向量 V。
⑨ 计算输出层各神经元的加权输入，并将其作为神经元的实际输出值 Y。
⑩ 对每一个训练样本，均执行步骤④~⑨，直至所有训练样本均经过一次训练。
⑪ 反复训练所有的训练样本，直至指定的训练遍数。
⑫ 归一化手写数字样本，计算每一个竞争层神经元的加权输出 S。
⑬ 找出竞争层加权输出最大的神经元，并将该神经元的输出设置为1，同层其他神经元的输出设置为0，得到输出模式。
⑭ 将输出模式转换成十进制形式，得到最终结果。

2. 编程代码

```
%%%%%%%%%%%%%%%%%%%%%%%%%%%%%%%%%%%%%
% 函数名称:cpntrain
% 函数功能:构建 CPN 网络,使用梯度下降法训练 CPN 网络
% 函数参数:无
% 函数返回值:无
%%%%%%%%%%%%%%%%%%%%%%%%%%%%%%%%%%%%%
function cpntrain
    global w;
```

```
global v;
w = rands(250,25)/2 + 0.5;
v = rands(4,250)/2 + 0.5;
load templet pattern;
a = pattern(1,1). feature(:,1:130);
b = cumsum(a,2);
c = b(:,130);
d = c/130;
A = d;
for i = 2:10
    i;
    ax = pattern(1,i). feature(:,1:130);
    bx = cumsum(ax,2);
    cx = bx(:,130);
        dx = cx/130;
        B = dx;
        P = [A B];
        A = P;
end
T = [0 0 0 0;0 0 0 1;0 0 1 0;0 0 1 1;0 1 0 0;0 1 0 1;0 1 1 0;0 1 1 1;1 0 0 0;1 0 0 1];
T_out = T;
epoch = 1000;
for i = 1:10
    P(i,:) = P(i,:)/norm(P(i,:));
end
P = P';
while epoch > 0
    for j = 1:10
        for i = 1:250
            w(i,:) = w(i,:)/norm(w(i,:));
            s(i) = P(j,:)*w(i,:)';
        end
        temp = max(s);
        for i = 1:250
            if temp == s(i)
                count = i;
            end
        end
        for i = 1:250
            s(i) = 0;
        end
        s(count) = 1;
        w(count,:) = w(count,:) + 0.1*[P(j,:)-w(count,:)];
```

```
            w(count,:) = w(count,:)/norm(w(count,:));
            v(:,count) = v(:,count) + 0.1 * (T(j,:)'-T_out(j,:)');
            T_out(j,:) = v(:,count)';
        end
    epoch = epoch - 1;
    end
%%%%%%%%%%%%%%%%%%%%%%%%%%%%%%%%%%%%%%
% 函数名称:cpn
% 函数功能:识别手写数字
% 函数参数:手写数字特征 sample
% 函数返回值:手写数字所属类别 y
%%%%%%%%%%%%%%%%%%%%%%%%%%%%%%%%%%%%%%
function y = cpn(sample);
    global w;
    global v;
    sample(1,:) = sample(1,:)/norm(sample(1,:));
    Outc = [0 0 0 0];
    for i = 1:250
        sc(i) = sample(1,:) * w(i,:)';
    end
    tempc = max(sc);
    for i = 1:250
        if tempc == sc(i)
            countp = i;
        end
        sc(i) = 0;
    end
    sc(countp) = 1;
    Outc(1,:) = v(:,countp)';
    Outca = round(Outc') % 转成最接近的二进制数
    Outcb = num2str(Outca)
    Outcc = bin2dec(Outcb')
    y = Outcc
```

3. 效果图

① 选择"神经网络"→"对向传播网络分类法"→"对向传播网络训练"菜单命令,建立并训练 CPN 网络,如图 6-28 所示。

② 训练后权值详见"CPN 网络训练后的权值和阈值.txt"。

③ 拖动鼠标左键在视图区用鼠标手写一个数字,如图 6-29 所示,然后选择"神经网络"→对向传播网络分类"→"对向传播网络分类"菜单命令,进行手写数字分类。

CPN 网络手写数字的识别效果如图 6-30 所示。

（a）训练

（b）训练结果

图 6-28　建立并训练 CPN 网络

图 6-29　CPN 网络识别手写数字

图 6-30　CPN 网络手写数字的识别效果

6.7 反馈型神经网络(Hopfield)

Hopfield 神经网络是最典型的反馈型神经网络模型,它是目前人们研究最多的模型之一。Hopfield 神经网络是由相同的神经元构成的单层,并且具有学习功能的自联想网络,可以实现制约优化和联想记忆等功能。

6.7.1 Hopfield 神经网络的基本概念

1. Hopfield 神经网络简述

Hopfield 模型是霍普菲尔特(Hopfield)分别于 1982 年及 1984 年提出的。1984 年,J. Hopfiled 提出了可用于联想存储的互联网络,这个网络称为 Hopfield 神经网络模型,也称为 Hopfield 模型。Hopfield 神经网络模型是一种循环神经网络,从输出到输入有反馈连接。它具有两个神经网络模型,一个是离散的,一个是连续的,但它们都属于反馈网络,即它们从输入层至输出层都有反馈存在。

由于反馈型神经网络的输出端到输入端有反馈,所以,Hopfield 神经网络在输入的激励下,会产生不断的状态变化。当有输入之后,可以求得 Hopfield 网络的输出,这个输出反馈到输入端从而产生新的输出,这个反馈过程会一直进行下去。如果 Hopfield 神经网络是一个能收敛的稳定网络,则这个反馈与迭代的计算过程所产生的变化越来越小,一旦到达了稳定平衡状态,那么 Hopfield 神经网络就会输出一个稳定的恒值。对于 Hopfield 神经网络来说,关键是在于确定它在稳定条件下的权系数,还存在如何判别它是稳定网络还是不稳定网络的问题,而判别依据也是需要确定的。

J. Hopfield 最早提出的网络是二值神经网络,神经元的输出只取 -1 和 1,所以也称为离散 Hopfield 神经网络(Discrete Hopfield Neural Network, DHNN)。在离散 Hopfield 神经网络中,所采用的神经元是二值神经元,所输出的离散值 -1 和 1 分别表示神经元处于抑制和激活状态。

2. 离散 Hopfield 神经网络拓扑结构

图 6-31 所示为由 n 个神经元组成的离散 Hopfield 神经网络拓扑结构,第 1 层仅作为网络的输入,它不是实际神经元,所以没有计算功能;而第 2 层是实际神经元,故而执行对输入信息与权系数的积求累加和,并由非线性函数 f 处理后产生输出信息。f 是一个简单的阈值函数,如果神经元的输出信息大于阈值 θ,那么神经元的输出就取值为 1;小于阈值 θ,则神经元的输出就取值为 -1。

对于一个离散 Hopfield 神经网络,其网络状态是输出神经元信息的集合。对于一个输出层是 n 个神经元的离散 Hopfield 神经网络,则其 t 时刻的状态为一个 n 维向量:

$$Y(t) = [y_1(t), y_2(t), \cdots, y_n(t)]$$

因为 $y_i(t)$ 取值为 +1 或 -1,所以网络有 2^n 个状态,即网络状态。

图 6-31 离散 Hopfield 神经网络拓扑结构图

3. 离散 Hopfield 神经网络结构的工作方式

（1）同步（并行）方式

在时刻 t 时，所有神经元的状态都产生了变化，这时称为同步（并行）工作方式。

$$y_j(t+1) = f\left(\sum_{i=1}^n w_{ji} y_i(t) + x_j - \theta_j\right), \quad j = 1,2,\cdots,n \tag{6-48}$$

不考虑外部输入时：

$$y_j(t+1) = f\left(\sum_{i=1}^n w_{ji} y_i(t) - \theta_j\right), \quad j = 1,2,\cdots,n \tag{6-49}$$

（2）异步（串行）方式

在时刻 t 时，只有某一个神经元 j 的状态产生变化，而其他 $n-1$ 个神经元的状态不变，这时称为异步工作方式。此时：

$$y_j(t+1) = f\left(\sum_{i=1}^n w_{ji} y_i(t) + x_j - \theta_j\right) \tag{6-50}$$

$$y_i(t+1) = y_i(t), \quad i \neq j \tag{6-51}$$

不考虑外部输入时：

$$y_j(t+1) = f\left(\sum_{i=1}^n w_{ji} y_i(t) - \theta_j\right) \tag{6-52}$$

按照异步方式，某一时刻网络中只有一个节点（神经元）被选择进行状态更新，当该节点状态变化时，网络状态就以其概率转移到另一状态；当该节点状态保持时，网络状态更新结果保持前一时刻的状态。通常，网络从某一初始状态开始经过多次更新后，才可能达到某一稳态。使用异步方式状态更新策略有若干好处：首先，算法实现容易，每个节点有自己的状态更新时刻，不需要同步机制；其次，以异步方式更新网络的状态可以限制网络的输出状态，避免不同稳态以等概率出现。一旦给出 Hopfield 的权值和神经元的阈值，则网络的状态转移序列就确定了。

4. 离散 Hopfield 神经网络训练和分类识别方法

离散 Hopfield 神经网络的训练和分类利用的是其联想记忆功能，也称为联想存储器。这是人类的智能特点之一。所谓"触景生情",就是指见到一些类同过去接触的景物,容易产生对过去情景的回味和思忆。由于网络可收敛于稳定状态,因此可用于联想记忆。若将稳态视为一个记忆,则由初始状态向稳态收敛的过程就是寻找记忆的过程,初始状态可视为给定的部分信息,收敛过程可认为从部分信息找到了全部信息,则实现了联想记忆的功能。联想记忆的一个重要的特性是由噪声输入模式反映出训练模式,这一点正是分类识别所需要的。

对于 Hopfield 网络,用它做联想记忆时,首先通过一个学习训练过程确定网络中的权系数(连接权值),使所记忆的信息在网络的 n 维超立方体的某一个顶角的能量最小。当网络的权系数确定之后,只要向网络给出输入向量,这个向量可能是局部数据,即不完全或部分不正确的数据,但是网络仍然产生所记忆的信息的完整输出。1984 年 J. Hopfield 开发了一种用 n 维 Hopfield 网络作为联想存储器的结构。在这个网络中,权系数的赋值规则为存储向量的外积存储规则(Out Product Storage Prescription)。

(1) 确定参数

① 确定输入向量 $\boldsymbol{X}$。设有 N 个训练样品特征向量 $\boldsymbol{X}_1,\boldsymbol{X}_2,\boldsymbol{X}_3,\cdots,\boldsymbol{X}_N$,所有特征已经标准化。其特征空间为 n 维,即 $\boldsymbol{X}_i = [x_{i1},x_{i2},\cdots,x_{in}]^{\mathrm{T}}$,将这 N 个训练样品存入 Hopfield 网络中,则在网络中第 i,j 两个节点之间的权系数可按式(6-53)计算,完成网络的训练。

② 确定输出向量 $\boldsymbol{Y}$。

输出向量 $\boldsymbol{Y} = [y_1,y_2,\cdots,y_n]^{\mathrm{T}}$。

③ 计算连接权值 w_{ji}。连接权值 $w_{ji}(i=1,2,\cdots,n;j=1,2,\cdots,n)$。

$$w_{ji} = \begin{cases} \sum_{k=1}^{N} x_{ki}x_{kj}, & i \neq j \\ 0, & i = j \end{cases} \quad (6-53)$$

(2) 对待测样品分类

对于待测样品 $\boldsymbol{X} = [x_1,x_2,\cdots,x_n]^{\mathrm{T}}$,通过对 Hopfield 网络构成的联想存储器进行联想检索过程可实现分类功能。

① 将 $\boldsymbol{X}$ 中各个分量的 $x_1,x_1,\cdots,x_n$ 分别作为第一层网络节点,n 个输入,则节点有相应的初始状态 $\boldsymbol{Y}(t=0)$,即 $y_j(0)=x_j, j=1,2,\cdots,n$。

② 对于二值神经元,计算当前 Hopfield 网络输出:

$$U_j(t+1) = \sum_{i=1}^{n} w_{ji}y_i(t) + x_j - \theta_j, \quad j=1,2,\cdots,n \quad (6-54)$$

$$y_j(t+1) = f[U_j(t+1)], \quad j=1,2,\cdots,n \quad (6-55)$$

式中,x_j 为外部输入;f 是非线性函数,可以选择阶跃函数;θ_j 为阈值参数。

$$f[U_j(t+1)] = \begin{cases} -1, & U_j(t+1) < 0 \\ +1, & U_j(t+1) \geq 0 \end{cases} \quad (6-56)$$

③ 对于一个网络来说,稳定性是一个重要的性能指标。对于离散 Hopfield 神经网络,其状态为 $\boldsymbol{Y}(t)$。如果对于任何 $\Delta t>0$,当网络从 $t=0$ 开始有初始状态 $\boldsymbol{Y}(0)$,经过有限时刻 t 有 $\boldsymbol{Y}(t+\Delta t) = \boldsymbol{Y}(t)$,则称网络是稳定的。此时的状态称为稳定状态。通过网络状态不断变化,最后状态会稳定下来,最终的状态是和待测样品向量 $\boldsymbol{X}$ 最接近的训练样本向量。所以,离散

Hopfield 神经网络的最终输出也就是待测样品向量联想检索结果。

④ 利用最终输出与训练样品进行匹配,找出最相近的训练样本向量,其类即待测样品的类。这个过程说明,即使待测样品并不完全或部分不正确,也能找到正确的结果。在本质上讲,它具有滤波功能。

6.7.2 Hopfield 神经网络分类器设计

1. 实现步骤

① 初始化 10 个标准数字的训练样品,将其进行二值化处理。

② 调用 MATLAB 的 newhop 函数,训练 Hopfield 神经网络。

newhop 函数定义为:net = newhop(T),其中 T 为训练样品集合,net 为训练后的 Hopfield 神经网络结构名。

③ 对于一个未知类别的待测样品,调用 sim 函数,利用已训练好的 Hopfield 神经网络进行仿真计算,最终将网络稳定状态下的输出保存到向量 t 中。

④ 将网络输出向量 t 与标准数字训练样品进行匹配,找出最接近的训练样品,其类号即为待测样品的类,从而实现了分类识别。

2. 编程代码

```
%%%%%%%%%%%%%%%%%%%%%%%%%%%%%%%%%%%%%%%%%
% 函数名称:Hopfield
% 函数功能:使用 Hopfield 神经网络,识别手写数字
% 函数参数:手写数字特征
% 函数返回值:手写数字所属类别 y
%%%%%%%%%%%%%%%%%%%%%%%%%%%%%%%%%%%%%%%%%
function y = Hopfield(samplehop);
    clc;
    zero = [ -1 1 1 1 -1   1 1 -1 1 1   1 -1 -1 -1 1   1 1 -1 1 1 1   -1 1 1 1 -1];
    one = [ -1 -1 1 -1 -1   -1 -1 1 -1 -1   -1 -1 1 -1 -1   -1 -1 1 -1 -1
        -1 1 -1 -1];
    two = [ 1 1 1 1 1   -1 -1 -1 -1 1 1   -1 -1 1 1 1 -1   -1 1 1 1 -1 -1   1 1 1 1 1];
    three = [ 1 1 1 1 1   -1 -1 -1 1 1   -1 -1 1 1 1 1   -1 -1 -1 1 1 1   1 1 1 1 1];
    four = [ -1 -1 1 1 1 -1   -1 1 1 1 1 -1   1 1 -1 1 -1   1 1 1 1 1   -1 -1 -1 1 1 -1];
    five = [ -1 -1 1 1 1 1   -1 1 -1 -1 -1   1 1 1 1 -1   -1 -1 -1 -1 1 1   1 1 1 1 -1];
    six = [ -1 -1 1 1 -1 -1   -1 1 -1 -1 -1 -1   1 1 1 1 1 1   -1 -1 -1 -1 1 1   1 1 1 1 1];
    seven = [ 1 1 1 1 1   -1 -1 -1 -1 1 -1   -1 -1 1 -1 -1   -1 1 1 -1 -1   -1 1 1 -1 -1];
    eight = [ 1 1 1 1 1   1 1 -1 1 1 1   -1 -1 1 -1 -1   1 1 -1 1 1 1   1 1 1 1 1];
    nine = [ 1 1 1 1 1   1 -1 -1 -1 1 1   1 1 1 1 1   -1 -1 1 -1 -1   -1 1 1 -1 -1 -1];
    T = [ zero;one;two;three;four;five;six;seven;eight;nine]';
    net = newhop(T);
    [Y,Pf,Af] = sim(net,{1 5},{},{samplehop});
    for i = 1:25
        if(Y{1}(i,1) > 0.5)
```

第 6 章 神经网络分类器设计

```
            Y{1}(i,1) = 1;
        else
            Y{1}(i,1) = -1;
        end
    end
    a = [0 0 0 0 0 0 0 0 0 0];
    b = -1;
    temy = 0;
    for i = 1:10
        for j = 1:25
        if Y{1}(j,1) ~ = T(j,i)
            continue;
        end
        if Y{1}(j,1) == T(j,i)
            a(1,i) = a(1,i) + 1;
        end
        end
        if( a(1,i) > b)
            b = a(1,i);
            temy = i-1;
        end
    end
    y = temy
```

3. 效果图

拖动鼠标左键在视图区用鼠标手写一个数字,然后选择"神经网络"→"Hopfield 神经网络分类法"→"Hopfield 神经网络识别"菜单命令,进行手写数字识别,如图 6-32 所示。Hopfield 神经网络手写数字的识别效果,如图 6-33 所示。

图 6-32 Hopfield 神经网络识别手写数字

图 6-33 Hopfield 神经网络手写数字的识别效果

本章小结

近年来,神经网络已成为研究的热点,并取得了广泛的应用。人工神经网络是从输入空间到输出空间的一个非线性映射,通过调整权重和阈值来"学习"或发现变量间的关系,实现对事物的分类。本章介绍了人工神经网络的基本原理,包括人工神经元、人工神经网络模型、神经网络的学习过程、人工神经网络在模式识别问题上的优势,并应用 BP 神经网络、径向基函数神经网络、自组织竞争神经网络、概率神经网络、对向传播神经网络和反馈型神经网络实现模式识别的基本原理和具体方法,并给出了 MATLAB 执行程序,对理论进行了验证。实践证明,神经网络是一种对数据分布无任何要求的非线性技术,它能有效解决非正态分布、非线性的评价问题,因而得到了广泛的应用。

习题 6

1. 简述人工神经网络在模式识别问题上的优势。
2. 试述 BP 神经网络的拓扑结构及其学习算法。
3. 简述设计 BP 神经网络需要考虑的主要因素。
4. 试述基于高斯核的 RBF 神经网络的拓扑结构及其初始权值的产生方式。
5. 简述概率神经网络(PNN)的拓扑结构及其各层的功能。
6. 简述 Hopfield 神经网络的拓扑结构和稳定条件。
7. 简述离散型 Hopfield 神经网络的学习算法,并试用 C 语言实现离散型 Hopfield 神经网络。
8. 简述对向传播神经网络(CPN)的拓扑结构、基本思想及其学习算法。
9. 简述自组织竞争神经网络的拓扑结构、基本思想及其训练过程。
10. 试列表对比本章介绍的几种神经网络的异同。

第 7 章 决策树分类器设计

本章要点:
☑ 决策树的基本概念
☑ 决策树分类器设计

7.1 决策树的基本概念

1. 决策树的基本原理

决策树(Decision Tree)又称为判定树,是用于分类和预测的一种树结构。决策树学习是以实例为基础的归纳学习算法,它着眼于从一组无次序、无规则的实例中推理出决策树表示形式的分类规则。它采用自顶向下的递归方式,在决策树的内部节点进行属性值的比较并根据不同属性判断从该节点向下的分支,在决策树的叶节点得到结论。所以从根节点开始对应着一条合取规则,整棵树就对应一组析取表达式规则。

决策树中的每个内部节点(Internal Node)代表对某一属性的一次测试,每条边代表一个测试结果,叶节点(Leaf)代表某个类(Class)或类的分布(Class Distribution)。

下例是一棵决策树,从中可以看到决策树的基本组成部分:决策节点、分支和叶节点。

[例1] 图 7-1 所示为买车问题的决策树,从中可以看出一位用户是否会买汽车,用它可以预测某个人的购买意向。

图 7-1 买车问题的决策树

这棵决策树对销售记录进行分类,指出一个消费者是否会购买汽车。每个内部节点(矩形框)代表对某个属性的一次检测。每个叶节点(椭圆框)代表一个类:买或不买。

在这个例子中,样品向量为"(年龄,月薪,健康状况;买车意向)",待测样品格式为"(年龄,月薪,健康状况)",输入新的待测样品记录,可以预测该待测样品隶属于哪个类。

构造决策树通常采用自上而下的递归构造方法。以多叉树为例,构造思路是:如果训练集中所有数据都是同类的,则将之作为叶节点,节点内容即该类标记,否则根据某种策略选择一个属性,按照属性的各个取值,把数据集合划分若干个子集,使得每个子集上的所有数据在该属性上具有同样的属性值；然后依次递归处理各个子集。这种思路称之为"分而治之"。

决策树构造的结果是一棵二叉或多叉树，它的输入是一组带有类别标记的训练数据。二叉树的内部节点（非叶节点）一般表示为一个逻辑判断，如形式为($a=b$)的逻辑判断，其中a是属性，b是该属性的某个属性值；树的边是逻辑判断的分支结果。多叉树（ID3）的内部节点是属性，边是该属性的所有取值，有几个属性值，就有几条边。树的叶节点都是类的标记。

2. 决策树分类

决策树分类算法起源于概念学习系统（Concept Learning System，CLS），然后发展到 ID3 方法并达到高潮，最后又演化为能处理连续属性的 C4.5。此外，决策树方法还有 CART、SLIQ、SPRINT 等。最初的算法利用信息论中信息增益方法寻找训练集中具有最大信息量的字段，把决策树的一个节点字段的某些值作为分水岭建立树的分支；在分支下建立下层节点和子分支，生成一棵决策树。再剪枝，优化，然后把决策树转化为规则，利用这些规则可以对新事物进行分类。

使用决策树进行分类可分为两步：

步骤1 建立决策树模型：利用训练集建立并精化一棵决策树。这个过程实际上是一个从数据中获取知识，进行机器学习的过程。这个过程通常分为两个阶段：

① 建树（Tree Building）：这是一个递归的过程，最终将得到一棵树。

② 剪枝（Tree Pruning）：剪枝的目的是降低由于训练集存在噪声而造成的起伏。

步骤2 利用生成完毕的决策树对输入数据进行分类：对输入的待测样品，从根节点依次测试记录待测样品的属性值，直到到达某个叶节点，从而找到该待测样品所在的类。

3. 决策树方法的特点

与其他分类方法相比，决策树分类有如下优点：

① 分类速度快，计算量相对较小，容易转化成分类规则。只须沿着树根向下一直走到叶节点，沿途的分裂条件就能够唯一确定一条分类的谓词。如在例1中，"年龄→健康状况→不买"这条路径谓词表示为"如果一个人年龄大于60且身体不好，那么他就不会买车"。

② 分类准确性高，从决策树中挖掘出的规则准确性高且便于理解。

当然，一般决策树方法也存在缺乏伸缩性，处理大训练集时算法的额外开销大，降低了分类的准确性。

7.2 决策树理论的分类方法

1. 理论基础

Quinlan 提出的 ID3 算法是决策树算法的代表，具有描述简单、分类速度快的优点，大多数决策树算法都是在它的基础上加以改进而实现的。ID3 算法采用分治策略，通过选择窗口形成决策树，利用信息增益寻找训练集数据库中具有最大信息量的属性，建立决策树的一个节点，再根据该属性的不同取值建立树的分支，在每个分支子集中重复建立树的下层节点和分支过程。

（1）ID3 算法的基本思想

① 任意选取一个属性作为决策树的根节点，然后就这个属性所有的取值创建树的分支。

② 用这棵树来对训练集进行分类,如果一个叶节点无标记且该节点的所有实例都属于同一类,则以该类为标记标识此叶节点;如果所有的叶节点都有类标记,则算法终止。

③ 否则,选取一个从该节点到根路径中没有出现过的属性为标记,标识该节点,然后就这个属性所有的取值继续创建树的分支,重复算法步骤②。

这个算法一定可以创建一棵基于训练集的正确的决策树,然而,这棵决策树不一定是最简单的。显然,不同的属性选取顺序将生成不同的决策树。因此,适当地选取属性将生成一棵简单的决策树。在 ID3 算法中,采用了一种基于信息的启发式的方法来决定如何选取属性。启发式方法选取具有最高信息量的属性,也就是说,生成最少分支决策树的那个属性。

(2) 属性选择度量

ID3 算法在树的每个节点上以信息增益(Information Gain)作为度量来选择测试属性。这种度量称为属性选择度量或分裂的优良性度量。选择具有最高信息增益(或最大熵压缩)的属性作为当前节点的测试属性,该属性使得对结果划分中的样本分类所需要的信息量最小,并确保找到一棵简单的(但不一定是最简单的)决策树。

信息增益的原理取自 1948 年香农(C. E. Shannon)提出的信息论,其中给出了关于信息量(Information)和熵(Entropy)的定义,熵实际上是系统信息量的加权平均,也就是系统的平均信息量。

定义 1 期望信息量:设训练集为 $\tilde{X}$,样品总数为 N,其中包含 M 个不同的类 ω_i($i=1, 2, \cdots, M$)。设 N_i 是 $\tilde{X}$ 中属于类 ω_i 的样品的个数。对一个给定样品分类所需的期望信息为

$$I(N_1, N_2, \cdots, N_M) = -\sum_{i=1}^{M} p_i \log_2(p_i) \tag{7-1}$$

式中,p_i 是样品属于 ω_i 的概率,用 N_i/N 来估计。

定义 2 熵:属性 A 具有 k 个不同值的属性 $\{a_1, a_2, \cdots, a_j, \cdots, a_k\}$,$A$ 可以把全体训练集 $\tilde{X}$ 分成 k 个子集 $S_1, S_2, \cdots, S_k$,其中 $S_j = \{X | X \in \tilde{X}, X.A = a_j\}$。如果 A 选为测试属性,那么那些子集表示从代表集合 $\tilde{X}$ 出发的所有树枝。设 N_{ij} 表示 S_j 中类为 ω_i 的样品的个数,根据属性 A 划分的子集的熵,也就是系统总熵为

$$E(A) = \sum_{j=1}^{k} \left[\left(\frac{N_{1j} + N_{2j} + \cdots + N_{Mj}}{N} \right) \cdot I(N_{1j}, N_{2j}, \cdots, N_{Mj}) \right] \tag{7-2}$$

式中,$\left(\frac{N_{1j} + N_{2j} + \cdots + N_{Mj}}{N} \right)$ 表示第 j 个子集的权重;N 为训练集 $\tilde{X}$ 中样品个数。对于给定子集 S_j,有

$$I(N_{1j}, N_{2j}, \cdots, N_{Mj}) = -\sum_{i=1}^{M} p_{ij} \log_2(p_{ij}) \tag{7-3}$$

式中,$p_{ij} = N_{ij}/|S_j|$ 表示 S_j 中的样本属于 ω_i 的概率;$|S_j|$ 表示 S_j 中的样品个数。

定义 3 在属性 A 上分支获得的信息增益表示为

$$\text{Gain}(A) = I(N_1, N_2, \cdots, N_M) - E(A) \tag{7-4}$$

$\text{Gain}(A)$ 是指由于知道属性 A 的值而导致的熵的期望压缩。熵是一个衡量系统混乱程度的统计量,熵越大,表示系统越混乱。分类的目的是提取系统信息,使系统向更加有序、有规则、有组织的方向发展。所以最佳的分裂方案是使熵减少量最大的分裂方案。熵减少量就是信息增益,所以,最佳分裂就是使 $\text{Gain}(A)$ 最大的分裂方案。通常,这个最佳方案是用"贪心算

法+深度优先搜索"得到的。算法计算每个属性的信息增益。具有最高信息增益的属性选做给定集合 S 的测试属性,创建一个节点,并以该属性标记,对属性的每个值创建分支,据此划分样本。

[**例 2**] 表 7-1 所示的是一个顾客买车意向的训练集,通过此例来说明属性选择方法。

表 7-1 顾客买车意向的训练集

样品编号	年 龄	月 薪	健康状况	买车意向(类)
1	<30	<3000	好	不买
2	<30	<3000	不好	不买
3	<30	≥3000	不好	买
4	<30	≥3000	好	买
5	30~60	<3000	好	买
6	30~60	≥3000	好	买
7	30~60	≥3000	不好	买
8	>60	<3000	好	买
9	>60	<3000	不好	不买
10	>60	≥3000	不好	不买

从表 7-1 中可以看出,类属性"买车意向"有两个不同的值{买,不买},因此一共有两个类,即 $M=2$。设 ω_1 对应于"买",ω_2 对应于"不买",则 ω_1 有 6 个样本,即 $N_1=6$;ω_2 有 4 个样本,即 $N_2=4$。首先利用式(7-1)计算期望信息 $I(N_1,N_2)$。

$$I(N_1,N_2) = I(6,4) = -\frac{6}{10}\log_2\frac{6}{10} - \frac{4}{10}\log_2\frac{4}{10} = 0.9710$$

然后计算每个属性的熵。对于属性"年龄",有三种取值,即三个子集,分别计算三个子集的期望信息。

年龄 = "<30": $\quad N_{11}=2, N_{21}=2, I(N_{11},N_{21}) = -\frac{2}{4}\log_2\frac{2}{4} - \frac{2}{4}\log_2\frac{2}{4} = 1$

年龄 = "30~60": $\quad N_{12}=3, N_{22}=0, I(N_{12},N_{22}) = -\frac{3}{3}\log_2\frac{3}{3} = 0$

年龄 = ">60": $\quad N_{13}=1, N_{23}=2, I(N_{13},N_{23}) = -\frac{1}{3}\log_2\frac{1}{3} - \frac{2}{3}\log_2\frac{2}{3} = 0.9183$

根据式(7-2),计算样本按"年龄"划分成子集的熵为:

$$E(年龄) = \frac{4}{10}I(N_{11},N_{21}) + \frac{3}{10}I(N_{12},N_{22}) + \frac{3}{10}I(N_{13},N_{23}) = 0.6755$$

信息增益为

$$\text{Gain}(年龄) = I(N_1,N_2) - E(年龄) = 0.2955$$

同理,我们可以得到其余两个属性的信息增益:

$$\text{Gain}(月薪) = 0.1246$$

$$\text{Gain}(健康状态) = 0.1246$$

由于"年龄"属性具有最高信息增益,因此被选择为测试属性。创建一个以年龄为标记的节点,对每一属性值引出一个分支,如图 7-2 所示。

图 7-2 对属性"年龄"进行划分

从图 7-2 中可以看出,落在分支"30～60"的样本都属于同一类,因此该分支节点为一个叶节点。然后对另外两个节点子集继续进行属性选择,创建分支,直至分支节点全部为叶节点,生成如图 7-1 所示的决策树。

(3) 决策树剪枝

由于训练集中的数据一般不可能是完美的,有些属性缺值或不准确,即存在噪声数据。基本的决策树构造算法没有考虑噪声和孤立点,生成的决策树完全与训练集拟合。在有噪声情况下,完全拟合将导致过分适应。由于数据中的噪声和孤立点,许多分支反映的是训练集中的异常。剪枝阶段的任务就是利用统计学方法,去掉最不可靠、可能是噪声的一些枝条对决策树的影响,即过分适应数据问题,从而提高独立于测试数据正确分类的能力,达到净化树的目的。当然,当数据稀疏时,要防止过分剪枝。因此,剪枝对有些数据效果好而对有些数据则效果差。

剪枝方法主要有两类:先剪枝和后剪枝。

① 先剪枝(Pre-Pruning)。在建树的过程中,当满足一定条件,例如,信息增益或者某些有效统计量达到某个预先设定的阈值时,节点不再继续分裂,内部节点成为一个叶节点。叶节点取子集中频率最大的类作为自己的标识,或者可能仅仅存储这些实例的概率分布函数。

② 后剪枝(Pos-Pruning)。它是由"完全生长"的树剪去分支,首先生成与训练数据集合完全拟合的一棵决策树,然后从树的叶子开始剪枝,逐步向根的方向剪。剪枝时要用到一个测试数据集合(Adjusting Set),如果存在某个叶子剪去后能使得在测试集上的准确度不降低,则剪去该叶子,最终形成一棵错误率尽可能小的决策树。

如果在训练集中出现了类交叉的情况,也就是说,在待挖掘的数据中出现矛盾和不一致,将出现这样一种情况:在一个树节点中,所有的实例并不属于一个类却找不到可以继续分支的属性。

ID3 算法使用以下两种方案解决这个问题:

➢ 选择在该节点中所占比例最大的类为标记并标识该节点;
➢ 根据该节点中不同类的概率分布为标记并标识该节点。

如果在训练集中出现了某些错误的实例,即在待挖掘的数据中,本来应该属于同一节点的数据因为某些错误的属性取值而继续分支,则在最终生成的决策树中可能出现分支过细和错误分类的现象。ID3 算法设置了一个阈值来解决这个问题:只有属性的信息量超过这个阈值时才创建分支,否则以类标志标识该节点。该阈值的选取对决策树的正确创建具有相当重要的影响,如果阈值过小,可能没有发挥应有的作用;如果阈值过大,又可能删除了应该创建的分支。

(4) 从决策树提取分类规则

从决策树中可以提取分类规则,并以 IF – THEN 的形式表示。具体方法是:从根节点到叶节点的每一条路径创建一条分类规则,路径上的每一对"属性 – 值"对应规则的前件(即 IF 部分)的一个合取项,叶节点为规则的后件(即 THEN 部分)。

对于例 1 中的决策树可提取以下分类规则:

IF 年龄 = ' < 30' AND 月薪 = ' < 3000' THEN 买车意向 = '不买'。
IF 年龄 = ' < 30' AND 月薪 = ' ≥3000' THEN 买车意向 = '买'。
IF 年龄 = '30 ~ 60'   THEN 买车意向 = '买'。
IF 年龄 = ' > 60' AND 健康状况 = '不好' THEN 买车意向 = '不买'。
IF 年龄 = ' > 60' AND 健康状况 = '好'   THEN 买车意向 = '买'。

(5) ID3 算法的改进

基本的 ID3 算法采用信息增益作为属性的度量,试图减少树的平均深度,而忽略了对叶子数目的研究,导致了许多问题:最优属性选取不准确,信息增益的计算依赖于属性取值数目较多的特征,而取值较多的属性不一定是最优属性;抗噪性差,训练集中正例和反例较难控制。因此,众多学者针对 ID3 算法的不足,提出了许多改进策略。

① 离散化。对于符号性属性(即离散性属性),ID3 算法的知识挖掘比较简单,算法将针对属性的所有符号创建决策树分支。但是,如果属性值是连续的,如本书实例中手写数字中的特征值等,针对属性的所有不同的值创建决策树,则将由于决策树过于庞大而导致算法失效。为了解决该问题,在用 ID3 算法挖掘具有连续性属性的知识时,应该首先把该连续性属性离散化。最简单的方法就是把属性值分成两段。如手写数字中的特征值可以分为大于 0.3 和小于 0.3 等。因此选择最佳的分段值是离散化的核心。对于任何一个属性,其所有的取值在一个数据集中是有限的。假设该属性取值为 $\{a_1, a_2, \cdots, a_n\}$,则在这个集合中,一共存在 $n-1$ 个分段值,ID3 算法采用计算信息量的方法计算最佳的分段值,然后进一步构建决策树。

② 空缺值处理。训练集中的数据可能会出现某一训练样本中某一属性值空缺的情况,因此必须进行空缺值处理。可以采用如下的空缺值处理方法:若属性 A 有空缺值,则可用 A 的最常见值、平均值、样本平均值等填充。

③ 属性选择度量。在决策树建树过程中,有许多的属性选择度量方法,对于一个特定的数据集来讲,只有"适合"与"不适合"之分,而没有"好"与"差"之分,与数据集合中属性的值的多少、类的多少有关。ID3 算法中采用信息增益作为属性选择度量,但它仅适合于具有多个值的属性。还有一些其他的属性选择度量方法,如增益率、可伸缩性指标基尼指数等。

④ 可伸缩性。ID3 算法对于相对较小的训练数据集是有效的,但对于现实世界中数以百万计的训练数据集,需要频繁地将训练数据在主存和高速缓存中换进换出,从而使算法的性能低下。因此可以将训练数据集划分为几个子集,使得每个子集能够放入内存;然后由每个子集构造一棵决策树;最后,将每个子集得到的分类规则组合起来,得到输出的分类规则。

⑤ 碎片、重复和复制处理。碎片是指在一个给定的分支中的样本数太少,从而失去统计意义。解决的方法是将分类属性值分组,决策树节点可以测试一个属性值是否属于给定的集

合;另一种解决方法是创建二叉判定树,在树的节点上进行属性的布尔测试,从而可以减少碎片。当一个属性沿树的一个给定的分支重复测试时,将出现重复。复制是指复制树中已经存在的子树。以上问题可以通过由给定的属性构造新的属性(即属性构造)来解决。

2. 实现步骤

本书利用基于决策树理论的分类方法对手写数字进行分类识别,其实现步骤如下:

(1) 构建训练样本集

从手写数字样本库中的各类中分别提取100个训练样品,共1000个样本。每个手写数字样品具有25个特征,分别代表25个属性,其所属数字类别为训练类别,一共有10类。

(2) 构建分类决策树

本书采用MATLAB中的决策树工具箱函数进行分类决策树的构建。构建分类决策树函数的基本定义为 T = treefit(X,y)。其中参数X为训练样本属性集合,对于手写数字训练集,X为矩阵,矩阵每一行是一个训练样品,每列对应一个属性;参数y为类别集合,对于手写数字训练集,y为1000维的向量,每一维对应一个训练样品的类别;返回值T是一个决策树结构,保存了已构建好的分类决策树的信息。

(3) 利用决策树分类

输入待测样本,利用MATLAB中的决策树工具箱函数进行决策树分类。决策树分类函数的基本定义为 YFIT = treeval(T,X)。其中参数T为步骤(2)中已构建的决策树结构,X为待测样本特征矩阵,可以表示多个待测样本;YFIT为分类结果向量,保存每个待测样品分类结果。

(4) 显示决策树

为了更清楚地检验决策树分类,将决策树显示出来可以更加直观地理解决策树理论。MATLAB中决策树工具箱提供了显示决策树功能。

显示决策树函数为 treedisp(T),参数T为已构建的决策树结构。

3. 编程代码

```
%%%%%%%%%%%%%%%%%%%%%%%%%%%%%%%%%%%%
% 函数名称:DecisionTree( )
% 参数:sample 为待测样品
% 返回值:result 为分类结果
% 函数功能:决策树分类算法
%%%%%%%%%%%%%%%%%%%%%%%%%%%%%%%%%%%%
function result = DecisionTree(sample);
    x = [];
    y = cell(1,1000);
    for i = 1:10
        % 初始化训练样本集
        x = [x pattern(i).feature(:,1:100)];
        str = num2str(i-1);
```

```
        % 初始化类
        y(1,100 * (i - 1) + 1:100 * i) = {str};
end
% 构造分类决策树
t = treefit(x',y);
% 决策树分类
result = treeval(t,sample);
sfit  = t.classname(result);
% 获得分类结果
result = str2num(sfit{1,1});
% 显示分类结果
treedisp(t);
```

4. 效果图

首先输入一个手写数字,如图7-3(a)所示,单击"决策树分类"按钮,进行决策树算法分类,得到正确的分类结果,如图7-3(b)所示。同时,显示决策树结构图,分类决策树如图7-3(c)所示,图中空心三角形表示分支节点,分支节点旁边的不等式表示分支规则。例如,图中根节点含义是:如果第22个特征小于0.0205779则进入左边分支,否则进入右边分支。实体圆形表示叶节点,叶节点下方的数字为分类。

(a)输入手写数字 (b)决策树分类结果

(c)分类决策树

图7-3 决策树分类算法效果图

本章小结

本章介绍了决策树理论的基本概念,包括决策树的基本原理、决策树分类方法、决策树方法的特点等;详细介绍了基于决策树理论的分类方法,包括 ID3 算法基本思想、属性选择度量等;最后介绍了基于决策树理论的手写数字分类器设计实现。

习题 7

1. 简述决策树的构造方法。
2. 简述 ID3 算法基本思想以及基于信息增益的属性选择度量方法。
3. 对于一个训练集,如表 7-2 所示,利用 ID3 算法构造一棵决策树。

表 7-2 流感决策问题训练集

样品编号	咳 嗽	头 晕	体 温	流感(类别)
1	是	是	正常	否
2	是	是	高	是
3	是	是	非常高	是
4	否	是	正常	否
5	否	否	高	否
6	否	是	非常高	是
7	是	否	高	是
8	否	是	正常	否

4. 叙述决策树理论在分类问题中的实现方法和步骤。

第 8 章 粗糙集分类器设计

本章要点：
- ☑ 粗糙集理论的基本概念
- ☑ 粗糙集理论在模式识别中的应用
- ☑ 粗糙集分类器设计

数据是对客观事物的属性、数量、位置或它们之间的相互关系的形式表示，是各种信息的载体。但是自然界中大部分事物所呈现的信息都是不完整和模糊的。在经典逻辑中，只有真假二值之分，因而无法对此类问题进行准确的描述。长期以来许多逻辑学家和哲学家都致力于研究模糊概念。在现实世界中，有许多模糊现象不能简单地用好坏、真假来表示。如何较好地表示和处理这些现象就成为一个问题。问题集中在分类边界上，也就是说，存在一些个体，既不能说它属于某个子集，也不能说它不属于某个子集。

粗糙集(Rough Set)是波兰数学家 Z. Pawlak 于 1982 年提出的。粗糙集以等价关系为基础，用于分类问题，它用上、下近似两个集合来逼近任意一个集合，该集合的边界区域被定义为上近似集和下近似集之差集，边界区域就是那些无法归属的个体。上、下近似两个集合可以通过等价关系给出确定的描述，边界域的元素数目可以被计算出来。

从本质上看，粗糙集理论反映了认知过程在非确定、非模型信息处理方面的机制和特点，是一种有效的非单调推理工具。该理论在数据的决策和分析、模式识别、机器学习与知识发展等方面有着成功的应用，已成为信息科学最活跃的研究领域之一。目前，该理论还在医学、化学、材料学、地理学、管理科学和金融等其他学科得到了成功的应用。

8.1 粗糙集理论的基本概念

1. 知识表达系统和决策表

知识是对某些客观对象的认识，为了处理智能数据，需要对知识进行符号表示。知识表达系统研究的是将对象的知识通过指定对象的基本特征和特征值来描述，以便通过一定的方法从大量的数据中发现有用的知识或决策规则。

知识表达系统可用一个四元组 S 表示：

$$S = (\widetilde{X}, R, V, f)$$

式中，$\widetilde{X}$ 为一个非空有限对象的集合，称为论域 $\widetilde{X} = \{X_1, X_2, \cdots, X_N\}$，其中 X_i 为对象；R 为对象的属性集合；V 为属性值的集合，V_a 是属性 $a \in R$ 的值域；f 为 $\widetilde{X} \times R \to V$ 的一个信息函数，它为每个对象 X 的每个属性 a 赋予一个属性值，即 $a \in R, X \in \widetilde{X}, f_a(X) \in V_a$。

知识表达系统也称为信息系统，通常用 $S = (\widetilde{X}, R)$ 代替 $S = (\widetilde{X}, R, V, f)$。知识表达系统的

数据以关系表的形式表示,关系表的行对应要研究的对象,列对应对象的属性,对象的信息通过指定对象的各属性值来表示。

设 $S=(\widetilde{X},R,V,f)$ 是一个信息系统(知识表达系统),$R=C\cup D$,C 称为条件属性集合,D 称为决策属性集。具有条件属性和决策属性的信息系统称为决策表。

对象的特征由条件属性描述,决策属性表示该对象的分类。决策属性可能表示专家根据条件属性所描述的情形所做的分类、采取的行动或决策。在机器学习意义上说,决策表被用作学习一个由条件属性产生的描述到由决策属性确定的分类的映射。通常,这个映射表示为一个决策规则(分类器或决策算法)的集合。

2. 等价关系

设 A 代表某种属性集合。a 代表属性中的某一种取值。如果有两个样品 X_i、X_j 满足如下关系:

对于 $\forall a \in A, A \subset R, X_i \in \widetilde{X}, X_j \in \widetilde{X}$,它们的属性值相同,即 $f_a(X_i)=f_a(X_j)$ 成立,称对象 X_i 和 X_j 是对属性 A 的等价关系,表示为

$$\text{IND}(A) = \{(X_i,X_j) \mid (X_i,X_j) \in \widetilde{X} \times \widetilde{X}, \forall a \in A, f_a(X_i)=f_a(X_j)\}$$

可见属性值相同的两个样品之间的关系为等价关系。

3. 等价集

在 $\widetilde{X}$ 中,对属性集 A 中具有相同等价关系的元素集合成为等价关系 $\text{IND}(A)$ 的等价集,$[X]_A$ 表示在属性 A 下与 X 具有等价关系的元素集合。

$$[X]_A = \{X_j \mid (X,X_j) \in \text{IND}(A)\}$$

4. 等价划分

从所采集的训练集中把属性值相同的样品聚类,形成若干个等价集,构成 A 集合。在 $\widetilde{X}$ 中对属性 A 的所有等价集形成的划分表示为

$$A = \{E_i \mid E_i = [X]_A, i=1,2,\cdots\}$$

具有特性:

① $E_i \neq \varnothing$;

② 当 $i \neq j$ 时,$E_i \cap E_j = \varnothing$;

③ $\widetilde{X} = \cup E_i$。

[例1] 设 $\widetilde{X}=\{a(血压正常),b(血压正常),c(血压正常),d(血压高),e(血压高),f(血压很高)\}$,对于属性 A(血压)的等价关系有

$\text{IND}(A) = \{(a,b),(a,c),(b,c),(d,e),(a,a),(b,b),(c,c),(d,d),(e,e),(f,f)\}$

属性 A 的等价集有

$$E_1 = [a]_A = [b]_A = [c]_A = \{a,b,c\}$$
$$E_2 = [d]_A = [e]_A = \{d,e\}$$
$$E_3 = [f]_A = \{f\}$$

$\widetilde{X}$ 中对属性 A 的划分为

$$A = \{E_1, E_2, E_3\} = \{\{a, b, c\}, \{d, e\}, \{f\}\}$$

5. 上近似集和下近似集

属性 A 可划分为若干个等价集,与决策集 Y 对应关系分上近似集 $A^-(Y)$ 和下近似集 $A_-(Y)$ 两种。

(1) 下近似集定义

对任意一个决策属性的等价集 $Y(Y \subseteq \tilde{X})$,属性 A 的等价集 $E_i = [X]_A$,有

$$A_-(Y) = \cup \{E_i | E_i \in A \wedge E_i \subseteq Y\}$$

或

$$A_-(Y) = \{X | [X]_A \subseteq Y\}$$

表示等价集 $E_i = [X]_A$ 中的元素 X 都属于 Y,即 $\forall X \in A_-(Y)$,则 X 一定属于 Y。$A_-(Y)$ 表示下近似集。

(2) 上近似集定义

对任意一个决策属性的等价集 $Y(Y \subseteq \tilde{X})$,属性 A 的等价集 $E_i = [X]_A$,有

$$A^-(Y) = \cup \{E_i | E_i \in A \wedge E_i \cap Y \neq \varnothing\}$$

或

$$A^-(Y) = \{X | [X]_A \cap Y \neq \varnothing\}$$

表示等价集 $E_i = [X]_A$ 中的元素 X 可能属于 Y,即 $\forall X \in A^-(Y)$,则 X 可能属于 Y,也可能不属于 Y。$A^-(Y)$ 表示上近似。

(3) 正域、负域和边界的定义

全集 $\tilde{X}$ 可以划分为 3 个不相交的区域,即正域(POS_A)、负域(NEG_A)和边界(BND_A):

正域: $$POS_A(Y) = A_-(Y)$$

负域: $$NEG_A(Y) = \tilde{X} - A^-(Y)$$

边界: $$BND_A(Y) = A^-(Y) - A_-(Y)$$

由此可见:

$$A^-(Y) = A_-(Y) + BND_A(Y)$$

图 8-1 形象地表示出了正域、负域和边界,每一个小长方形表示一个等价集。

从图 8-1 中可以看出:任意一个元素 $X \in POS(Y)$,则 Z 一定属于 Y;任意一个元素 $X \in NEG(Y)$,则 Z 一定不属于 Y;集合 Y 的上近似集是其正域和边界的并集,即

图 8-1 Y 关于属性 A 的正域、负域和边界

$$A^-(Y) = \text{POS}_A(Y) \cup \text{BND}_A(Y)$$

对于元素 $X \in \text{BND}(Y)$,无法确定其是否属于 Y,因此对于任意元素 $X \in A^-(Y)$,只知道 X 可能属于 Y。

6. 粗糙集

若 $A^-(Y) = A_-(Y)$,即 $\text{BND}_A(Y) = \varnothing$,即边界为空,称 Y 为 A 的可定义集;否则 Y 为 A 的不可定义集,即 $A^-(Y) \neq A_-(Y)$,称 Y 为 A 的粗糙集(Rough Set)。

7. 确信度

确信度 $\alpha_A(Y)$ 表示为

$$\alpha_A(Y) = \frac{|\widetilde{X}| - |A^-(Y) - A_-(Y)|}{|\widetilde{X}|}$$

式中,$|\widetilde{X}|$ 和 $|A^-(Y) - A_-(Y)|$ 分别表示集合 $\widetilde{X}$、$A^-(Y) - A_-(Y)$ 中的元素个数。

$\alpha_A(Y)$ 的值反映了 $\widetilde{X}$ 中的能够根据 A 中各属性的属性值确定其属于或不属于 Y 的比例,也即对于 $\widetilde{X}$ 中的任意一个对象,根据 A 中各属性的属性值确定它属于或不属于 Y 的可信度。

确信度性质:

$$0 \leq \alpha_A(Y) \leq 1$$

① 当 $\alpha_A(Y) = 1$ 时,$\widetilde{X}$ 中的全部对象能够根据 A 中各属性的属性值就可以确定其是否属于 Y,Y 为 A 的可定义集。

② 当 $0 < \alpha_A(Y) < 1$ 时,$\widetilde{X}$ 中的部分对象根据 A 中各属性的属性值可以确定其是否属于 Y,而另一部分对象则不能确定其是否属于 Y,Y 为 A 的部分可定义集。

③ 当 $\alpha_A(Y) = 0$ 时,$\widetilde{X}$ 中的全部对象都不能根据 A 中各属性的属性值确定其是否属于 Y,Y 为 A 的完全不可定义集。

当 Y 为 A 的部分可定义集或 Y 为 A 的完全不可定义集时,称 Y 为 A 的粗糙集。

对于例 1 的等价关系,A 有集合 $Y = \{b, c, f\}$ 是粗糙集,计算集合 Y 的下近似集、上近似集、正域、负域和边界。

$\widetilde{X}$ 中关于 A 的划分为

$$A = \{\{a, b, c\}, \{d, e\}, \{f\}\}$$

有

$$Y \cap \{a, b, c\} = \{b, c\} \neq \varnothing$$
$$Y \cap \{d, e\} = \varnothing$$
$$Y \cap \{f\} = \{f\} \neq \varnothing$$

可知有

$$A^-(Y) = \{a, b, c\} \cup \{f\} = \{a, b, c, f\}$$
$$A_-(Y) = \{f\}$$
$$\text{POS}_A(Y) = A_-(Y) = \{f\}$$
$$\text{BND}_A(Y) = A^-(Y) - A_-(Y) = \{a, b, c\}$$
$$\text{NEG}_A(Y) = \widetilde{X} - A^-(Y) = \{d, e\}$$

8. 相对正域

设决策属性 D 的划分 $Y = (Y_1, Y_2, \cdots, Y_M)$，条件属性 C 相对于决策属性 D 的正域定义为
$$POS(C, D) = \cup C_-(Y_i)$$

9. 决策表的一致性

决策表中的对象 X 按条件属性与决策属性关系看做一条决策规则，写成
$$\wedge f_{Ci}(X) = f_D(X)$$
式中，C_i 表示多个条件属性；D 表示决策属性；$f_{Ci}(X)$ 表示对象 X 在 C_i 的取值；$\wedge$ 表示逻辑"与"关系。

(1) 一致性决策规则定义

如果对任一个对象 $X_i \neq X_j$，若条件属性有 $f_{Ci}(X_i) = f_{Ci}(X_j)$，则决策属性必须有 $f_D(X_i) = f_D(X_j)$，即一致性决策规则说明条件属性取值相同时，决策属性取值必须相同。

该定义允许：若条件属性有 $f_{Ci}(X_i) \neq f_{Ci}(X_j)$，则决策属性可以是 $f_D(X_i) = f_D(X_j)$ 或 $f_D(X_i) \neq f_D(X_j)$。

(2) 决策表一致的定义

在决策表中如果所有对象的决策规则都是一致的，则该信息表示一致的，否则信息表示不一致的。在进行属性约简时，每约简掉一个属性时要检查决策表，若保持一致性，则可以删除，否则不可以删除。

10. 属性约简

(1) 属性依赖度

决策表中决策属性 D 依赖条件属性 C 的依赖度定义为
$$\gamma(C, D) = |POS(C, D)| / |\tilde{X}|$$
式中，$|POS(C, D)|$ 为正域 $POS(C, D)$ 元素的个数，$|\tilde{X}|$ 为整个对象集合的个数。$\gamma(C, D)$ 的性质如下：

① 若 $\gamma = 1$，表示在已知条件 C 下，可以将 $\tilde{X}$ 上全部个体分类到决策属性 D 的类别中去。

② $\gamma = 0$，即利用条件 C 不能分类到决策属性 D 的类别中去。

③ $0 < \gamma < 1$，即在已知条件 C 下，只能将 $\tilde{X}$ 上那些属于正域的个体分类到决策属性 D 的类别中去。

(2) 属性重要度

$C, D \subset A, C$ 为条件属性集，D 为决策属性集，$a \in C$，属性 a 关于 D 的重要度定义为
$$SGF(a, C, D) = \gamma(C, D) - \gamma(C - \{a\}, D)$$
式中，$\gamma(C - \{a\}, D)$ 表示在 C 中缺少属性 a 后，条件属性与决策属性的依赖程度；$SGF(a, C, D)$ 表示 C 中缺少属性 a 后，导致不能被准确分类的对象在系统中所占的比例。

$SGF(a, C, D)$ 的性质：

① $\text{SGF}(a, C, D) \in [0,1]$。
② $\text{SGF}(a, C, D) = 0$,表示属性 a 关于 D 是可约简的。
③ $\text{SGF}(a, C, D) \neq 0$,表示属性 a 关于 D 是不可约简的。

(3) 最小属性集概念

设 C, D 分别是信息系统 S 的条件属性集和决策属性集,若属性集 $P(P \subseteq C)$ 是 C 的一个最小属性集,当且仅当 $\gamma(P, D) = \gamma(C, D)$ 并且 $\forall P' \subset P, \gamma(P', D) \neq \gamma(P, D)$ 时,则 P 具有与 C 同样的区分决策类的能力。

11. 规则获取

通过分析 $\tilde{X}$ 中的两个划分 $C = \{E_i\}$ 和 $D = \{Y_j\}$ 之间的关系,把 C 视为分类条件,D 视为分类结论,可以得到下面的分类规则:

① 当 $E_i \cap Y_j \neq \varnothing$ 时,则有:
$$r_{ij}: \text{Des}(E_i) \to \text{Des}(Y_j)$$
$\text{Des}(E_i)$ 和 $\text{Des}(Y_j)$ 分别是等价集 E_i 和等价集 Y_j 中的特征描述:

➢ 当 $E_i \cap Y_j = E_i$ 时,即下近似,建立的规则 r_{ij} 是确定的,规则的可信度 cf = 1。

➢ 当 $E_i \cap Y_j \neq E_i$ 时,即上近似,建立的规则 r_{ij} 是不确定的,规则的可信度为
$$\text{cf} = \frac{|E_i \cap Y_j|}{|E_i|}$$

如图 8-2 所示,表示 E_i 和 Y_j 的上、下近似关系。

② 当 $E_i \cap Y_j = \varnothing$ 时,E_i 和 Y_j 不能建立规则。

图 8-2 E_i 和 Y_j 的上、下近似关系

8.2 粗糙集在模式识别中的应用

在科学研究和日常生活中,人们往往需要根据一些对象的各类属性值,识别给定对象所属的类型或对观测到的数据进行判别分类,这是模式识别的主要研究问题。例如,气象台要通过测量分析最近的气象资料对未来天气类型做出预报,医生需要根据患者的不同症状检查许多指标以诊断其所患疾病的类型,手写数字识别系统需要根据手写数字的特征进行分类识别,等等。

如何在众多资料中选取有代表性的属性,简化工作,提高效率;如何根据给定的属性值给出合理的评价和分类,都是值得研究的问题。粗糙集理论能够解释不精确数据间的关系,发现对象和属性间的依赖,评价属性对分类的重要性,去除冗余数据,从而对信息系统进行约简,因此利用粗糙集理论可以对属性特征进行约简,略去不必要的属性,简化数据,获取决策(分类)规则,实现模式识别问题中的判别分类功能。

通过下面的实例说明粗糙集理论中的属性约简和规则获取方法,如表 8-1 所示的是一个决策表样例。

表 8-1 决策表样例

$\widetilde{X}$	C(条件属性)			D(决策属性)
	咳嗽(a)	头晕(b)	发烧(c)	感冒(d)
e_1	是(1)	是(1)	正常(0)	否(0)
e_2	是(1)	是(1)	低烧(1)	是(1)
e_3	是(1)	是(1)	高烧(2)	是(1)
e_4	否(0)	是(1)	正常(0)	否(0)
e_5	否(0)	否(0)	低烧(1)	否(0)
e_6	否(0)	是(1)	高烧(2)	是(1)
e_7	是(1)	否(0)	低烧(1)	是(1)
e_8	否(0)	否(0)	正常(0)	否(0)

1. 等价集、下近似集和依赖度的计算

（1）条件属性 $C(a, b, c)$ 的等价集

$E_1\{e_1\}, E_2\{e_2\}, E_3\{e_3\}, E_4\{e_4\}, E_5\{e_5\}, E_6\{e_6\}, E_7\{e_7\}, E_8\{e_8\}$

（2）决策属性 $D(d)$ 的等价集

$Y_1:\{e_1, e_4, e_5, e_8\}, Y_2:\{e_2, e_3, e_6, e_7\}$

（3）决策属性的各等价集的下近似集

$C\_Y_1 = \{e_1, e_4, e_5, e_8\}$

$C\_Y_2 = \{e_2, e_3, e_6, e_7\}$

（4）计算 $POS(C, D)$ 和 $\gamma(C, D)$

$POS(C, D) = C\_Y_1 \cup C\_Y_2 = \{e_1, e_2, e_3, e_4, e_5, e_6, e_7, e_8\}$

$|POS(C, D)| = 8, |\widetilde{X}| = 8, \gamma(C, D) = 1$，表明在已知条件 $C(a, b, c)$ 下，可将 $\widetilde{X}$ 上全部个体分类到决策属性 D 的类别中。

2. 属性约简

（1）a 的重要程度计算

条件属性 $C(b, c)$ 的等价集：

$E_1\{e_1, e_4\}, E_2\{e_2\}, E_3\{e_3, e_6\}, E_4\{e_5, e_7\}, E_5\{e_8\}$

决策属性 $D(d)$ 的等价集仍为 Y_1 和 Y_2。

决策属性的各等价集的下近似集：

$C\_Y_1 = \{e_1, e_4, e_8\}$

$C\_Y_2 = \{e_2, e_3, e_6\}$

计算 $POS(C - \{a\}, D)$ 和 $\gamma(C - \{a\}, D)$：

$POS(C - \{a\}, D) = C\_Y_1 \cup C\_Y_2 = \{e_1, e_2, e_3, e_4, e_6, e_8\}$

$|POS(C - \{a\}, D)| = 6$

$\gamma(C - \{a\}, D) = 6/8$

属性 a 的重要程度：

$SGF(C-\{a\},D) = \gamma(C,D) - \gamma(C-\{a\},D) = 1/4 \neq 0$

结论:属性 a 是不可省略的。

(2) b 的重要程度计算

条件属性 $C(a,c)$ 的等价集:

$E_1\{e_1\}, E_2\{e_2,e_7\}, E_3\{e_3\}, E_4\{e_4,e_8\}, E_5\{e_5\}, E_6\{e_6\}$

决策属性 $D(d)$ 的等价集仍为 Y_1 和 Y_2。

决策属性的各等价集的下近似集:

$C\_Y_1 = \{e_1,e_4,e_5,e_8\}$

$C\_Y_2 = \{e_2,e_3,e_6,e_7\}$

计算 $POS(C-\{b\},D)$ 和 $\gamma(C-\{b\},D)$:

$POS(C-\{b\},D) = C\_Y_1 \cup C\_Y_2 = \{e_1,e_2,e_3,e_4,e_5,e_6,e_7,e_8\}$

$|POS(C-\{b\},D)| = 8$

$\gamma(C-\{b\},D) = 1$

属性 b 的重要程度:

$SGF(C-\{b\},D) = \gamma(C,D) - \gamma(C-\{b\},D) = 0$

结论:属性 b 是可省略的。

(3) c 的重要程度计算

条件属性 $C(a,b)$ 的等价集:

$E_1\{e_1,e_2,e_3\}, E_2\{e_4,e_6\}, E_3\{e_5,e_8\}, E_4\{e_7\}$

决策属性 $D(d)$ 的等价集仍为 Y_1 和 Y_2。

决策属性的各等价集的下近似集:

$C\_Y_1 = \{e_5,e_8\}$

$C\_Y_2 = \{e_7\}$

计算 $POS(C-\{c\},D)$ 和 $\gamma(C-\{c\},D)$:

$POS(C-\{c\},D) = C\_Y_1 \cup C\_Y_2 = \{e_5,e_7,e_8\}$

$|POS(C-\{c\},D)| = 3$

$\gamma(C-\{c\},D) = 3/8$

属性 c 的重要程度:

$SGF(C-\{c\},D) = \gamma(C,D) - \gamma(C-\{c\},D) = 5/8 \neq 0$

结论:属性 c 不可省略的。

3. 简化决策表

如表 8-2 所示为简化决策表。

表8-2 简化决策表

$\tilde{X}$	咳嗽(a)	发烧(c)	感冒(d)
e_1'	是(1)	正常(0)	否(0)
e_2'	是(1)	低烧(1)	是(1)

续表

$\widetilde{X}$	咳嗽(a)	发烧(c)	感冒(d)
e_3'	是(1)	高烧(2)	是(1)
e_4'	否(0)	正常(0)	否(0)
e_5'	否(0)	低烧(1)	否(0)
e_6'	否(0)	高烧(2)	是(1)

4. 等价集、上下近似集的计算

① 条件属性的等价集：
$E_1'\{e_1'\}, E_2'\{e_2'\}, E_3'\{e_3'\}, E_4'\{e_4'\}, E_5'\{e_5'\}, E_6'\{e_6'\}$

② 决策属性 $D(d)$ 的等价集：
$Y_1'\{e_1', e_4', e_5'\}, Y_2'\{e_2', e_3', e_6'\}$

5. 获取规则

① $E_1' \cap Y_1' = E_1', E_4' \cap Y_1' = E_4', E_5' \cap Y_1' = E_5'$，有规则

$r_{11} : \text{Des}(E_1') \to \text{Des}(Y_1')$，即 $a=1 \wedge c=0 \to d=0, \text{cf}=1$。

$r_{41} : \text{Des}(E_4') \to \text{Des}(Y_1')$，即 $a=0 \wedge c=0 \to d=0, \text{cf}=1$。

$r_{51} : \text{Des}(E_5') \to \text{Des}(Y_1')$，即 $a=0 \wedge c=1 \to d=0, \text{cf}=1$。

② $E_2' \cap Y_2' = E_2', E_3' \cap Y_2' = E_3', E_6' \cap Y_2' = E_6'$，有规则

$r_{22} : \text{Des}(E_2') \to \text{Des}(Y_2')$，即 $a=1 \wedge c=1 \to d=1, \text{cf}=1$。

$r_{32} : \text{Des}(E_3') \to \text{Des}(Y_2')$，即 $a=1 \wedge c=2 \to d=1, \text{cf}=1$。

$r_{62} : \text{Des}(E_6') \to \text{Des}(Y_2')$，即 $a=0 \wedge c=2 \to d=1, \text{cf}=1$。

6. 规则化简

① 对 r_{11} 和 r_{41} 进行合并，有

$$(a=0 \vee a=1) \wedge c=0 \to d=0$$

其中 a 的取值包括了全部取值，故属性 a 可以删除，即

$$c=0 \to d=0$$

② 对 r_{32} 和 r_{62} 进行合并，有

$$(a=0 \vee a=1) \wedge c=2 \to d=1$$

同样，可以删除属性 a，得到

$$c=2 \to d=1$$

7. 最后的规则

① 发烧 = 正常 → 感冒 = 否，即 $c=0 \to d=0$

② 咳嗽 = 否 $\wedge$ 发烧 = 低烧 → 感冒 = 否，即 $a=0 \wedge c=1 \to d=0$

③ 发烧 = 高烧 → 感冒 = 是，即 $c=2 \to d=1$

④ 咳嗽 = 是 ∧ 发烧 = 低烧 → 感冒 = 是，即 $a = 1 \land c = 1 \to d = 1$

对于一个条件属性已知，决策属性未知的新对象，利用最后获取的规则，可以得到该对象的决策属性，实现模式分类。

8.3 粗糙集理论的分类方法

1. 决策表构造

对于手写数字分类器，决策表中的条件属性为手写数字特征，决策属性为手写数字类别。为了更清楚地描述算法，我们只讨论两类问题，最终用多个两类判别来实现多类判别。对于两类问题，决策表中的对象为两类数字的训练样品集合，每个样品的特征进行二值化作为条件属性值，二值化方法为：若特征值为 0，则对应条件属性值也为 0；若特征值大于 0，则对应条件属性值为 1。决策属性值对两类样品分别用 0，1 表示。利用 200 个训练样品构造决策表，每类样品各取 100 个，决策表如表 8-3 所示，每行代表一个样品，每列代表一个条件属性，最后一列为决策属性，$X_1 \sim X_{100}$ 为第一类训练样本，$X_{101} \sim X_{200}$ 为第二类训练样本。

表 8-3　两类问题的决策表

	x_1	x_2	x_3	⋯	x_{23}	x_{24}	x_{25}	D
X_1	1	0	0	⋯	0	0	1	0
X_2	1	0	1	⋯	1	0	1	0
⋮	⋮	⋮	⋮	⋮	⋮	⋮	⋮	⋮
X_{100}	1	1	1	⋯	1	1	1	0
X_{101}	0	0	0	⋯	0	0	1	1
X_{102}	0	0	1	⋯	0	0	0	1
⋮	⋮	⋮	⋮	⋮	⋮	⋮	⋮	⋮
X_{200}	0	1	0	⋯	0	1	1	1

2. 规则训练

规则训练是指利用粗糙集理论，通过对决策表进行条件属性约简、决策规则约简，获取最小决策规则，作为最终分类规则。

（1）等价集、下近似集和依赖度的计算

① 计算条件属性 $X(x_1, x_2, x_3, \cdots, x_{25})$ 的等价集。

② 计算决策属性 D 的等价集。

③ 计算决策属性的各等价集的下近似集 X_Y_1, X_Y_2。

④ 计算 $\mathrm{POS}(X, D)$ 和 $\gamma(X, D)$。

$\mathrm{POS}(X, D) = X\_Y_1 \cup X\_Y_2, \gamma(X, D) = |\mathrm{POS}(X, D)| / |\widetilde{X}|$

（2）属性约简

对于属性 x_i 计算其重要度：

① 计算条件属性 $X - x_i$ 的等价集。
② 计算决策属性 D 的等价集。
③ 决策属性的各等价集的下近似集。
④ 计算 $POS(X - \{x_i\}, D)$ 和 $\gamma(X - \{x_i\}, D)$。
⑤ 计算属性 x_i 的重要度：$SGF(X - \{x_i\}, D) = \gamma(X, D) - \gamma((X - \{x_i\}), D)$。
⑥ 如果 $SGF(X - \{x_i\}, D)$ 不等于0，则 x_i 不可约简，否则 x_i 可约简。
⑦ 对约简后的决策表进行一致性检查，如果决策表一致，则属性可约简；否则该属性不可约简。
⑧ 如果该属性可约简，则从决策表中删除该属性。

依上述方法对属性 $x_1 \sim x_{25}$ 进行约简，得到简化后的决策表。

（3）等价集计算

① 计算约简后的条件属性的等价集 $E_1' \sim E_n'$。
② 计算决策属性 $D(d)$ 的等价集 Y_1', Y_2'。

（4）获取规则

① 对某一条件属性等价集 E_i'，如果 $E_i' \cap Y_1' = E_i'$，则有规则

$$Des(E_i') \rightarrow Des(Y_1')$$

否则如果 $E_i' \cap Y_2' = E_i'$，则有规则

$$Des(E_i') \rightarrow Des(Y_2')$$

② 对每一条件等价集进行规则获取，保留有效规则。

（5）规则化简

① 对某一条件属性 x_i，如果有两条规则满足如下条件：

x_i 分别为0和1，且除了 x_i 外其他所示条件属性和决策属性都相同。

则 x_i 属性可以从这两条规则中舍去，从而实现规则化简。
② 对所有属性进行规则化简，得到最终训练规则。

3. 分类判别

利用训练好的规则，对待测样品 X，已知其条件属性（即特征），在训练规则中检索，找到符合规则，其决策属性即为其类别。

4. 算法流程

利用粗糙集理论进行规则训练和分类判别的流程如图8-3所示。

5. 实现步骤

要实现粗糙集多类别分类，首先要实现两类分类。首先获得任意两类的规则集，然后对任意待测样品，分别代入任意两类规则集中进行分类判别，统计返回类别，直至代入全部的两类规则集。最终统计类别数最大的类即为待测样品的最终分类。

图 8-3 规则训练和分类判别的流程

基于粗糙集理论的两类分类算法的实现步骤如下：

① 提取数字 0~1 两类训练样品的特征值，将其二值化。

② 构造决策表：将 25 个特征作为条件属性 X，类别作为决策属性 D。去掉不一致的对象和重复的对象，构造出决策表。图 8-4 为决策表的一部分，列 1~25 为条件属性，即手写数字特征，列 26 为决策属性。每一行对应一训练样品。

	1	2	3	4	5	6	7	8	9	10	11	12	13	14	15	16	17	18	19	20	21	22	23	24	25	26
60	1	1	1	1	0	0	1	1	1	1	0	1	1	1	1	0	0	1	1	1	0	0	0	1	1	0
61	1	1	1	1	0	0	1	1	1	0	0	1	1	1	1	0	0	1	1	1	0	0	0	1	1	0
62	1	1	1	1	0	1	1	1	1	1	0	1	1	1	1	1	1	1	1	1	1	1	1	1	1	0
63	1	1	1	1	1	0	1	1	1	1	0	1	1	0	0	1	1	1	1	1	0	1	1	1	1	0
64	1	1	1	1	1	1	1	1	1	1	1	1	1	1	1	1	1	0	0	1	1	1	1	1	1	0
65	0	1	1	1	1	1	1	1	1	1	1	1	1	1	0	1	1	0	1	0	1	1	1	1	1	0
66	0	0	1	1	1	0	1	1	1	1	0	1	1	1	1	1	1	1	1	1	1	1	1	1	0	0
67	0	1	1	1	1	1	1	0	1	0	0	0	1	1	0	0	0	1	1	0	0	0	0	0	0	1
68	1	1	1	1	0	0	0	1	1	0	0	0	1	0	0	1	1	1	1	1	1	1	0	1	0	1
69	1	1	1	1	0	0	1	1	1	0	0	0	1	0	0	1	1	1	1	1	1	1	1	1	0	1
70	1	1	1	1	1	0	0	1	1	0	0	0	1	0	0	1	1	0	1	1	1	1	1	1	0	1
71	1	1	1	1	1	1	0	0	1	0	0	0	1	0	0	1	1	0	1	1	1	1	1	1	0	1

图 8-4 数字 0 和数字 1 两类决策表的部分数据

③ 计算条件属性 X 的等价集，决策属性 D 的等价集。

④ 计算每个属性的重要程度。重要程度为 0 的直接删除。删除后检查，若决策表不保持一致，则要恢复原来的决策表。最终得到简化后的决策表。如图 8-5 所示的是一个简化后的决策表的一部分，只保留了 2 个条件属性，分别对应两个特征（其列号不表示特征号，实例中 1 列对应第 18 个特征 x_{18}，2 列对应第 23 个特征 x_{23}）。最后一列为决策属性。

⑤ 计算条件属性和决策属性的等价集。

⑥ 获取规则。如图 8-6 所示，获取有效规则。

	1	2	3
62	1	1	0
63	1	1	0
64	1	1	0
65	1	1	0
66	1	1	0
67	0	1	1
68	0	1	1
69	0	1	1
70	0	1	1

图 8-5 简化后的决策表的部分数据

⑦ 简化规则。如图 8-7 所示，简化后的规则为 3 条，Inf 表示规则中的该属性可以简化。如果第 1 列对应第 18 个特征 x_{18}，第 2 列对应第 23 个特征 x_{23}，此时规则可描述为

➢ 如果 x_{23} 为 0，则类别为 0。
➢ 如果 x_{18} 为 1，则类别为 0。
➢ 如果 x_{18} 为 0 且 x_{23} 为 1，则类别为 1。

	1	2	3
1	1	0	0
2	1	1	0
3	0	0	0
4	0	1	1

图 8-6 获取有效规则

	1	2	3
1	Inf	0	0
2	1	Inf	0
3	0	1	1

图 8-7 简化后规则

⑧ 输入待测样品，进行规则匹配，实现两类判别。在实际判别中，可能会出现待测样品无

第 8 章 粗糙集分类器设计

法与规则完全匹配的情况,此时需要搜索最匹配的规则,方法是对待测样品的每一个特征与规则中对应的条件属性进行匹配,如果相同则该规则的匹配度加 1;如果该规则的对应条件属性可约简,则匹配度也加 1。对所有规则进行匹配,找出匹配度最高的规则,其决策属性为最终分类。

6. 编程代码

(1) 粗糙集训练程序代码

函数调用关系

```
CuCaoTrain( )% 粗糙集分类训练
    └─→newRule = CuCao2ClassTrain(class1,class2) % 粗糙集两类分类训练
            ├─→[classX,m,classNum] = CalTiaoJian(num,classX,x,ruleNum,classNum)% 计算条件等价集
            ├─→[X_Y1,X_Y2] = CalXiaJinSi(classX,m,classNum,ruleNumY1)% 计算各等价集的下近似集
            └─→[cons] = Consistent(num,x,ruleNumY1,ruleNumY2)% 一致性检测
%%%%%%%%%%%%%%%%%%%%%%%%%%%%%%%%%%%%%%%%%
% 函数名称:CuCaoTrain( )
% 参数:
% 返回值:
% 函数功能:粗糙集分类训练
%%%%%%%%%%%%%%%%%%%%%%%%%%%%%%%%%%%%%%%%%
function CuCaoTrain( );
    for i = 1:10
        for j = 1:i - 1
            ruleSrtuct(i,j).rule = CuCao2ClassTrain(i,j);
        end
    end
    % 保存规则表
    save ruleSrtuct ruleSrtuct;
    msgbox('训练结束');
%%%%%%%%%%%%%%%%%%%%%%%%%%%%%%%%%%%%%%%%%
% 函数名称:CuCao2ClassTrain(class1,class2)
% 参数:      class1:类别 1;class2:类别 2;
% 返回值:    newRule:规则
% 函数功能:粗糙集两类分类训练
%%%%%%%%%%%%%%%%%%%%%%%%%%%%%%%%%%%%%%%%%
function newRule = CuCao2ClassTrain(class1,class2);
    load templet pattern;
    patternNum = 100;
    bottom = zeros(1,patternNum * 2);
    bottom(1,1:patternNum) = 0;
```

```
bottom(1, patternNum + 1 : patternNum * 2) = 1;
x = [pattern(class1).feature(:, 1 : patternNum)
pattern(class2).feature(:, 1 : patternNum); bottom];
x = ceil(x');
% 一致性检测
ruleNum = patternNum * 2;
% 去重复规则和不一致规则
  for m = 1 : ruleNum - 1
    if(m > ruleNum - 1)
        break;
    end
    for n = m + 1 : ruleNum
        if(n > ruleNum)
            break;
        end
        while(x(m, 1 : 25) == x(n, 1 : 25))
            x(n, :) = [];
            ruleNum = ruleNum - 1;
            if(n > ruleNum)
                break;
            end
        end
    end
  end

x = x(1 : ruleNum, :);
ruleNumY1 = 0;
for m = 1 : ruleNum
    if(x(m, 26) == 0)
        ruleNumY1 = ruleNumY1 + 1;
    end
end
ruleNumY2 = ruleNum - ruleNumY1;
classX = zeros(ruleNum, ruleNum); % X 属性等价集矩阵
classNum = zeros(ruleNum, 1); % 等价集中元素个数
m = 0; % 等价集个数
n = 1;
% 计算条件 X 等价集
num = 0;
[classX, m, classNum] = CalTiaoJian(num, classX, x, ruleNum, classNum);
% 决策 D 的等价集
classY1 = zeros(1, ruleNumY1);
```

```
classY2 = zeros(1,ruleNumY2);
classY1 = 1:ruleNumY1;
classY2 = ruleNumY1 + 1:ruleNum;
% 决策 D 的下近似集
X_Y1 = zeros(1,ruleNumY1);
X_Y2 = zeros(1,ruleNumY2);
[X_Y1,X_Y2] = CalXiaJinSi(classX,m,classNum,ruleNumY1);
% 计算 Pos(X,D) 和 r(X,D)
PosXD = [X_Y1 X_Y2];
rXD = size(PosXD,2)/(ruleNum);
% 计算各属性的重要度
import = zeros(1,25);
xReserve = [];
for i = 1:25
    % 计算条件 X-i 的等价集
    classX(:,:) = 0;
    [classX,m,classNum] = CalTiaoJian(i,classX,x,ruleNum,classNum);
    % 决策 D 的下近似集
    [X_Y1,X_Y2] = CalXiaJinSi(classX,m,classNum,ruleNumY1);
    % 计算 Pos(X-i,D) 和 r(X,D)
    PosXiD = [X_Y1 X_Y2];
    import(i) = size(PosXiD,2)/(ruleNum);
    if(rXD - import(i) == 0)
        if(Consistent(i,x,ruleNumY1,ruleNumY2) == 1)% 如果删除后一致
            x(1:ruleNum,i) = 0;
        else
            xReserve = [xReserve i];
        end
    else
        xReserve = [xReserve i];
    end
end

% 得到简化后的决策表
xReserve = [xReserve 26];
xNum = size(xReserve,2);
xNew = zeros(ruleNum,xNum);
for i = 1:ruleNum
    for j = 1:xNum
        xNew(i,j) = x(i,xReserve(j));
    end
end
rule = [];
```

```
% 计算条件 X 等价集
num = 0;
classX(:,:) = 0;
[classX,m,classNum] = CalTiaoJian(num,classX,xNew,ruleNum,classNum);
% 获取规则
cf = [];
for i = 1:m
    temp = zeros(1,2);
    for j = 1:classNum(i)
        if(size(find(classY1 == classX(i,j)),2) ~= 0)
            temp(1,1) = 1;
        end
        if(size(find(classY2 == classX(i,j)),2) ~= 0)
            temp(1,2) = 1;
        end
        if(temp(1,1) == 1&&temp(1,2) == 1)
            cf = [cf i];% 记录 cf 不为 1 的等价集
            break;
        end
    end

end
temp = size(cf,2);
if(temp ~= 0)% 舍去 cf 不为 1 的规则
    for i = 1:temp
        for j = 1:classNum(cf(i))
            xNew(classX(cf(i),j),xNum) = 2;
        end
    end
    for i = 1:ruleNum
        while(x(i,xNum) == 2)
            xNew(i,:) = [];
            ruleNum = ruleNum - 1;
            if(i > ruleNum)
                break;
            end
        end
        if(i >= ruleNum)
            break;
        end
    end
end
% 简化规则表,去掉重复规则
```

```
for m = 1:ruleNum - 1
    if(m > ruleNum - 1)
        break;
    end
    for n = m + 1:ruleNum
        if(n > ruleNum)
            break;
        end
        while(xNew(m,1:xNum) == xNew(n,1:xNum))
            xNew(n,:) = [];
            ruleNum = ruleNum - 1;
            if(n > ruleNum)
                break;
            end
        end
    end
end

ruleNumY1 = 0;
for m = 1:ruleNum
    if(xNew(m,xNum) == 0)
        ruleNumY1 = ruleNumY1 + 1;
    end
end
ruleNumY2 = ruleNum - ruleNumY1;
for m = 1:ruleNum
    a = [];
    for j = 1:xNum
        a = [a xNew(m,j)];
    end
    rule = [rule;a];
end
% 规则化简
oldRule = rule;
newRule = [];
ruleJ = [];% 统计可化简的规则
for i = 1:size(xReserve,2)
    rule = oldRule;
    rule(:,i) = 0;
    flag = false;
    for m = 1:ruleNumY1 - 1
        for n = m + 1:ruleNumY1
```

```
            if(rule(m,:) == rule(n,:))% 可化简
                rule(m,i) = inf;
                newRule = [newRule;rule(m,:)];
                flag = true;
                ruleJ = [ruleJ m n];
                break;
            end
        end
        if(flag)
            break;
        end
    end
    flag = false;
    for m = ruleNumY1 + 1:ruleNum - 1
        for n = m + 1:ruleNum
            if(rule(m,:) == rule(n,:))% 可化简
                rule(m,i) = inf;
                newRule = [newRule;rule(m,:)];
                flag = true;
                ruleJ = [ruleJ m n];
                break;
            end
        end
        if(flag)
            break;
        end
    end
end

for i = 1:ruleNum
    b = size(find(ruleJ == i),2);
    if(b == 0)% 该规则不可约简
        newRule = [newRule;oldRule(i,:)];
    end
end
newRule = [newRule;xReserve];
%%%%%%%%%%%%%%%%%%%%%%%%%%%%%%%%%%%%%%
% 函数名称:CalTiaoJian( )
% 参数:     num:条件属性号;classX:条件等价集;x:决策表;
%           ruleNum:规则数;classNum:条件等价集中元素数
% 返回值:   classX:条件等价集;m:等价集个数;classNum:条件等价集中元素数
% 函数功能:计算条件等价集
%%%%%%%%%%%%%%%%%%%%%%%%%%%%%%%%%%%%%%
```

```
function [classX,m,classNum] = CalTiaoJian(num,classX,x,ruleNum,classNum)
    if(num~=0)
        x(1:ruleNum,num) = 0;
    end
    xNum = size(x,2);
    x(:,xNum) = 0;
    m = 0;
    for i = 1:ruleNum
        if(x(i,xNum) ~= 0)
            continue;
        else
            m = m + 1;
            x(i,xNum) = m;
            n = 1;
            classX(m,n) = i;
        end
        for j = i + 1:ruleNum
            if(x(j,xNum) ~= 0)
                continue;
            end
            if(x(i,1:xNum - 1) == x(j,1:xNum - 1))
                x(j,xNum) = m;
                n = n + 1;
                classX(m,n) = j;
            end
        end
        classNum(m) = n;
    end
```
%%
% 函数名称:CalXiaJinSi( )
% 参数: classX:条件等价集;m:等价集个数;classNum:条件等价集中元素数;
%   ruleNumY1:决策属性1的等价集中的元素数
% 返回值: X_Y1:决策属性1的下近似集;X_Y2:决策属性2的下近似集
% 函数功能:计算各等价集的下近似集
%%%%%%%%%%%%%%%%%%%%%%%%%%%%%%%%%%%%%

```
function [X_Y1,X_Y2] = CalXiaJinSi(classX,m,classNum,ruleNumY1)
    % 计算 X_Y1,X_Y2
    X_Y1 = [];
    X_Y2 = [];
    for i = 1:m
        Y1 = true;
        Y2 = true;
```

```
            for j = 1:classNum(i)
                if(classX(i,j) > ruleNumY1) % 不属于 X_Y1;
                    Y1 = false;
                else
                    Y2 = false;
                end
                if(~Y1&&~Y2)
                    break;
                end
            end
            if(Y1)
                X_Y1 = [X_Y1 classX(i,1:classNum(i))];
            elseif(Y2)
                X_Y2 = [X_Y2 classX(i,1:classNum(i))];
            end
        end
```

%%%
% 函数名称:Consistent( )
% 参数: num:条件属性号;x:决策表;ruleNumY1:决策属性 1 的等价集中的元素数;
%   ruleNumY2:决策属性 2 的等价集中的元素数
% 返回值: cons:一致性变量:如果 cons 为 0,则不一致,否则一致
% 函数功能:一致性检测
%%%

```
function [cons] = Consistent(num,x,ruleNumY1,ruleNumY2)
    cons = 1;
    x(:,num) = 0;
    for i = 1:ruleNumY1
        for j = ruleNumY1 + 1:ruleNumY1 + ruleNumY2
            if(x(i,1:25) == x(j,1:25))
                cons = 0;
            end
        end
    end
end
```

(2) 粗糙集分类程序代码

函数调用关系

　　　　CuCao()%粗糙集分类
　　　　　└──> result=CuCao2Class(class1,class2,sample,rule)%粗糙集两类分类

%%%

```
% 函数名称:CuCao()
% 参数:sample:待测样品
% 返回值:result:分类结果
% 函数功能:粗糙集分类
%%%%%%%%%%%%%%%%%%%%%%%%%%%%%%%%%%%%%%
function result = CuCao(sample);
    load ruleSrtuct;% 读取已训练规则
    num = zeros(1,10);
    classnum = 0;
    for i = 1:10
        for j = 1:i-1
            % 两类判别
            G = CuCao2Class(i,j,sample,ruleSrtuct(i,j).rule);
            if(G == 0)
                num(i) = num(i) + 1;
            elseif(G == 1)
                num(j) = num(j) + 1;
            end
        end
    end
    [max_val,max_pos] = max(num);
    result = max_pos - 1;


%%%%%%%%%%%%%%%%%%%%%%%%%%%%%%%%%%%%%%
% 函数名称:CuCao2Class()
% 参数:class1:类号1;class2:类别2;sample:待测样品;rule:训练规则
% 返回值: result:分类结果
% 函数功能:粗糙集两类分类
%%%%%%%%%%%%%%%%%%%%%%%%%%%%%%%%%%%%%%
function result = CuCao2Class(class1,class2,sample,rule);
    sample = ceil(sample);% 测试样品二值化
    ruleNum = size(rule,1) - 1;% 规则数
    xNum = size(rule,2) - 1;% 属性数
    result = -1;
    for i = 1:ruleNum % 匹配规则
        flag = true;
        for j = 1:xNum
            if(rule(i,j) ~= 100 && sample(rule(ruleNum+1,j)) ~= rule(i,j))
                flag = false;
                break;
            end
        end
        if(flag)
```

```
            result = rule(i,xNum + 1);
            break;
        end
    end
end
% 找最相近的规则
if( result == -1)
    ruleSel = zeros(1,ruleNum);
    for i = 1:ruleNum
        for j = 1:xNum
            if( rule(i,j) ~ = 100&&sample(rule(ruleNum + 1,j)) ~ = rule(i,j))
                ruleSel(i) = ruleSel(i) + 1;
            end
        end
    end
    [a b] = min(ruleSel);
    result = rule(b,xNum + 1);
end
```

7. 效果图

首先单击粗糙集训练菜单,进行规则训练,训练完成后输出对话框提示,如图 8-8(a)所示。然后手写一个数,单击粗糙集分类菜单,提示分类结果,如图 8-8(b)和(c)所示。

(a) 规则训练

(b) 手写数字

(c) 粗糙集分类

图 8-8 粗糙集分类算法效果

本章小结

本章介绍了粗糙集理论的基本概念,包括知识系统、决策表、集合的上下近似集、粗糙集的定义以及属性约简和规则化简理论等。还通过实例介绍了粗糙集理论在模式识别中的应用。最后详细介绍了基于粗糙集理论的分类方法,包括分类器设计、算法流程、实现步骤等。

习题 8

1. 简述决策表、等价集以及粗糙集的概念。
2. 简述属性约简和规则化简方法。
3. 如表8-4所示,已知购买计算机意向决策表,利用粗糙集理论对该表进行属性约简和规则化简,并获取最终规则。

表8-4 购买计算机意向决策表

$\widetilde{X}$	C(条件属性)				D(决策属性)
	年龄(c_1)	学历(c_2)	收入(c_3)	信用度(c_4)	购买计算机(d)
e_1	<30(0)	本科以上(1)	低(0)	高(1)	不买(0)
e_2	<30(0)	本科以下(0)	低(0)	低(0)	不买(0)
e_3	<30(0)	本科以上(1)	高(1)	低(0)	买(1)
e_4	<30(0)	本科以下(0)	高(1)	高(1)	买(1)
e_5	30~60(1)	本科以上(0)	低(0)	高(1)	买(1)
e_6	30~60(1)	本科以上(1)	高(1)	高(1)	买(1)
e_7	30~60(1)	本科以下(0)	高(1)	低(0)	买(1)
e_8	>60(2)	本科以上(1)	低(0)	高(1)	买(1)
e_9	>60(2)	本科以下(0)	低(0)	低(0)	不买(0)
e_{10}	>60(2)	本科以上(1)	高(1)	低(0)	不买(0)

4. 叙述粗糙集理论在分类问题中的实现方法和步骤。

第 3 篇

聚类分析篇

第 9 章 聚 类 分 析

本章要点：
☑ 聚类的设计
☑ 基于试探的未知类别聚类算法
☑ 层次聚类算法
☑ 动态聚类算法
☑ 模拟退火聚类算法

9.1 聚类的设计

聚类分析是指事先不了解一批样品中的每一个样品的类别或者其他的先验知识，而唯一的分类根据是样品的特征，利用某种相似性度量的方法，把特征相同或相近的归为一类，实现聚类划分。例如，对于一幅手写数字图像，如图 9-1 所示，将相同的手写数字划分为一类，即聚类分析要解决的问题。

(a) 待聚类图像　　　　　　　　　　(b) 聚类后图像

图 9-1　手写数字图像聚类

本书从第 9 章到第 13 章对各种聚类算法进行了理论分析和实例介绍，为了便于读者对后面章节的阅读，本节将对聚类算法设计中的结构定义以及距离计算方法等常用函数功能进行介绍，使读者能够更清楚地阅读算法程序。

1. 样品结构设计

样品是聚类分析中的最基本单位，例如，手写数字聚类中每一个手写数字即为一个样品，通常一个样品的结构包括样品特征和所属类别两部分。

在本书基于 MATLAB 的聚类算法设计中，样品结构定义如下。

（1）样品集 m _ pattern

样品集为多个样品的集合，一个具有 N 个样品的样品集 m _ pattern，定义为 m _ pattern =

$\{m\_pattern(1), m\_pattern(2), \cdots, m\_pattern(N)\}$,其中 m_pattern 中每一个元素为一个样品结构。

(2)样品 $m\_pattern(i)$

对于样品集中的样品 $m\_pattern(i)$,其结构定义为:

```
Struct m_pattern(i)
{
    feature;
    category;
}
```

其中 feature 是该样品的特征矩阵,本书中对每个样品划分成 7×7 块,共 49 个特征。category 为样品所属类别。

2. 聚类中心结构设计

聚类中心是指当对样品进行聚类划分之后,对每一个划分好的类用一个结构来描述,这个结构就是聚类中心。聚类中心结构包括聚类中心特征,属于该类的样品数目,类索引值。

类似于样品结构定义,聚类中心结构定义如下。

(1)聚类中心集 m_center

聚类中心集为多个聚类中心的集合,一个具有 M 个类的聚类中心集 m_center,定义为 $m\_center = \{m\_center(1), m\_center(2), \cdots, m\_center(M)\}$,其中 m_center 中每一个元素为一个聚类中心结构。

(2)聚类中心 $m\_center(i)$

聚类中心 $m\_center(i)$,其结构定义为

```
Struct m_center(i)
{
    feature;
    patternNum;
    index;
}
```

其中,feature 是该聚类中心的特征矩阵,patternNum 为属于该类的样品数目,index 为类的索引号。

3. 样品(或聚类中心)与样品(或聚类中心)的距离

本书中计算样品(或聚类中心)特征之间距离有四种方法,分别是欧氏距离法、夹角余弦距离法、二值夹角余弦法和具有二值特征的 Tanimoto 测度。计算公式见本书第 3 章的表 3-1。

本书中距离计算的 MATLAB 函数为:GetDistance(),具体的函数说明及代码如下:

```
%%%%%%%%%%%%%%%%%%%%%%%%%%%%%%%%%%%%%%%%%
% 函数名称        GetDistance( pattern1, pattern2, type )
% 参数           pattern1:   样品(或聚类中心)1 结构
```

```
%                    pattern2：  样品(或聚类中心)2 结构
%                    type:距离模式  1:欧氏距离;2:夹角余弦距离； 3:特征是二值时
%                         的夹角余弦距离;4:具有二值特征的 Tanimoto 测度
% 返回值            result:距离
% 函数功能          计算样品(或聚类中心)1 和样品(或聚类中心)2 间的距离,距离模式
%                    由参数 type 给定
%%%%%%%%%%%%%%%%%%%%%%%%%%%%%%%%%%%%
function [ result ] = GetDistance( pattern1,pattern2,type )
    result = 0;
    global Nwidth;% 特征矩阵的宽度,本书取 7,即样品特征为 7 * 7 矩阵
    switch(type)
        case 1 % 欧式距离
            result = sum( ( pattern1. feature( :) - pattern2. feature( :)).^2) ;
            result = sqrt( result) ;
        case 2   % 夹角余弦
            a = 0;
            b1 = 0;
            b2 = 0;
            for i = 1:Nwidth
                for j = 1:Nwidth
                    a = a + pattern1. feature(i,j) * pattern2. feature(i,j) ;
                    b1 = b1 + pattern1. feature(i,j) * pattern1. feature(i,j) ;
                    b2 = b2 + pattern2. feature(i,j) * pattern2. feature(i,j) ;
                end
            end
            if( b1 * b2 ~ = 0)
                result = 1 - a/sqrt( b1 * b2) ;
            else
                result = -1;
            end
        case 3 % 二值夹角余弦
            t1 = zeros( Nwidth,Nwidth) ;
            t2 = zeros( Nwidth,Nwidth) ;
            a = 0;
            b1 = 0;
            b2 = 0;
            for i = 1:Nwidth
                for j = 1:Nwidth
                    if( pattern1. feature(i,j) > 0.2)
                        t1(i,j) = 1;
                    end
                    if( pattern2. feature(i,j) > 0.2)
                        t2(i,j) = 1;
                    end
                    a = a + t1(i,j) * t2(i,j) ;
                    b1 = b1 + t1(i,j) * t1(i,j) ;
                    b2 = b2 + t2(i,j) * t2(i,j) ;
```

```
                    end
                end
                if(b1*b2 ~ =0)
                    result = 1 - a/sqrt(b1*b2);
                else
                    result = -1;
                end
            case 4 % Tanimoto
                t1 = zeros(Nwidth,Nwidth);
                t2 = zeros(Nwidth,Nwidth);
                a = 0;
                b1 = 0;
                b2 = 0;
                for i = 1:Nwidth
                    for j = 1:Nwidth
                        if(pattern1.feature(i,j) > 0.2)
                            t1(i,j) = 1;
                        end
                        if(pattern2.feature(i,j) > 0.2)
                            t2(i,j) = 1;
                        end
                        a = a + t1(i,j)*t2(i,j);
                        b1 = b1 + t1(i,j)*t1(i,j);
                        b2 = b2 + t2(i,j)*t2(i,j);
                    end
                end
                if((b2*b1-a) ~ =0)
                    result = 1 - a/(b1+b2-a);
                else
                    result = -1;
                end
        end
```

4. 计算聚类中心

聚类算法中经常会用到聚类中心的计算,聚类中心的特征值等于该类所有样本特征值的平均值,在已知一个聚类划分的情况下,求解聚类中心的函数为 CalCenter( ),函数说明如下:

```
%%%%%%%%%%%%%%%%%%%%%%%%%%%%%%%%%%%%%%%%%%
% 函数名称        CalCenter( )
% 参数            m_center_i 聚类中心结构
%                 m_pattern  样品集
%                 patternNum 样品个数
% 返回值          m_center_i 聚类中心结构
% 函数功能        计算聚类中心 m_center_i 的特征值(本类所有样品的均值)及
%                 该类的样品个数
%%%%%%%%%%%%%%%%%%%%%%%%%%%%%%%%%%%%%%%%%
```

```
function [ m_center_i ] = CalCenter( m_center_i,m_pattern,patternNum )
    global Nwidth;
    temp = zeros( Nwidth,Nwidth );%临时存储中心的特征值
    a = 0;%记录该类中元素个数
    for i = 1:patternNum
        if ( m_pattern(i).category == m_center_i.index )%累加中心所有样品
            a = a + 1;
            temp = temp + m_pattern(i).feature;
        end
    end
    m_center_i.patternNum = a;
if( a~= 0 )
    m_center_i.feature = temp/a;%取均值
else
    m_center_i.feature = temp;
end
```

9.2 基于试探的未知类别聚类算法

定义误差平方和为

$$J = \sum_{i=1}^{M} \sum_{X \in \omega_i} \| X - \overline{X^{(\omega_i)}} \|^2 \tag{9-1}$$

式中，M 是聚类中心的个数，M 应该小于样品的总个数。ω_i 表示第 i 类，$\overline{X^{(\omega_i)}}$ 表示第 i 类的聚类中心向量。针对所有样品假设某种聚类方案，计算 J 值，找到 J 值最小的那一种聚类方案，则认为该种方法为最优聚类。以下讨论的是在聚类数未知的情况下，以该准则为聚类的方案。

9.2.1 最邻近规则的试探法

1. 理论基础

设有 N 个样品：$X_1,X_2,\cdots,X_N$，并选取任一非负的阈值 T。为方便起见，我们假设前 $i(i<N)$ 个样品已经被分到 $k(k\le i)$ 个类中。则第 $i+1$ 个样品应该归入哪一个类中呢？假设归入 ω_a 类，要使 J 最小，则应满足 $|X_{i+1} - \overline{X^{(\omega_a)}}| \le |X_{i+1} - \overline{X^{(\omega_b)}}|(1 \le b \le k)$。若 X_{i+1} 到 ω_a 类的距离大于给定的阈值 T，即 $|X_{i+1} - \overline{X^{(\omega_a)}}| > T$，则应为 X_{i+1} 建立一个新的类 ω_{k+1}。在未将所有的样品分类前，类数是不能确定的。

这种算法与第一个中心的选取、阈值 T 的大小、样品排列次序以及样品分布的几何特性有关。这种方法运算简单，若有关于模式几何分布的先验知识做指导给出阈值 T 及初始点，则能较快地获得合理的聚类结果。

合理地选择聚类中心和阈值，将会得到正确的聚类结果，如图 9-2(a) 所示，若选择的中心和阈值不当，得到聚类结果比较粗糙，甚至错误，如图 9-2(b) 和(c)所示。

(a) 正确的聚类结果　　(b) 较大的阈值将不同类合并　　(c) 过大的阈值以及不当的中心

图 9-2　样品的聚类与中心的选取和阈值密切相关

2. 实现步骤

设有 N 个样品:m_pattern(1),m_pattern(2),…,m_pattern(patternNum),patternNum $= N$。

① 选一个样品作为第一个聚类中心 m_center(1). fearure,不妨令 m_center(1). feature = m_pattern(1). feature 。centerNum 记录当前中心的数目,centerNum = 1。

② 通过对话框读入阈值 T 并输出所有样品之间的最大与最小距离作为 T 的参考。

③ 对所有样品:计算该样品 m_pattern(i) 到所有聚类中心 m_center(j) 的距离,找到最小值 $D_j(0 \leq j < \text{centerNum})$。

若 $D_j < T$,则将该样品 m_pattern(i) 归入第 j 类,即

$$\text{m\_pattern}(i). \text{category} = \text{m\_center}(j). \text{index};$$

N_j 代表第 j 类的样品数量,由于增加了一个样品,因此,N_j + +。并且修改第 j 个聚类中心的值:

$$\text{center}(j) = \frac{1}{N_j} \sum_{X \in \omega_j} X$$

若 $D_j \geq T$,建立新的聚类中心,聚类中心数目(centerNum)增加,因此 centerNum + +。m_center (centerNum). feature = m_pattern(i). feature,m_pattern(i). category = centerNum.。

④ 输出分类结果。

3. 编程代码

函数调用关系

```
[ m_pattern ]   = C_ZuiLinJin( m_pattern,patternNum )//最临近规则

   ├─ [ result ]   = GetDistance( pattern1,pattern2,type )
   │     //计算样品1和样品2间的距离,距离模式由参数type给定
   └─ [ m_center_i ]  = CalCenter( m_center_i,m_pattern,patternNum )
         // 计算中心m_center的特征值（本类所有样品的均值）,及样品个数
```

%%%%%%%%%%%%%%%%%%%%%%%%%%%%%%%%%%%%%%%

```
% 函数名称:C_ZuiLinJin()
% 参数:m_pattern:样品特征库;patternNum:样品数目
% 返回值:m_pattern:样品特征库
% 函数功能:按照最临近规则对全体样品进行分类
%%%%%%%%%%%%%%%%%%%%%%%%%%%%%%%%%%%%%%%
function [ m_pattern ] = C_ZuiLinJin( m_pattern,patternNum )
    global Nwidth;
    m_center(1).feature = m_pattern(1).feature;% 将第一个样品作为第一个中心
    m_center(1).index = 1;
    m_center(1).patternNum = 1;
    m_pattern(1).category = 1;
    centerNum = 1;

    m_min = inf;
    m_max = 0;
    disType = DisSelDlg();
    sum = 0;
    div = 0;
    T = InputThreshDlg( m_pattern,patternNum,disType );% 获得阈值
    for i = 1:patternNum
        centerdistance = inf;
        index = 1;
        for j = 1:centerNum
            dis = GetDistance(m_pattern(i),m_center(j),disType);
            if( dis < centerdistance )
                centerdistance = dis;
                index = j;
            end
        end
        if ( centerdistance < T )% 距离小于阈值则将样品归入该类
                m_pattern(i).category = m_center(index).index;
                m_center(index) = CalCenter(m_center(index),m_pattern,patternNum);
            else % 新建聚类中心
                centerNum = centerNum + 1;
                m_pattern(i).category = centerNum;
                m_center(centerNum).feature = m_pattern(i).feature;
                m_center(centerNum).index = centerNum;
        end
    end
end
```

4. 效果图

如图 9-3(a)所示的是待聚类的原始图,输入阈值为 1.5,如图 9-3(b)所示,经过程序运

算得到了聚类结果,如图9-3(c)所示,每个物体的右上角标号是该物体的标号,左下角是该物体的所属类号,从效果图上可以看出,样品被正确分类;当阈值为2.5,过大的时候,如图9-3(d)所示,不同样品被归入同一类,如图9-3(e)所示。除了对数字进行聚类分析,还可以对几何图形进行聚类,如图9-3(f)、(g)、(h)所示。

最临近规则的试探法受到阈值 T 的影响很大。阈值的选取是分类成败的关键之一。用户可以根据对话框中给出的参考值确定阈值,一般应介于最大值和最小值之间。

这种算法与第一个中心的选取、阈值 T 的大小、样品排列次序以及样品分布的几何特性有关。

不难看出,这种方法运算简单,若有关于模式几何分布的先验知识做指导给出阈值 T 及初始点,则能较快地获得合理的聚类结果。

(a) 原始数据

(b) 输入阈值

(c) 正确输出结果

(d) 输入阈值过大

(e) 不同样品被归入同一类

(f) 几何图形原始图像

图 9-3 最临近规则聚类效果图

(g) 输入阈值 (h) 对几何图形的最临近规则算法聚类结果

图 9-3 最临近规则聚类效果图(续)

9.2.2 最大最小距离算法

1. 理论基础

最大最小距离算法充分利用样品内部特性,计算出所有样品间的最大距离 maxdistance 作为归类阈值的参考,改善了分类的准确性。若某样品到某一个聚类中心的距离小于 maxdistance/3,则归入该类,否则建立新的聚类中心。

2. 实现步骤

① 选一个样品作为第一个聚类中心 m_center(1),以第一个样品的特征值作为第一个中心的特征值,当前类中心的数目为 1。

m_center(1). feature = m_pattern(1). feature, m_center(1). index = 1,不妨令 m_pattern(1). category = 1。centerNum 记录当前类的数目,centerNum = 1。

② 查找离 m_center(1)最远的样品 m_pattern(i),设最大距离为 maxdistance。令最远的样品 m_pattern(i)为第二个类,增加一个中心个数 centerNum + + ;m_center(2). feature = m_pattern(i). feature ;m_pattern(i). category = 2。

③ 逐个计算其余各样品 m_pattern(i)到各个聚类中心 m_center(j) ($1 \leqslant j \leqslant$ centerNum) 间的距离,查看样品 m_pattern(i)距离哪一个中心近,找出最近的中心为 m_center(index),计算其距离为 tDistance。

若 tDistance ≤ maxdistance/3,则将该样品 m_pattern(i)归入距离最近的类,即 m_pattern(i). category = m_center(index). index;

重新计算序号为 index 的中心特征值。

若 tDistance > maxdistance/3,则以该样品为中心建立新的聚类中心;增加一个中心个数, centerNum + + ,即 m_center(centerNum) = m_pattern(i), m_pattern(i). category = centerNum。

④ 重复步骤③,直到所有样品分类完毕。

3. 编程代码

%%%%%%%%%%%%%%%%%%%%%%%%%%%%%%%%%%%%%%%

% 函数名称:C_ZuiDaZuiXiaoJuLi( )
% 参数：   pattern:样品特征库; patternNum:样品数目
% 返回值：   pattern:样品特征库
% 函数功能：按照最大最小距离规则对全体样品进行分类
%%%%%%%%%%%%%%%%%%%%%%%%%%%%%%%%%%%%%%%
function [m_pattern] = C_ZuiDaZuiXiaoJuLi(m_pattern,patternNum)
    disType = DisSelDlg( );% 获得距离计算类型
    maxDistance = 0;% 记录两类间的最大距离,用作类分割阈值
    index = 1;% 记录距离第一个中心最远的样品

    m_center(1).feature = m_pattern(1).feature;% 第一个聚类中心
    m_center(1).index = 1;
    m_center(1).patternNum = 1;
    m_pattern(1).category = 1;

    for i = 1:patternNum% 第二个聚类中心
        tDistance = GetDistance(m_pattern(i),m_center(1),disType);
        if(maxDistance < tDistance)
            maxDistance = tDistance;
            index = i;
        end
    end
    m_center(2).feature = m_pattern(index).feature;
    m_center(2).index = 2;
    m_pattern(index).category = 2;
    centerNum = 2;

    for i = 1:patternNum
        MAX = inf;
        index = 0;% 记录样品距离最近的中心
        for j = 1:centerNum
            tDistance = GetDistance(m_pattern(i),m_center(j),disType);
            if(MAX > tDistance)
                MAX = tDistance;
                index = j;
            end
        end
        if(MAX > maxDistance/3)% 样品到最近中心的距离大于阈值,建立新的聚类中心
            centerNum = centerNum + 1;
            m_center(centerNum).feature = m_pattern(i).feature;
            m_center(centerNum).index = centerNum;
            m_pattern(i).category = centerNum;
        else% 归入 index 类中
            m_pattern(i).category = m_center(index).index;
            CalCenter(m_center(index),m_pattern,patternNum);
        end
    end
end

4. 效果图

每个物体的右上角标号是该物体的标号,左下角是该物体的所属类号。最大最小距离法不需要用户输入聚类阈值,只需要选择距离计算类型即可,如图9-4(a)、(c)所示为选择距离计算公式,程序会根据所有样品数据自动确定阈值。若样品集中没有突出的噪声,程序一般会正确聚类,如图9-4(b)所示。然而,样品中含有离中心较远的孤立点时,聚类阈值会受到干扰。该算法对图形数据聚类的效果如图9-4(d)所示。

(a) 选择欧氏距离

(b) 数字聚类结果

(c) 采用夹角余弦距离模式

(d) 图形聚类结果

图 9-4 最大最小距离法聚类效果图

9.3 层次聚类算法

与未知类别的聚类算法不同,层次聚类分为合并算法和分裂算法。合并算法会在每一步减少聚类中心数量,聚类产生的结果来自于前一步的两个聚类的合并;分裂算法与合并算法的原理相反,在每一步增加聚类中心数量,每一步聚类产生的结果,都是将前一步的一个聚类中心分裂成两个得到的。合并算法,先将每个样品自成一类,然后根据类间距离的不同,合并距离小于阈值的类。

① 设有 N 个样品,这里取 $N=4$。每个样品自成一类,计算各类间的距离填入表9-1。

初始距离计算公式为 $D_{ij} = \| \omega_i - \omega_j \| = \| X_i - X_j \|$。

表 9-1 聚类中心间的距离表

	ω_1	ω_2	ω_3	ω_4
ω_1	D_{11}	D_{12}	D_{13}	D_{14}
ω_2	D_{21}	D_{22}	D_{23}	D_{24}
ω_3	D_{31}	D_{32}	D_{33}	D_{34}
ω_4	D_{41}	D_{42}	D_{43}	D_{44}

② 求表 9-1 中最小的值,设为 D_{ij},即距离最近的两类是 ω_i、ω_j,若 $D_{ij} < T$,合并 ω_i、ω_j 类。如 $D_{34} < T$,则合并 ω_3 与 ω_4,组成新的类 $\omega_{3,4}$。

③ 下一步要确定各类到 $\omega_{3,4}$ 的距离,填写表 9-2。这里介绍了最短距离法、最长距离法、中间距离法、重心法、平均距离法。各种算法的计算公式如表 9-3 所示。

表 9-2 合并后的聚类中心间距

	ω_1	ω_2	$\omega_{3,4}$
ω_1	D_{11}	D_{12}	D_{13}
ω_2	D_{21}	D_{22}	D_{23}
ω_3	$D_{34,1}$	$D_{34,2}$	$D_{34,3}$

表 9-3 两类合并后到其他类间的距离计算公式

距离计算方法	ω_j 是由 ω_m、ω_n 两类合并而成的,定义类 ω_i 与 ω_j 类的距离为:$D_{i,j}$	ω_i 中有 N_i 个样品,ω_m 中有 N_m 个样品,ω_n 中有 N_n 个样品
最短距离法	$D_{i,j}$ 为 ω_i 类中所有样品与 ω_j 类中所有样品间的最小距离	$D_{i,j} = D_{i,mn} = \min(D_{i,m}, D_{i,n})$
最长距离法	$D_{i,j}$ 为 ω_i 类中所有样品与 ω_j 类中所有样品间的最长距离	$D_{i,j} = D_{i,mn} = \max(D_{i,m}, D_{i,n})$
中间距离法	它介于最长距离与最短距离之间,其中 $D_{i,m}$,$D_{i,n}$,$D_{m,n}$ 可以用类间的最长距离或最短距离计算	$D_{i,j} = D_{i,mn} = \left(\frac{1}{2}D_{i,m}^2 + \frac{1}{2}D_{i,n}^2 - \frac{1}{4}D_{m,n}^2 \right)^{\frac{1}{2}}$
重心法	重心法考虑了类内样品数目对类间距离的影响	$D_{i,j} = D_{i,mn} =$ $\left(\frac{N_m}{N_m+N_n}D_{i,m}^2 + \frac{N_n}{N_m+N_n}D_{i,n}^2 - \frac{N_m N_n}{N_m+N_n}D_{m,n}^2 \right)^{\frac{1}{2}}$
平均距离法	用两类内所有样品距离的平均值作为两类的距离	$D_{i,j} = D_{i,mn} = \left(\frac{N_m}{N_m+N_n}D_{i,m}^2 + \frac{N_n}{N_m+N_n}D_{i,n}^2 \right)^{\frac{1}{2}}$

注:其中 $D_{i,m}$、$D_{i,n}$ 定义见本书第 3 章的表 3-2。

9.3.1 最短距离法

1. 理论基础

最短距离法认为,只要两类的最小距离小于阈值,就将两类合并成一类。定义 $D_{i,j}$ 为 ω_i 类

中所有样品和 ω_j 类中所有样品间的最小距离,即
$$D_{i,j} = \min\{d_{UV}\}$$
式中,d_{UV} 表示 ω_i 类中的样品 U 与 ω_j 类中的样品 V 之间的距离。若 ω_j 类是由 ω_m,ω_n 两类合并而成的,则
$$D_{i,m} = \min\{d_{UA}\} \qquad U \in \omega_i \text{ 类}, A \in \omega_m \text{ 类}$$
$$D_{i,n} = \min\{d_{UB}\} \qquad U \in \omega_i \text{ 类}, B \in \omega_n \text{ 类}$$
递推可得
$$D_{i,j} = \min\{D_{i,m}, D_{i,n}\} \tag{9-2}$$
例如:计算 ω_1 到 $\omega_{3,4}$ 的距离 $D_{1,34}$,先计算 ω_1 类中各个样品到 ω_3 类中各个样品的距离,取最小值为 $D_{1,3}$;然后计算 ω_1 类中各个样品到 ω_4 类中各个样品的距离,取最小值为 $D_{1,4}$;取 $D_{1,3}$、$D_{1,4}$ 中的最小值为 $D_{1,34}$。

2. 实现步骤

① 获得所有样品特征。
② 输入阈值 T(计算所有样品距离的最大值与最小值,输出,作为阈值的参考)。
③ 将所有样品各分一类,聚类中心数 centerNum = 样品总数 patternNum,m_pattern(i).category = i;m_center(i).feature = m_pattern(i).feature。
④ 对所有样品循环:
➢ 找到距离最近的两类 p_i、p_j,设距离为 minDis。
➢ 若 minDis ≤ T,则合并 p_i、p_j,将类号大的归入到类号小的类中,调整其他类保持类号连续。否则 minDis > T,即两类间的最小距离大于阈值,则退出循环。

3. 编程代码

```
%%%%%%%%%%%%%%%%%%%%%%%%%%%%%%%%%%%%%%%%%%
% 函数名称:C_ZuiDuanJuLi()
% 参数:m_pattern:样品特征库;patternNum:样品数目
% 返回值:m_pattern:样品特征库
% 函数功能:按照最短距离法对全体样品进行分类
%%%%%%%%%%%%%%%%%%%%%%%%%%%%%%%%%%%%%%%%%%
function [ m_pattern ] = C_ZuiChangJuLi( m_pattern, patternNum )
    disType = DisSelDlg();% 获得距离计算类型
    T = InputThreshDlg( m_pattern, patternNum, disType );% 获得阈值
    % 初始化,所有样品各分一类
    for i = 1:patternNum
        m_pattern(i).category = i;
    end

    while( true )
        minDis = inf;
```

```
            pi = 0;
            pj = 0;
            % 寻找距离最近的两类 pi、pj,记录最小距离 minDis
            for i = 1:patternNum - 1
                for j = i + 1:patternNum
                    if( m_pattern(i).category ~ = m_pattern(j).category)
                        tempDis = GetDistance(m_pattern(i),m_pattern(j),disType);
                        if(tempDis < minDis)
                            minDis = tempDis;
                            pi = m_pattern(i).category;
                            pj = m_pattern(j).category;
                        end
                    end
                end
            end

            if(minDis < = T)% 距离小于阈值,合并 pi、pj 类
                if(pi > pj)% 将较大类号归入较小类号
                    temp = pi;
                    pi = pj;
                    pj = temp;
                end
                for i = 1:patternNum
                    if(m_pattern(i).category == pj)
                        m_pattern(i).category = pi;
                    elseif(m_pattern(i).category > pj)
                        m_pattern(i).category = m_pattern(i).category - 1;
                    end
                end
            else
                break;
            end
        end
```

4. 效果图

在最短距离法中,只要两类的最近距离在阈值之内,就会被合并成一个类,聚类效果如图 9-5(a)和(b)所示,阈值过小,同类样品将被归入不同的类中;如图 9-5(c)和(d)所示,阈值恰当,被正确聚类;如图 9-5(e)和(f)所示为二值夹角余弦距离模式下,图形数据聚类结果。对相同的数据,要想获得同样的聚类效果,最短距离法的阈值要比其他算法大一些。

第 9 章 聚类分析

(a) 阈值过小

(b) 同类样品被归入不同的类中

(c) 阈值恰当

(d) 正确聚类

(e) 二值夹角余弦距离模式

(f) 图形数据聚类结果

图 9-5 最短距离法聚类效果图

9.3.2 重心法

1. 理论基础

重心法的提出考虑了类中样品个数对类间距离的影响。设 ω_j 类由 ω_m 类和 ω_n 类合并而成，ω_m 类有 N_m 个样品，ω_n 类中有 N_n 个样品。则重心法定义类 ω_i 和类 ω_j 间的距离为

$$D_{i,j} = D_{i,mn} = \left(\frac{N_m}{N_m + N_n} D_{i,m}^2 + \frac{N_n}{N_m + N_n} D_{i,n}^2 - \frac{N_m N_n}{N_m + N_n} D_{m,n}^2 \right)^{\frac{1}{2}} \quad (9-3)$$

例如，要计算 ω_1 到 $\omega_{3,4}$ 的距离 $D_{1,34}$，先计算 ω_1 类中各个样品到 ω_3 类中各个样品的距离 $D_{1,3}$，然后计算 ω_1 类中各个样品到 ω_4 类中各个样品的距离 $D_{1,4}$ 及 ω_3 类和 ω_4 类的距离 $D_{3,4}$，按照下式计算 $D_{1,34}$：

$$D_{1,34} = \left(\frac{N_3}{N_3 + N_4} D_{1,3}^2 + \frac{N_3}{N_3 + N_4} D_{1,4}^2 - \frac{N_3 N_4}{N_3 + N_4} D_{3,4}^2 \right)^{\frac{1}{2}}$$

2. 实现步骤

① 获得所有样品特征。
② 输入阈值 T（计算所有样品距离的最大值与最小值，输出，作为阈值的参考）。
③ 将所有样品各分一类，聚类中心数 centerNum = 样品总数 patternNum。m_pattern(i).category = i；m_center(i).feature = m_pattern(i).feature。
④ 建立距离矩阵 centerDistance，记录各类间的距离，初始值为各样品间的距离。
⑤ 对所有样品循环：

➤ 找到 centerDistance 中的最小值 t_d = centerDistance(t_i, t_j)，即 t_i 类和 t_j 类距离最小（$t_j > t_i$）。
➤ 若 $t_d < T$，则将所有 t_j 类成员归入 t_i 类；centerNum = centerNum − 1；重新顺序排列类号；根据式(9-5)重新计算距离矩阵 centerDistance，否则（$t_d \geq T$）终止循环，分类结束。

3. 编程代码

```
%%%%%%%%%%%%%%%%%%%%%%%%%%%%%%%%%%%%%%%
% 函数名称:C_ZhongXin()
% 参数:m_pattern:样品特征库;patternNum:样品数目
% 返回值:m_pattern:样品特征库
% 函数功能:按照重心法对全体样品进行分类
%%%%%%%%%%%%%%%%%%%%%%%%%%%%%%%%%%%%%%%
function [ m_pattern ] = C_ZhongXin( m_pattern,patternNum )
    disType = DisSelDlg( );% 获得距离计算类型
    T = InputThreshDlg( m_pattern,patternNum,disType );% 获得阈值
    % 初始化,所有样品各分一类
    for i = 1:patternNum
        m_pattern(i).category = i;
    end
    centerNum = patternNum;
    % 建立类间距离数组,centerdistance(i,j)表示 i 类和 j 类距离
    centerDistance = zeros( centerNum,centerNum );
    for i = 1:patternNum − 1
```

```
        for j = i + 1:patternNum
            centerDistance(i,j) = GetDistance(m_pattern(i),m_pattern(j),disType);
        end
    end

    while(true)
        td = inf;
        for i = 1:centerNum - 1
            for j = i + 1:centerNum
                if(td > centerDistance(i,j))% 找到距离最近的两类:ti,tj,记录最小距离 td;
                    td = centerDistance(i,j);
                    ti = i;
                    tj = j;
                end
            end
        end
        numi = 0;
        numj = 0;
        if(td < T)% 合并类 i,j
            for i = 1:patternNum
                if(m_pattern(i).category == ti)
                    numi = numi + 1;
                elseif(m_pattern(i).category == tj)
                    m_pattern(i).category = ti;
                    numj = numj + 1;
                elseif(m_pattern(i).category > tj)
                    m_pattern(i).category = m_pattern(i).category - 1;
                end
            end
            centerNum = centerNum - 1;
            tempDistance = centerDistance;% 临时类间距离矩阵

            for i = 1:centerNum - 1% 重新计算合并后的类到其他各类的新距离
                for j = i + 1:centerNum
                    if(i < ti)
                        if(j == ti)

                            tempDistance(i,j) = sqrt(centerDistance(i,ti) * centerDistance(i,ti)
                                * numi/(numi + numj) + centerDistance(i,tj) * centerDistance(i,tj)
                                * numj/(numi + numj) - centerDistance(ti,tj) * centerDistance(ti,tj)
                                * numi * numj/(numi + numj));
                        elseif(j > = tj)
```

```
                        tempDistance(i,j) = centerDistance(i,j+1);
                    else
                        tempDistance(i,j) = centerDistance(i,j);
                    end
            elseif(i == ti)
                if(j < tj)

                    tempDistance(i,j) = sqrt(centerDistance(ti,j) * centerDistance(ti,j)
                        * numi/(numi + numj) + centerDistance(j,tj) * centerDistance(j,tj)
                        * numj/(numi + numj) - centerDistance(ti,tj) * centerDistance(ti,tj)
                        * numi * numj/(numi + numj));
                else

                    tempDistance(i,j) = sqrt(centerDistance(ti,j+1) * centerDistance(ti,
                        j+1) * numi/(numi + numj) + centerDistance(tj,j+1) *
                        centerDistance(tj,j+1) * numj/(numi + numj) - centerDistance(ti,tj)
                        * centerDistance(ti,tj) * numi * numj/(numi + numj));
                end
            elseif((i > ti) && (i < tj))
                if(j < tj)
                    tempDistance(i,j) = centerDistance(i,j);
                else
                    tempDistance(i,j) = centerDistance(i,j+1);
                end
            else
                tempDistance(i,j) = centerDistance(i+1,j+1);
            end
        end
    end

    centerDistance = tempDistance;
    else
        break;
    end
end
```

4. 效果图

重心法在计算类间的距离时,考虑了样品在多维空间的位置分布对类的重心的影响,计算的结果更能反映类间的不同。重心法聚类效果图如图 9-6 所示。其中图 9-6(e)和(f)是重心法应用于图形聚类的效果。

第 9 章 聚类分析

(a) 阈值过大

(b) 阈值过大时聚类效果图

(c) 阈值合适

(d) 正确聚类结果

(e) 阈值合适

(f) 重心法应用于图形聚类效果

图 9-6 重心法聚类效果图

9.4 动态聚类算法

动态聚类算法选择若干样品作为聚类中心,再按照某种聚类准则,如最小距离准则,将其余样品归入最近的中心,得到初始分类。然后判断初始分类是否合理,若不合理则按照特定规则重新修改不合理的分类,如此反复迭代,直到分类合理。

9.4.1 K 均值算法

1. 理论基础

K 均值算法能够使聚类域中所有样品到聚类中心距离的平方和最小。其原理为:先取 k 个初始距离中心,计算每个样品到这 k 个中心的距离,找出最小距离把样品归入最近的聚类中心,如图 9-7(a)所示,修改中心点的值为本类所有样品的均值,再计算各个样品到 k 个中心的距离,重新归类、修改新的中心点,如图 9-7(b)所示。直到新的距离中心等于上一次的中心点时结束。此算法的结果受到聚类中心的个数以及初始聚类中心的选择影响,也受到样品几何性质及排列次序影响。如果样品的几何特性表明它们能形成几个相距较远的小块孤立区域,则算法多能收敛。

(a) 将未归类的样品归入距离最近的聚类中心

(b) 将归类后的样品重新归入距离最近的类

图 9-7 K 均值算法示意图

2. 实现步骤

① 通过对话框读取需要分类数目 centerNum,和最大迭代次数 iterNum。

② 随机取 centerNum 个样品作为聚类中心。m_center(i).feature = m_pattern(i).feature, m_center(i).index = i; m_pattern(i).category = i; i = (1 ~ centerNum),其余样品中心号为 -1,样品到本类中心的距离为 max(max 为无穷大)。

③ 假设前三个样品分别属于每一类,需要分三类 A、B、C,参见图 9-7(a),计算其余样品到这三个类的距离,将它们归为距离最近的类,至此,所有的样品都归类完毕。计算各个类中心所有样品特征值的平均值作为该聚类中心的特征值。

④ 如图 9-7(b)所示,对每一类中的各个样品,计算它到其他类中心的距离,如果它到某一类中心的距离小于它到自身类中心的距离,需要对该样品重新分类,将它归属到距离中心近

的类,循环重复所有的样品,直至不再有样品类号发生变化。

3. 编程代码

本算法编程采用了两种方式:一种是按实现步骤编写的 K 均值算法聚类;另一种是使用 MATLAB 工具箱中的 K 均值算法聚类(通过 Kmeans( )函数实现)。

```
%%%%%%%%%%%%%%%%%%%%%%%%%%%%%%%%%%%%%%
% 函数名称:C_KJunZhi( )
% 参数:m_pattern:样品特征库;patternNum:样品数目
% 返回值:m_pattern:样品特征库
% 函数功能:按照 K 均值法对全体样品进行分类
%%%%%%%%%%%%%%%%%%%%%%%%%%%%%%%%%%%%%%
function [ m_pattern ] = C_KJunZhi( m_pattern,patternNum )
    disType = DisSelDlg( );% 获得距离计算类型
    [centerNum iterNum] = InputClassDlg( );% 获得类中心数和最大迭代次数
    for i = 1:patternNum
        m_pattern(i).distance = inf;
        m_pattern(i).category = -1;
    end
    randPattern = randperm( patternNum );
    for i = 1:centerNum% 初始化,随机分配 centerNum 个粒子为一类
        m_pattern(randPattern(i)).category = i;
        m_pattern(randPattern(i)).distance = 0;
        m_center(i).feature = m_pattern(randPattern(i)).feature;
        m_center(i).index = i;
        m_center(i).patternNum = 1;
    end
    counter = 0;% 记录当前已经循环的次数
    change = 1;
    while( counter < iterNum&&change ~ = 0)
        counter = counter + 1;
        change = 0;
        for i = 1:patternNum% 对所有样品重新归类
            % 计算第 i 个模式到各个聚类中心的最小距离
            index = -1;
            distance = inf;
            for j = 1:centerNum
                tempDis = GetDistance( m_pattern(i),m_center(j),disType );
                if( distance > tempDis )
                    distance = tempDis;
                    index = j;
                end
            end
```

```
                    % 比较原中心号与新中心号
                    % 相同:更新距离。
                    % 不同:1,新距离小,则归入新中心,更新距离,重新计算前后两个聚类中心模式
                    %2,新距离大于原距离,不处理;

                    if(m_pattern(i).category == index)% 属于原类
                        m_pattern(i).distance = distance;
                    else% 不属于原类
                        oldIndex = m_pattern(i).category;% 记录原类号
                        m_pattern(i).category = index;% 归入新类
                        m_pattern(i).distance = distance;
                        if(oldIndex~ = -1)
m_center(oldIndex) = CalCenter(m_center(oldIndex),m_pattern,patternNum);
                        end
m_center(index) = CalCenter(m_center(index),m_pattern,patternNum);
                        change = 1;
                    end
                end
            end
%%%%%%%%%%%%%%%%%%%%%%%%%%%%%%%%%%%%%%%%%%%
% 函数名称:C_KJunZhi2()
% 参数:m_pattern:样品特征库;patternNum:样品数目
% 返回值:m_pattern:样品特征库
% 函数功能:按照 K 均值法对全体样品进行分类(MATLAB 工具箱版本)
%%%%%%%%%%%%%%%%%%%%%%%%%%%%%%%%%%%%%%%%%%%
function [ m_pattern ] = C_KJunZhi2( m_pattern,patternNum )
    str1 = {'类中心数:'};
    T = inputdlg(str1,'输入对话框 ');
    centerNum = str2num(T{1,1});% 获得类中心数
    global Nwidth;
    X = zeros(Nwidth * Nwidth,patternNum);
    for i = 1:patternNum
        X(:,i) = m_pattern(i).feature(:);
    end
    try
    IDX = kmeans(X', centerNum);% K 均值算法(matlab 工具箱函数)
    catch
        msgbox('本实例无法用 MATLAB 工具箱 K 均值算法聚类,请尝试另一种 K 均值算法 ','modal');
        for i = 1:patternNum
            m_pattern(i).category = 0;
        end
        return;
    end
    for i = 1:patternNum
        m_pattern(i).category = IDX(i);
    end
```

4. 效果图

K 均值算法是一种动态聚类算法。用户只需输入计算距离的类型,如图 9-11(a)所示,输入聚类中心数目和迭代次数,效果如图 9-8(b)和(c)所示。利用 MATLAB 工具箱中的 K 均值算法聚类只需输入聚类中心数目,其效果如图 9-9 所示。

(a) 选择夹角余弦距离模式

(b) 输入类中心数和最大迭代次数

(c) 聚类结果

图 9-8 K 均值算法聚类效果图

(a) 输入类中心数

(b) 聚类结果

图 9-9 MATLAB 工具箱中 K 均值算法聚类效果图

9.4.2 迭代自组织的数据分析算法(ISODATA)

1. 理论基础

迭代自组织的数据分析算法(Iterative Self-organizing Data Analysis Techniques Algorithm)也称 ISODATA 算法。此算法与 K 均值算法有相似之处,即聚类中心也是通过样品均值的迭代运算来决定的。但 ISODATA 加入了一些试探性的步骤,能吸取中间结果所得到的经验,在迭代过程中可以将一类一分为二,也可以将两类合并,即"自组织"。这种算法具有启发性。

2. 实现步骤

① 获得所有样品特征。

② 输入阈值 T,方差 equation,类中心数目 centerNum,最大迭代次数 iterNum(计算所有样品距离的最大值与最小值,以及方差的最小最大值,输出,作为阈值的参考)。

③ 任意选取 precenterNum 个(不妨取前 centerNum 个)样品作为聚类中心 m_center(i)。

④ 求各个样品到所有聚类中心的距离,将所有样品归入最近的类中心 m_center(i)。

⑤ 修正各聚类中心的值。

⑥ 计算各聚类域中诸样品到聚类中心间的平均距离。

⑦ 计算所有聚类域样品平均距离的总平均距离。

⑧ 判断分裂、合并及迭代等步骤:

➢ 若迭代次数已达到 iterNum,置 equation = 0,跳到第⑪步,运算结束。

➢ 若 precenterNum > 2 × centerNum,或者进行了偶数次迭代并且 precenterNum > centerNum/2,则进入第⑨步,合并处理。否则,转第⑩步分裂处理。

⑨ 合并操作,计算全部聚类中心的距离,设 t_i,t_j($t_i < t_j$)距离最近,设最小距离 t_d。若 $t_d < T$(阈值),则将 t_j 类并入 t_i 类。precenterNum - 1。计算和并后的新中心。

⑩ 分裂操作,求所有聚类中心的标准差向量 $\boldsymbol{\sigma}_i$,$\boldsymbol{\sigma}_i = \sqrt{\frac{1}{N_i}\sum_{X \in \omega_i}(X - \overline{X^{(\omega_i)}})^2}$,$i = 1,2,\cdots,$ precenterNum,N_i 为 ω_i 类中样品个数。找到所有中心标准差中的最大值,设第 t_i 类的第 t_j 位标准差最大,最大值为 mequation。

若 mequation > equation,则 precenterNum + +,新中心特征值等于 m_center(t_i)的特征值,只是第 t_j 位需要调整,

m_center(t_i).feature(t_j) = m_center(t_i).feature(t_j) + a × mequation,

m_center(precenterNum - 1).feature(t_j) = m_center(t_i).feature(t_j) - a × mequation;

其中 a = (0,1),取 a = 0.5。

⑪ 如果是最后一次迭代运算(即第 iterNum 次迭代)则结束循环。否则循环继续第④步,迭代次数加 1。

3. 编程代码

```
%%%%%%%%%%%%%%%%%%%%%%%%%%%%%%%%%%%%%%%
% 函数名称:C_ISODATA()
% 参数:m_pattern:样品特征库;patternNum:样品数目
% 返回值:m_pattern:样品特征库
% 函数功能:按照 ISODATA 法对全体样品进行分类
%%%%%%%%%%%%%%%%%%%%%%%%%%%%%%%%%%%%%%%
function [m_pattern] = C_ISODATA(m_pattern,patternNum)
    disType = DisSelDlg();% 获得距离计算类型
    [T,equation,centerNum,iterNum] = InputIsodataDlg(m_pattern,patternNum,disType);
    precenterNum = centerNum;
    for i = 1:precenterNum% 初始化,前 centernum 个模板各自分为一类
        m_pattern(i).category = i;
        m_center(i).feature = m_pattern(i).feature;
        m_center(i).index = i;
        m_center(i).patternNum = 1;
    end
    counter = 0;% 循环次数
    while(counter < iterNum)
        counter = counter + 1;
        change = 0;
        for i = 1:patternNum% 对所有样品重新归类
            % 计算第 i 个模式到各个聚类中心的最小距离
            index = -1;
            td = inf;
            for j = 1:precenterNum
                tempDis = GetDistance(m_pattern(i),m_center(j),disType);
                if(td > tempDis)
                    td = tempDis;
                    index = j;
                end
            end
            m_pattern(i).category = m_center(index).index;
        end
        % 修正各中心
        for i = 1:precenterNum
            m_center(i) = CalCenter(m_center(i),m_pattern,patternNum);
        end
        for i = 1:precenterNum
            if(m_center(i).patternNum == 0)
                for j = i:precenterNum - 1
                    m_center(j) = m_center(j+1);
                end
                precenterNum = precenterNum - 1;
            end
        end
    end
```

```
aveDistance = zeros(centerNum);%计算各类距中心平均距离
allAveDis = 0;%全部样本平均距离
for i = 1:precenterNum
    num = 0;%类中成员个数
    dis = 0;
    for j = 1:patternNum
        if(m_pattern(j).category == m_center(i).index)
            num = num + 1;
            dis = dis + GetDistance(m_pattern(j),m_center(i),disType);
        end
    end
    allAveDis = allAveDis + dis;
    aveDistance(i) = dis/num;
end
allAveDis = allAveDis/patternNum;

if((precenterNum >= 2*centerNum)||((mod(counter,2) == 0)&&(precenterNum > centerNum/2)))%合并
    %找到距离最近的两个类
    td = inf;
    for i = 1:precenterNum
        for j = i + 1:precenterNum
            tempDis = GetDistance(m_center(i),m_center(j),disType);
            if(td > tempDis)
                td = tempDis;
                ti = i;
                tj = j;
            end
        end
    end
    %判断是否要合并
    if(td < T)%合并
        for i = 1:patternNum
            if(m_pattern(i).category == m_center(tj).index)
                m_pattern(i).category = m_center(ti).index;
            elseif(m_pattern(i).category > m_center(tj).index)
                m_pattern(i).category = m_pattern(i).category - 1;
            end
        end
    end
else%分裂
    global Nwidth;
    %计算标准差
    for i = 1:precenterNum
        mEquation(i).equ = zeros(Nwidth,Nwidth);
        for j = 1:patternNum
            if(m_pattern(j).category == m_center(i).index)
                mEquation(i).equ = mEquation(i).equ + (m_pattern(j).feature - m_center(i).feature).^2;
```

```
                end
            end
            mEquation(i).equ = sqrt(mEquation(i).equ/m_center(i).patternNum);
        end
        % 找最大标准差
        ti = 1;
        tm = 1;
        tn = 1;
        for i = 1:precenterNum
            for m = 1:Nwidth
                for n = 1:Nwidth
                    if(mEquation(i).equ(m,n) > mEquation(ti).equ(tm,tn))
                        ti = i;
                        tm = m;
                        tn = n;
                    end
                end
            end
        end
        % 判断是否要分裂
        if(mEquation(ti).equ(tm,tn) > equation)% 大于阈值
            if(aveDistance(ti) > allAveDis)% 类平均距离大于总平均距离,分裂
                precenterNum = precenterNum + 1;
                for i = 1:precenterNum - 1
                    tempCenter(i) = m_center(i);
                end
                tempCenter(precenterNum).index = precenterNum;
                tempCenter(precenterNum).feature = m_center(ti).feature;

                tempCenter(precenterNum).feature(tm,tn) = tempCenter(precenterNum).
                feature(tm,tn) + 0.5 * mEquation(ti).equ(tm,tn);

                tempCenter(precenterNum - 1).feature(tm,tn) = tempCenter(precenterNum).
                feature(tm,tn) - 0.5 * mEquation(ti).equ(tm,tn);
                m_center = tempCenter;
            end
        end
    end
end
```

4. 效果图

ISODATA 算法具有自组织性,会在计算过程中不断地调整类中心的个数,直到使分类的总的样品方差最小。很显然,当所有样品各分一类的时候,总的样品方差为零,但这样的聚类结果毫无意义。选择不同的距离类型,在用户输入栏的"阈值"一项中会给出参考值,如图 9-10(a)和(c)所示,类中心数目应该小于样品数目。ISODATA 算法聚类效果图如图 9-10 所示。

(a) 输入相关信息

(b) 聚类结果

(c) 对不规则符号归类

(d) 聚类结果

图 9-10 ISODATA 算法聚类效果图

9.5 模拟退火聚类算法

9.5.1 模拟退火的基本概念

模拟退火算法(Simulated Annealing，SA)最初由 Metropolis 等人于 20 世纪 80 年代初提出，其思想源于物理中固体物质退火过程与一般组合优化问题之间的相似性。模拟退火方法是一种通用的优化算法，目前已广泛应用于最优控制、机器学习、神经网络等优化问题。

1. 物理退火过程

模拟退火算法源于物理中固体物质退火过程，整个过程由以下三部分组成。

(1) 升温过程

升温的目的是增强物体中粒子的热运动，使其偏离平衡位置变为无序状态。当温度足够高时，固体将溶解为液体，从而消除系统原先可能存在的非均匀态，使随后的冷却过程以某一平衡态为起点。升温过程与系统的熵增过程相关，系统能量随温度升高而增大。

(2) 等温过程

在物理学中，对于与周围环境交换热量而温度不变的封闭系统，系统状态的自发变化总是朝向自由能减小的方向进行,当自由能达到最小时,系统达到平衡态。

(3) 冷却过程

与升温过程相反,使物体中粒子的热运动减弱并渐趋有序,系统能量随温度降低而下降,得到低能量的晶体结构。

2. 模拟退火算法的基本原理

模拟退火的基本思想是指将固体加温至充分高,再让其徐徐冷却,加温时,固体内部粒子随温升变为无序状,内能增大,而徐徐冷却时粒子渐趋有序,在每个温度都达到平衡态,最后在常温时达到基态,内能减为最小。

根据 Metropolis 准则,粒子在温度 T 时趋于平衡的几率为 $e^{-\Delta E/(kT)}$,其中 E 为温度 T 时的内能,ΔE 为其改变量,K 为 Boltzmann 常数。用固体退火模拟组合优化问题,将内能 E 模拟为目标函数值 f,温度 T 演化成控制参数 t,即得到解组合优化问题的模拟退火算法:由初始解和控制参数初值开始,对当前解重复"产生新解→计算目标函数差→判断是否接受→接受或舍弃"的迭代,并逐步衰减 t 值,算法终止时的当前解即为所得近似最优解,这是蒙特卡罗迭代求解法的一种启发式随机搜索过程。

如果用粒子的能量定义材料的状态,Metropolis 算法用一个简单的数字模型描述了退火过程。假设材料在状态 i 之下的能量为 $E(i)$,那么材料在温度 T 时从状态 i 进入到状态 j 就遵循如下规律:

如果 $E(j) \leqslant E(i)$,则接受该状态被转换;

如果 $E(j) > E(i)$,则状态转换以如下概率被接受:
$$p = e^{(E(i)-E(j))/(KT)} \tag{9-4}$$

式中,K 为物理学中的常数;T 为材料的温度。

(1) 模拟退火算法的组成

模拟退火算法由解空间、目标函数和初始解三部分组成。

① 解空间:对所有可能解均为可行解的问题定义为可能解的集合,对存在不可行解的问题,或限定解空间为所有可行解的集合,或允许包含不可行解但在目标函数中用惩罚函数(Penalty Function)惩罚以致最终完全排除不可行解。

② 目标函数:对优化目标的量化描述,是解空间到某个数集的一个映射,通常表示为若干优化目标的一个和式,应正确体现问题的整体优化要求且较易计算,当解空间包含不可行解时还应包括罚函数项。

③ 初始解:是算法迭代的起点,试验表明,模拟退火算法是健壮的(Robust),即最终解的求得不十分依赖初始解的选取,从而可任意选取一个初始解。

(2) 模拟退火算法的基本过程

① 初始化,给定初始温度 T_0 及初始解 ω,计算解对应的目标函数值 $f(\omega)$,在本节中 ω 代表一种聚类划分。

② 模型扰动产生新解 ω' 及对应的目标函数值 $f(\omega')$。

③ 计算函数差值 $\Delta f = f(\omega') - f(\omega)$。

④ 如果 $\Delta f \leqslant 0$,则接受新解作为当前解。

⑤ 如果 $\Delta f > 0$，则以概率 p 接受新解。

$$p = e^{-(f(\omega') - f(\omega))/(KT)} \quad (9-5)$$

⑥ 对当前 T 值降温，对步骤②~⑤迭代 N 次。

⑦ 如果满足终止条件，输出当前解为最优解，结束算法，否则降低温度，继续迭代。

模拟退火算法流程如图 9-11 所示。算法中包含 1 个内循环和 1 个外循环，内循环就是在同一温度下的多次扰动产生不同模型状态，并按照 Metropolis 准则接受新模型，因此是用模型扰动次数控制的；外循环包括了温度下降的模拟退火算法的迭代次数的递增和算法停止的条件，因此基本是用迭代次数控制的。

图 9-11 模拟退火算法流程图

3. 退火方式

模拟退火算法中，退火方式对算法有很大的影响。如果温度下降过慢，算法的收敛速度会大大降低。如果温度下降过快，可能会丢失极值点。为了提高模拟退火算法的性能，许多学者提出了退火方式，比较有代表性的几种退火方式如下：

①
$$T(t) = \frac{T_0}{\ln(1+t)} \quad (9-6)$$

t 代表图 9-14 中的最外层当前循环次数,其特点是温度下降缓慢,算法收敛速度也较慢。

②
$$T(t) = \frac{T_0}{\ln(1+at)} \tag{9-7}$$

a 为可调参数,可以改善退火曲线的形态。其特点是高温区温度下降较快,低温区是温度下降较慢,即主要在低温区进行寻优。

③
$$T(t) = T_0 \cdot a^t \tag{9-8}$$

a 为可调参数。其特点是温度下降较快,算法收敛速度快。

9.5.2 基于模拟退火思想的改进 K 均值聚类算法

1. K 均值算法的局限性

基本的 K 均值算法目的是找到使目标函数值最小的 K 个划分,算法思想简单,易实现,而且收敛速度较快。如果各个簇之间区别明显,且数据分布稠密,则该算法比较有效;但如果各个簇的形状和大小差别不大,则可能会出现较大的簇分割现象。此外,在 K 均值算法聚类时,最佳聚类结果通常对应于目标函数的极值点,由于目标函数可能存在很多的局部极小值点,这就会导致算法在局部极小值点收敛。因此初始聚类中心的随机选取可能会使解陷入局部最优解,难以获得全局最优解。

该算法的局限性主要表现为:
① 最终的聚类结果依赖于最初的划分。
② 需要事先指定聚类的数目 M。
③ 产生的类大小相关较大,对于"噪声"和孤立点敏感。
④ 算法经常陷入局部最优。
⑤ 不适合对非凸面形状的簇或差别很小的簇进行聚类。

2. 基于模拟退火思想的改进 K 均值聚类算法

模拟退火算法是一种启发式随机搜索算法,具有并行性和渐近收敛性,已在理论上证明它是一种以概率为1,收敛于全局最优解的全局优化算法,因此用模拟退火算法对 K 均值聚类算法进行优化,可以改进 K 均值聚类算法的局限性,提高算法性能。

基于模拟退火思想的改进 K 均值聚类算法中,将内能 E 模拟为目标函数值,将基本 K 均值聚类算法的聚类结果作为初始解,初始目标函数值作为初始温度 T_0,对当前解重复"产生新解→计算目标函数差→接受或舍弃新解"的迭代过程,并逐步降低 T 值,算法终止时当前解为近似最优解。这种算法开始时以较快的速度找到相对较优的区域,然后进行更精确的搜索,最终找到全局最优解。

3. 几个重要参数的选择

(1) 目标函数

选择当前聚类划分的总类间离散度作为目标函数,如式 9-12 所示。

$$J_\omega = \sum_{i=1}^{M} \sum_{X \in \omega_i} d(X, \overline{X^{(\omega_i)}}) \tag{9-9}$$

式中, X 为样本向量; ω 为聚类划分; $\overline{X^{(\omega_i)}}$ 为第 i 个聚类的中心; $d(X,\overline{X^{(\omega_i)}})$ 为样品到对应聚类中心距离; 聚类准则函数 J_ω 即为各类样本到对应聚类中心距离的总和。

（2）初始温度

一般情况下, 为了使最初产生的新解被接受, 在算法开始时就应达到准平衡。因此选取基本 K 均值聚类算法的聚类结果作为初始解, 初始温度 $T_0 = J_\omega$。

（3）扰动方法

模拟退火算法中的新解的产生是对当前解进行扰动得到的。本算法采用一种随机扰动方法, 即随机改变一个聚类样品的当前所属类别, 从而产生一种新的聚类划分, 从而使算法有可能跳出局部极小值。

（4）退火方式

本算法采用式(9-11)描述的退火方式, 其中 a 为退火速度, 控制温度下降的快慢, 取 $a = 0.99$。

4. 算法流程

基于模拟退火思想的改进 K 均值聚类算法流程如图 9-15 所示。

5. 实现步骤

实现步骤如下所述。

① 对样品进行 K 均值聚类, 将聚类划分结果作为初始解 ω, 根据式(9-12)计算目标函数值 J_ω。

② 初始化温度 T_0, 令 $T_0 = J_\omega$。初始化退火速度 a 和最大退火次数。

③ 对于某一温度 t, 在步骤④~⑦进行迭代, 直到达到最大迭代次数跳到步骤⑧。

④ 随机扰动产生新的聚类划分 ω', 即随机改变一个聚类样品的当前所属类别, 计算新的目标函数值 $J_{\omega'}$。

⑤ 判断新的目标函数值 $J_{\omega'}$ 是否为最优目标函数值, 是则保存聚类划分 ω' 为最优聚类划分、$J_{\omega'}$ 为最优目标函数值; 否则跳到下一步。

⑥ 计算新的目标函数值与当前目标函数值的差 ΔJ。

⑦ 判断 ΔJ 是否小于 0:

> 若 $\Delta J < 0$, 则接受新解, 即将新解作为当前解。
> 若 $\Delta J \geq 0$, 则根据 Metropolis 准则, 以概率 $p(p = e^{\Delta J/Kt})$ 接受新解。K 为常数, t 为当前温度。

⑧ 判断是否达到最大退火次数, 是则结束算法, 输出最优聚类划分; 否则根据退火公式(9-12)对温度 t 进行退火, 返回步骤③继续迭代。

6. 编程代码

```
%%%%%%%%%%%%%%%%%%%%%%%%%%%%%%%%%%%%%%%%
% 函数名称:C_MoNiTuiHuo( )
% 参数:m_pattern:样品特征库;patternNum:样品数目
```

第 9 章 聚类分析

图 9-12 基于模拟退火思想的改进 K 均值聚类算法流程图

```
% 返回值:m_pattern:样品特征库
% 函数功能        按照基于模拟退火的 K 均值算法对全体样品进行分类
%%%%%%%%%%%%%%%%%%%%%%%%%%%%%%%%%%%%%%%%%%%
function ( m_pattern ) = C_MoNiTuiHuo( m_pattern,patternNum )
    disType = DisSelDlg( );% 获得距离计算类型
    (centerNum iterNum Tn Ts) = InputTuiHuoDlg( );% 获得类中心数和最大迭代次数,最大退火次数,退火速度
```

```
for i = 1:patternNum
    m_pattern(i).distance = inf;
    m_pattern(i).category = -1;
end
randPattern = randperm(patternNum);
for i = 1:centerNum% 初始化,随机分配 centerNum 个粒子为一类
    m_pattern(randPattern(i)).category = i;
    m_pattern(randPattern(i)).distance = 0;
    m_center(i).feature = m_pattern(randPattern(i)).feature;
    m_center(i).index = i;
    m_center(i).patternNum = 1;
end
counter = 0;% 记录当前已经循环的次数
change = 1;
while(counter < iterNum&&change~ = 0)
    counter = counter + 1;
    change = 0;
    for i = 1:patternNum% 对所有样品重新归类
        % 计算第 i 个模式到各个聚类中心的最小距离
        index = -1;
        distance = inf;
        for j = 1:centerNum
            tempDis = GetDistance(m_pattern(i),m_center(j),disType);
            if(distance > tempDis)
                distance = tempDis;
                index = j;
            end
        end
        % 比较原中心号与新中心号
        % 相同:更新距离
        % 不同:1,新距离小,则归入新中心,更新距离,重新计算前后两个聚类中心模式
        % 2,新距离大于原距离,不处理

        if(m_pattern(i).category == index)% 属于原类
            m_pattern(i).distance = distance;
        else% 不属于原类
            oldIndex = m_pattern(i).category;% 记录原类号
            m_pattern(i).category = index;% 归入新类
            m_pattern(i).distance = distance;
            if(oldIndex~ = -1)
                m_center(oldIndex) = CalCenter(m_center(oldIndex),m_pattern,patternNum);
            end
            m_center(index) = CalCenter(m_center(index),m_pattern,patternNum);
```

```
                change = 1;
            end
        end
end
% 计算目标函数
AimFunc = 0;
for j = 1:patternNum
    AimFunc = AimFunc + GetDistance(m_pattern(j), m_center(m_pattern(j).category), dis-
Type);
end
AimOld = AimFunc;
oldCenter = m_center;
oldPattern = m_pattern;
Tc = 1;% 当前退火次数
bestAim = AimOld;% 最优目标函数
bestPattern = m_pattern;
MarkovLength = 1000;
Tb = 0;% 最优目标函数首次出现的退火次数
T = AimFunc;% 初始化温度参数
str = ('K 均值算法,最优目标函数值:'num2str(bestAim));
disp(str);
while(Tc <= Tn&&bestAim > 0.1)
    for inner = 1:MarkovLength
        % 产生随机扰动
        p = fix(rand * patternNum + 1);
        t = fix(rand * (centerNum - 1) + 1);
        if(m_pattern(p).category + t > centerNum)
            m_pattern(p).category = m_pattern(p).category + t - centerNum;
        else
            m_pattern(p).category = m_pattern(p).category + t;
        end
        % 重新计算聚类中心
        for i = 1:centerNum
            m_center(i) = CalCenter(m_center(i), m_pattern, patternNum);
        end
        AimFunc = 0;
        % 计算目标函数
        for j = 1:patternNum
            AimFunc = AimFunc + GetDistance(m_pattern(j), m_center(m_pattern(j).catego-
ry), disType);
        end
        e = AimFunc - AimOld;
        % 记录最优聚类
```

```
            if( AimFunc < bestAim )
                bestAim = AimFunc;
                bestPattern = m_pattern;
                Tb = Tc;
            end
            if( bestAim == 0 )
                break;
            end
            % 判断是否接受新解
            if( e < 0 )
                AimOld = AimFunc;
            else
                k = exp( -e/T );
                if( rand < exp( -e/T ) )
                    AimOld = AimFunc;
                else
                    m_pattern = oldPattern;
                    m_center = oldCenter;
                end
            end

        end
        T = T * Ts;
        if( T == 0 )
            break;
        end;
        Tc = Tc + 1;
        if( Tc - Tb > Tn/2 ) % 连续 Tn/2 次退火无改变,结束退火
            break;
        end
        str = ('已退火 ' num2str( Tc - 1 ) '次;"最优目标函数值:' num2str( bestAim ));
        disp( str );
        m_pattern = bestPattern;
end
m_pattern = bestPattern;
str = ('当前最优解出现时,已退火次数为:' num2str( Tb ));
msgbox( str,'modal');
```

7. 效果图

基于模拟退火思想的改进 K 均值聚类算法采用了 Metropolis 准则,故成为全局寻优算法。Metropolis 准则及算法的优点是:中间解以一定的接受概率跳出局部极小,避免落入局部极小

点的可能,然后在退火温度的控制下最终找到最优解。

如图 9-13(a)所示,对待聚类样品进行聚类时,选择不同的距离类型,在输入对话框中输入类中心数,K 均值算法最大迭代次数,退火次数和降温速度,如图 9-13(b)所示,最终输出聚类划分结果。如图 9-13(c)所示,最优解出现时的退火次数,如图 9-13(d)所示。如图 9-13(e)所示为整个退火过程中输出的最优目标函数值,可以看出 K 均值聚类的最终结果并不是全局最优,经过逐次退火,最终在第 16 次退火时找到全局最优解。

(a) 待聚类样品

(b) 输入参数

(c) 聚类效果图

(d) 最优解出现时的退火次数

(e) 退火过程

图 9-13　基于模拟退火思想的改进 K 均值聚类算法效果图

本章小结

本章介绍了两种基于试探的未知类别聚类算法,包括最临近规则的试探法和最大最小距离算法,还介绍了五种层次聚类算法,包括最短距离法、最长距离法、中间距离法、重心法、类平均距离法;介绍了两种动态聚类算法,K均值算法和迭代自组织的数据分析算法(ISODATA),最后介绍了模拟退火算法以及基于模拟退火思想的改进K均值算法。

习题 9

1. 样品间的距离度量方式有哪些?
2. 简述基于试探的未知类别聚类算法。
3. 什么是层次聚类算法? 它与基于试探的未知类别聚类算法有何异同?
4. 简述K均值算法的基本思想。
5. 叙述 ISODATA 的计算步骤。
6. 简述模拟退火算法的基本原理。

第 10 章　模糊聚类分析

本章要点：
- ☑ 模糊集的基础概念
- ☑ 模糊集运算
- ☑ 模糊关系
- ☑ 模糊集在模式识别中的应用
- ☑ 基于模糊的聚类分析

1965 年美国加利福尼亚州大学自动控制专家 C. A. Zadeh 教授首次发表 *Fuzzy Sets* 的论文,从此一门研究事物模糊性的新兴学科——模糊数学便应运而生,该学科在信息科学、系统工程、生物科学、社会科学、心理学、医学等方面都有广泛的应用。

模糊集理论是对传统集合理论的一种推广,在传统集合理论中,一个元素或者属于一个集合,或者不属于一个集合;而对于模糊集来说,每一个元素都是以一定的程度属于某个集合,也可以同时以不同的程度属于几个集合。精确性与模糊性相对立,是当今科学发展所面临的一个十分突出的矛盾。各门学科迫切要求数字化、定量化,但科学的深入发展意味着研究对象的复杂化,而复杂的东西又往往难以精确化,电子计算机的出现,可以在一定程度上解决这个矛盾,然而计算机的应用也更深刻地暴露了这个矛盾,原先的基于数学公式基础上的程序,要求高度的精确,但机器所执行的日益繁杂的任务,往往无法实现高度的精确。当一个系统复杂性增大时,其精确化的能力将降低。当达到一定的阈值限度时,复杂性和精确度将互相排斥。因此,如何使用模糊信息进行处理,使计算机带有接近人类的智能,这对简化模式识别系统使其更加实用可靠,无疑是带有战略性的科研课题。

人对于客观事物的认识往往带有模糊性,例如,常说"年轻"、"老年"、"高矮"、"胖瘦"等都是带有模糊性的语言,人类大都用这些模糊的词语来交流思想,互通信息,然后进行推理分析、综合判断,最后做出决策。客观事物是有确定性的,而反映在人的认识上却带有模糊性,人对于客观事物的识别往往只通过一些模糊信息的综合,便可以获得足够精确的定论,例如,从远方走来一个人,如果对这个人比较熟悉,只要通过来人的"高矮"、"胖瘦"、"穿戴特点"等模糊信息,就可以判断"大概是 XX"。模式识别这门学科的目的是把人类大脑的感觉、分析推理、决策分类等能力用计算机来加以实现。因此,如何用模糊信息进行处理,使计算机接近人类的智能,是当前非常重要的研究课题。

10.1　模糊集的基本概念

1. 隶属函数

集合可以表现概念,把具有某种属性的元素的全体叫做集合,把集合里的每个成员叫做这个集合的元素。普通集合论中的元素对集合表现的是绝对隶属关系,例如,从一群人 ($\tilde{X}$) 中,挑选出所有的男人来,构成子集 ω_A,任意讨论 ω_A 中的一个人 X,X 与 ω_A 之间只有"属于"和

"不属于"两类关系,绝不能模棱两可。

但是如果要把这群人中的中年人找出来,构成子集 ω_A,如图 10-1(a)所示。就不能对 $\tilde{X}$ 中的一个人 X 用"是""否"来做出肯定回答,在"是""否"中间容许有中间状态,提出隶属程度的思想,用隶属函数来代替普通集合论中的特征函数,把这群中年人构成一个模糊子集 ω_A,如图 10-1(b)所示,用隶属函数 μ 来刻画每个人隶属于"中年人"的程度。

图 10-1　子集 ω_A 与模糊子集 ω_A 之间的关系

隶属函数是表示一个对象 X 隶属于集合 ω_A 的程度的函数,通常记做 $\mu_{\omega_A}(X)$,其自变量范围是所有可能属于集合 ω_A 的对象(即集合 ω_A 所在空间中的所有点),取值范围是[0,1],即 $0 \leq \mu_{\omega_A}(X) \leq 1$。$\mu_{\omega_A}(X) = 1$ 表示 X 完全属于 ω_A,相当于传统集合概念上的 $X \in \omega_A$;而 $\mu_{\omega_A}(X) = 0$ 表示 X 完全不属于集合 ω_A,相当于传统集合概念上的 $X \notin \omega_A$。

对每个元素指定一个对于 ω_A 的隶属程度,45 岁的 a 隶属中年人的程度为 1,40 岁的 b 隶属中年程度为 0.9,35 岁的 c 隶属中年人的程度为 0.5,30 岁的 d 隶属中年人的程度为 0.3,25 岁的 e 肯定不是中年人,隶属中年程度为 0。

隶属度是模糊集合赖以建立的基石,要确定恰当的隶属函数并不容易,迄今仍无一个统一标准的法则可以遵循。这需要对被描述的概念有足够的了解,一定的数学技巧,而且还包括心理测量的进行与结果的运用。正如某一事件的发生与否有一定的不确定性(随机性)一样,某一对象是否符合某一概念也有一定的不确定性(称之为模糊性)。

随机性是因果律的一种或缺,在那里事件本身有明确的含义,只是由于条件不完全,使得在条件与事件间不能出现决定性的因果关系。概率论的运用,得以从随机性中把握广义的因果律——隶属规律。

模糊性则是排中律的一种或缺,在这里由于概念本身没有明确的外延,故而某一对象是否符合这一概念的划分就有不确定性,模糊数学正是从这一不确定性(模糊性)中确立的广义的排中律——隶属规律。

隶属度的具体确定,往往包含着人脑的加工,包含着某一种心理过程,但心理过程也是物质性的,心理物理学的大量实验已经表明:人由各种感觉获得心理量与外界刺激的物理量间保持着相当严格的关系,对心理测量结果的运用与修正,导致隶属度的正确建立。

在某些场合,隶属度可以用模糊统计的方法来确定。模糊统计实验有四个要素:

① 论域 $\tilde{X}$,如手写数字集合;

② $\tilde{X}$ 中的一个元素 X_0,如某一个手写的数字"2";

③ $\tilde{X}$ 中的一个边界可变的普通集合 ω_A,如"写得像'2'的手写数字"。ω_A 联系于一个模糊集及相应的模糊概念。

④ 条件 s,它联系着按模糊概念所进行的划分过程的全部主客观因素,它制约着 ω_A 边界的改变。例如,不同的实验者对"该手写数字像不像数字'2'"的理解。

模糊性产生的根本原因是:s 对按模糊概念所做的划分引起 ω_A 的变异,它可能覆盖了 X_0,也可能不覆盖,这就导致 X_0 对 ω_A 的隶属关系不确定。例如,有的人认为该手写数字像"2",有的人认为不像。

模糊统计实验的基本要求是在每一次实验下,要对 X_0 是否属于 ω_A 做出一个确切的判断,做 N 次实验,就可以算出 X_0 对 ω_A 的隶属频率:

$$X_0 \text{ 对 } \omega_A \text{ 的隶属频率} = \frac{\text{"} X_0 \in \omega_A \text{"的次数}}{N}$$

其他隶属度函数确定的方法还有二元对比排序法、推理法、专家评分法等。

2. 模糊子集的定义

定义 设 $\tilde{X} = \{X\}$ 是一个集合,$\mu_{\omega_A}(X)$ 定义在 $\tilde{X}$ 上,并且 $\mu_{\omega_A}(X) \in [0,1]$,则给定论域 $\tilde{X}$ 上的一个模糊子集 ω_A,是指:对于任意 $X \in \tilde{X}$,都确定了一个数 $\mu_{\omega_A}(X)$,称 $\mu_{\omega_A}(X)$ 为 X 对 ω_A 的隶属度。$\mu \to \mu_{\omega_A}(X)$ 叫做 ω_A 的隶属函数。模糊子集完全由其隶属函数所刻画。当 $\mu_{\omega_A}(X)$ 的值域为 $\{0,1\}$ 时,μ_{ω_A} 蜕化为一个普通子集的特征函数,普通子集是模糊子集的特殊形态。参见图 10-1,在论域 $\tilde{X}$ 中确定一个模糊子集 ω_A,它表示"中年人"这一模糊概念。即 $\tilde{X} = \{a, b, c, d, e\}$,对于每一个元素,制定一个对于 ω_A 的隶属度:

$$a \to 1, b \to 0.9, c \to 0.5, d \to 0.3, e \to 0$$

这样便确定了一个模糊子集 ω_A,它是"中年人"这一模糊概念在论域 $\tilde{X}$ 上的表现。这里,$\tilde{X}$ 由有限个元素组成,叫做有限论域。有限论域上的模糊子集可以用向量来表示,"中年人"在 $\tilde{X}$ 上的模糊子集 ω_A 可以写成

$$\omega_A = (1, 0.9, 0.5, 0.3, 0)$$

也可以采用 Zadeh 的记法:

$$\omega_A = 1/a + 0.9/b + 0.5/c + 0.3/d + 0/e$$

或

$$\omega_A = 1/a + 0.9/b + 0.5/c + 0.3/d$$

在此不要误把上式右端当做分式求和。分母位置放置的是论域 $\tilde{X}$ 中的元素,分子位置放置的是相应元素的隶属度。当隶属度为 0 时,可以不放置此项。也可以采用另一种记法:

$$\omega_A = \{(1, a), (0.9, b), (0.5, c), (0.3, d), (0, e)\}$$

模糊子集是通过隶属函数来定义的。如果要问 ω_A 究竟是由哪些元素组成的? 那么我们必须对隶属度取一定的阈值 α,当选取不同的 α 时,其模糊集的范围也不同。如上例中有

$$\omega_{A_1} = \{a\}, \omega_{A0.9} = \{a, b\} \quad \omega_{A0.5} = \{a, b, c\} \quad \omega_{A0.3} = \{a, b, c, d\} \quad \omega_{A0} = \{a, b, c, d, e\}$$

10.2 模糊集运算

10.2.1 模糊子集运算

两个模糊子集间的运算实际上就是逐点对隶属度做相应的运算。

(1) 两模糊子集的相等

设 ω_A, ω_B 均为 $\tilde{X}$ 中的模糊集,若对 $\forall X \in \tilde{X}$ 均有 $\mu_{\omega_A}(X) = \mu_{\omega_B}(X)$,则称 ω_A 和 ω_B 相等,即

$$\omega_A = \omega_B \Leftrightarrow \mu_{\omega_A}(X) = \mu_{\omega_B}(X) \tag{10-1}$$

(2) 包含

设 ω_A 与 ω_B 均为 $\tilde{X}$ 中的模糊集,若对 $\forall X \in \tilde{X}$ 均有 $\mu_{\omega_A}(X) \leq \mu_{\omega_B}(X)$,则称 ω_B 包含 ω_A,即

$$\omega_A \subseteq \omega_B \Leftrightarrow \mu_{\omega_A}(X) \leq \mu_{\omega_B}(X) \tag{10-2}$$

(3) 空集

设 ω_A 为 $\tilde{X}$ 中的模糊集,若对 $\forall X \in \tilde{X}$ 均有 $\mu_{\omega_A}(X) = 0$,则称 ω_A 为空集,即

$$\omega_A = \varnothing \Leftrightarrow \mu_{\omega_A}(X) = 0 \tag{10-3}$$

(4) 补集

设 $\omega_A, \overline{\omega_A}$ 为 $\tilde{X}$ 中的模糊集,若对于 $\forall X \in \tilde{X}$ 均有 $\mu_{\omega_A}(X) = 1 - \mu_{\overline{\omega_A}}(X)$,则称 $\overline{\omega_A}$ 为 ω_A 的补集,即

$$\overline{\omega_A} \Leftrightarrow \mu_{\omega_A}(X) = 1 - \mu_{\overline{\omega_A}}(X) \tag{10-4}$$

(5) 全集

设 ω_A 为 $\tilde{X}$ 中的模糊子集,若对于 $\forall X \in \tilde{X}$ 均有 $\mu_{\omega_A}(X) = 1$,则称 ω_A 为全集,记做 Ω,即

$$\omega_A = \Omega \Leftrightarrow \mu_{\omega_A}(X) = 1 \tag{10-5}$$

(6) 并集

设 $\omega_A, \omega_B, \omega_C$ 均为 $\tilde{X}$ 中的模糊集,若对于 $\forall X \in \tilde{X}$ 均有 $\mu_{\omega_C}(X) = \max\{\mu_{\omega_A}(X), \mu_{\omega_B}(X)\}$,则称 ω_C 为 ω_A 与 ω_B 的并集,即

$$\omega_C = \omega_A \cup \omega_B \Leftrightarrow \mu_{\omega_C}(X) = \max\{\mu_{\omega_A}(X), \mu_{\omega_B}(X)\} \tag{10-6}$$

(7) 交集

设 $\omega_A, \omega_B, \omega_C$ 均为 $\tilde{X}$ 中的模糊集,若对于 $\forall X \in \tilde{X}$ 均有 $\mu_{\omega_C}(X) = \min\{\mu_{\omega_A}(X), \mu_{\omega_B}(X)\}$,则称 ω_C 为 ω_A 与 ω_B 的交集,即

$$\omega_C = \omega_A \cap \omega_B \Leftrightarrow \mu_{\omega_C}(X) = \min\{\mu_{\omega_A}(X), \mu_{\omega_B}(X)\} \tag{10-7}$$

例:设有两个模糊集 ω_A, ω_B,

$$\omega_A = 1.0/a + 0.9/b + 0.6/c + 0.2/d + 0.3/e + 0.0/f$$
$$\omega_B = 0.9/a + 0.8/b + 0.7/c + 0.3/d + 0.2/e + 0.1/f$$

则

$$\overline{\omega_A} = 0.0/a + 0.1/b + 0.4/c + 0.8/d + 0.7/e + 1.0/f$$
$$\overline{\omega_B} = 0.1/a + 0.2/b + 0.3/c + 0.7/d + 0.8/e + 0.9/f$$
$$\omega_A \cap \omega_B = 0.9/a + 0.8/b + 0.6/c + 0.2/d + 0.2/e + 0.0/f$$
$$\omega_A \cup \omega_B = 1.0/a + 0.9/b + 0.7/c + 0.3/d + 0.3/e + 0.1/f$$

10.2.2 模糊集运算性质

在普通集合中成立的各种基本性质,一般来说对于模糊集也都成立。但由于在模糊集中一般的互补律不成立,因而需要注意到虽然模糊集在包含关系上构成分配格,但并未构成布尔格。各种基本性质如下:

$$\omega_A \subseteq \omega_A \quad (\text{自反律}) \tag{10-8}$$

$$\text{若 } \omega_A \subseteq \omega_B, \omega_B \subseteq \omega_A, \text{则 } \omega_A = \omega_B \quad (\text{反对称律}) \tag{10-9}$$

$$\text{若 } \omega_A \subseteq \omega_B, \omega_B \subseteq \omega_C, \text{则 } \omega_A \subseteq \omega_C \quad (\text{传递律}) \tag{10-10}$$

$$\left.\begin{array}{l}\omega_A \cup \omega_A = \omega_A \\ \omega_A \cap \omega_A = \omega_A\end{array}\right\}(\text{幂等律}) \tag{10-11}$$

$$\left.\begin{array}{l}\omega_A \cup \omega_B = \omega_B \cup \omega_A \\ \omega_A \cap \omega_B = \omega_B \cap \omega_A\end{array}\right\}(\text{交换律}) \tag{10-12}$$

$$\left.\begin{array}{l}(\omega_A \cup \omega_B) \cup \omega_C = \omega_A \cup (\omega_B \cup \omega_C) \\ (\omega_A \cap \omega_B) \cap \omega_C = \omega_A \cap (\omega_B \cap \omega_C)\end{array}\right\}(\text{结合律}) \tag{10-13}$$

$$\left.\begin{array}{l}(\omega_A \cap \omega_B) \cup \omega_A = \omega_A \\ (\omega_A \cup \omega_B) \cap \omega_A = \omega_A\end{array}\right\}(\text{吸收律}) \tag{10-14}$$

$$\left.\begin{array}{l}\omega_A \cup (\omega_B \cap \omega_C) = (\omega_A \cup \omega_B) \cap (\omega_A \cup \omega_C) \\ \omega_A \cap (\omega_B \cup \omega_C) = (\omega_A \cap \omega_B) \cup (\omega_A \cap \omega_C)\end{array}\right\}(\text{分配律}) \tag{10-15}$$

$$\overline{\overline{\omega_A}} = \omega_A \quad (\text{双重否定律}) \tag{10-16}$$

$$\left.\begin{array}{l}\overline{(\omega_A \cup \omega_B)} = \overline{\omega_A} \cap \overline{\omega_B} \\ \overline{(\omega_A \cap \omega_B)} = \overline{\omega_A} \cup \overline{\omega_B}\end{array}\right\}(\text{德·摩根律}) \tag{10-17}$$

$$\left.\begin{array}{l}\omega_A \cup \Omega = \Omega, \omega_A \cap \Omega = \omega_A \\ \omega_A \cup \varnothing = \omega_A, \omega_A \cap \varnothing = \varnothing\end{array}\right\}(\text{定常律}) \tag{10-18}$$

一般地

$$\omega_A \cup \overline{\omega_A} \neq \Omega, \omega_A \cap \overline{\omega_A} \neq \varnothing \quad (\text{互补律不成立}) \tag{10-19}$$

10.3 模糊关系

本节中将介绍模糊关系的定义、建立及其运算。

1. 模糊矩阵

在现实生活中,我们常要考虑两个模糊集内各元素之间的关系,已知 U、V 是两论域,设 U 是样品甲的状态集,V 是样品乙的状态集。若同时考虑甲、乙两个因素,则其可能的状态集是由 U、V 中任意搭配的元素对 (u,v) 构成的,称为 U 与 V 的笛卡儿乘积集,记做

$$U \times V = \{(u,v) \mid u \subset U, v \subset V\} \tag{10-20}$$

笛卡儿乘积集是两集合元素间的无约束搭配。若对这种搭配加以一定的限制,便表现了 U、V 之间的某种特殊关系,称为 U、V 的模糊关系 R。模糊关系 R 的隶属函数 $\mu_R(U,V)$ 叫做 (U,V)

具有关系 R 的程度,$\mu_R: U \times V \longrightarrow [0,1]$,表示 U、V 具有关系 R 的程度。

若有一批样品共 N 个,每个样品有 n 个特征,则可把 X 看做一个 n 维列行向量,该向量 X 称为特征向量,样品 i 记做

$$X_i = \begin{pmatrix} x_{i1} \\ x_{i2} \\ \vdots \\ x_{in} \end{pmatrix} = (x_{i1}, x_{i2}, \cdots, x_{in})^{\mathrm{T}}$$

如表 10-1 所示为原始资料矩阵。

表 10-1　原始资料矩阵

特征 样品	x_1	x_2	$\cdots$	x_k	$\cdots$	x_n
X_1	x_{11}	x_{12}	$\cdots$	x_{1k}	$\cdots$	x_{1n}
X_2	x_{21}	x_{22}	$\cdots$	x_{2k}	$\cdots$	x_{2n}
$\cdots$	$\cdots$	$\cdots$	$\cdots$	$\cdots$	$\cdots$	$\cdots$
X_i	x_{i1}	x_{i2}	$\cdots$	x_{ik}	$\cdots$	x_{in}
$\cdots$	$\cdots$	$\cdots$	$\cdots$	$\cdots$	$\cdots$	$\cdots$
X_j	x_{j1}	x_{j2}	$\cdots$	x_{jk}	$\cdots$	x_{jn}
$\vdots$	$\vdots$	$\vdots$	$\vdots$	$\vdots$	$\vdots$	$\vdots$
X_N	x_{N1}	x_{N2}	$\cdots$	x_{Nk}	$\cdots$	x_{Nn}

样品 i 与样品 j 的之间的相似程度,$i=1,2,\cdots,N$,$j=1,2,\cdots,N$,i 与 j 任意搭配,表示它们之间的贴近程度,构成模糊关系 R。此时模糊关系 R 可以用矩阵形式表示,即

$$R = \begin{bmatrix} r_{11} & r_{12} & \cdots & r_{1N} \\ r_{21} & r_{22} & \cdots & r_{2N} \\ \vdots & \vdots & \vdots & \vdots \\ r_{N1} & r_{N2} & \cdots & r_{NN} \end{bmatrix}$$

$R = (r_{ij})$,其中 $r_{ij} = \mu_R(X_i, X_j)$。

显然有 $0 \leqslant r_{ij} \leqslant 1$,$1 \leqslant i,j \leqslant N$,满足以上条件的矩阵称为模糊矩阵。特别地,当 $r_{ij} \in \{0,1\}$,$(1 \leqslant i,j \leqslant N)$ 时,矩阵 R 退化为布尔矩阵。布尔矩阵可以表达一种普通的关系。

2. 模糊关系的建立

模糊关系可以用于聚类分析,但对样品的聚类效果怎样呢? 关键是选择合理的统计指标,即被选中的指标应有明确的实际意义,有较强的分辨力和代表性。在统计指标确定后就可以按照下面的内容进行分类。

① 把各代表点的统计指标的数据标准化,以便分析和比较。这一步也称为正规化。为把标准化数据压缩到 $(0,1)$ 闭区间,可以用极值标准化公式:

$$x = \frac{x' - x'_{\min}}{x'_{\max} - x'_{\min}} \tag{10-21}$$

当 $x' = x'_{\max}$ 时,$x=1$;当 $x' = x'_{\min}$ 时,$x=0$,否则取 $[0,1]$ 之间。

② 算出被分类对象间具有此种关系的程度 r_{ij}(最通常是 X_i 与 X_j 的相似程度),其中 $i,j =$

$1,2,\cdots,N$。N 为对象个数,从而确定论域 $\widetilde{X}$ 上的模糊关系 R。

3. 计算 r_{ij} 常用的方法

(1) 欧氏距离法

$$r_{ij} = 1 - \sqrt{\frac{1}{n}\sum_{k=1}^{n}(x_{ik}-x_{jk})^2} \qquad (10\text{-}22)$$

式中,x_{ik} 为第 i 个样品第 k 个特征的值,x_{jk} 为第 j 个样品的第 k 个特征的值。

(2) 数量积

$$r_{ij} = \begin{cases} 1, & \text{当 } i = j \text{ 时} \\ \sum_{k=1}^{n}\dfrac{x_{ik}x_{jk}}{M}, & \text{当 } i \neq j \text{ 时} \end{cases} \qquad (10\text{-}23)$$

式中,M 为一适当选择的正数,满足 $M \geq \max_{ij}\left(\sum_{k=1}^{n}x_{ik}x_{jk}\right)$

(3) 相关系数

$$r_{ij} = \frac{\sum_{k=1}^{n}|x_{ik}-\overline{x_k}||x_{jk}-\overline{x_k}|}{\sqrt{\sum_{k=1}^{n}(x_{ik}-\overline{x_k})^2}\sqrt{\sum_{k=1}^{n}(x_{jk}-\overline{x_k})^2}} \qquad \text{其中}\ \overline{x_k} = \frac{1}{N}\sum_{p=1}^{N}x_{pk} \qquad (10\text{-}24)$$

(4) 指数相似系数

$$r_{ij} = \frac{1}{n}\sum_{k=1}^{n}\exp\left(\frac{3}{4}\frac{(x_{ik}-x_{jk})^2}{\delta_k^2}\right) \qquad \text{其中}\ \delta_k^2\ \text{为适当选择的正数} \qquad (10\text{-}25)$$

(5) 非参数法

令 $x'_{ik} = x_{ik} - \overline{x_k}$

$n^+ = \{x'_{im}\cdot x'_{jm}\}$ 中大于 0 的个数

$n^- = \{x'_{im}\cdot x'_{jm}\}$ 中小于 0 的个数

$$r_{ij} = \frac{|n^+ - n^-|}{n^+ + n^-} \qquad (10\text{-}26)$$

(6) 最大最小法

$$r_{ij} = \frac{\sum_{k=1}^{n}\min(x_{ik},x_{jk})}{\sum_{k=1}^{n}\max(x_{ik},x_{jk})} \qquad (10\text{-}27)$$

(7) 算数平均法

$$r_{ij} = \frac{\sum_{k=1}^{n}\min(x_{ik},x_{jk})}{\dfrac{1}{2}\sum_{k=1}^{n}(x_{ik}+x_{jk})} \qquad (10\text{-}28)$$

(8) 几何平均最小法

$$r_{ij} = \frac{\sum\limits_{k=1}^{n} \min(x_{ik}, x_{jk})}{\sum\limits_{k=1}^{n} \sqrt{(x_{ik} \cdot x_{jk})}} \quad (10\text{-}29)$$

(9) 绝对值指数法

$$r_{ij} = \exp\left(-\sum_{k=1}^{n} |x_{ik} - x_{jk}|\right) \quad (10\text{-}30)$$

(10) 绝对值倒数法

$$r_{ij} = \begin{cases} 1, & \text{当 } i = j \text{ 时} \\ \dfrac{M}{\sum\limits_{k=1}^{n} |x_{ik} - x_{jk}|}, & \text{当 } i \neq j \text{ 时} \end{cases} \quad (10\text{-}31)$$

(11) 绝对值减数法

$$r_{ij} = \begin{cases} 1, & \text{当 } i = j \text{ 时} \\ 1 - M\sum\limits_{k=1}^{n} |x_{ik} - x_{jk}|, & \text{当 } i \neq j \text{ 时} \end{cases} \quad \text{其中 } M \text{ 适当选取,使 } 0 \leq r_{ij} \leq 1 \quad (10\text{-}32)$$

(12) 主观评定法

以百分制打分,然后除以 100,得到 [0,1] 区间的一个数,也可多人打分求平均。

上述各种方法的优劣不能一概而论,模糊关系用于分类时,设计并选取建立模糊关系的方法是很重要的。

4. 模糊矩阵的运算

(1) 并、交非运算的定义

定义 设以 F_{nm} 表示全体 n 行 m 列的模糊矩阵,对任意 $R, S \in F_{nm}$,有 $R = (r_{ij})$,$S = (s_{ij})$,定义

$$R \cup S = (r_{ij} \vee s_{ij})$$
$$R \cap S = (r_{ij} \wedge s_{ij})$$
$$\overline{R} = (1 - r_{ij})$$

分别为 R 与 S 的并、交及 R 的余矩阵。

例:设

$$R = \begin{pmatrix} 0.5 & 0.3 \\ 0.4 & 0.8 \end{pmatrix} \quad S = \begin{pmatrix} 0.8 & 0.5 \\ 0.3 & 0.7 \end{pmatrix}$$

则

$$R \cup S = \begin{pmatrix} 0.8 & 0.5 \\ 0.4 & 0.8 \end{pmatrix}, R \cap S = \begin{pmatrix} 0.5 & 0.3 \\ 0.3 & 0.7 \end{pmatrix}, \overline{R} = \begin{pmatrix} 0.5 & 0.7 \\ 0.6 & 0.2 \end{pmatrix}$$

如果 $r_{ij} = s_{ij}$ 对所有 i, j 成立,则称 $R = S$。

单位矩阵 I:对角线上为 1,其余为 0 的模糊矩阵;零矩阵:全部项为 0 的模糊矩阵,以 $\mathbf{0}$ 表

示;全矩阵 E:全部项均为 1 的模糊矩阵。

对任意 $R,S,T \in F_{nm}$,下列性质成立:

性质 1 交换律。

性质 2 结合律。

性质 3 分配律。

性质 4 等幂律。

性质 5 吸收律。

性质 6 $0 \cup R = R, 0 \cap R = 0; E \cup R = E, E \cap R = R$。

性质 7 $0 \subseteq R \subseteq E$。

如果对任意 i,j 均有 $r_{ij} \leq s_{ij}$,称矩阵 S 包含矩阵 R,记做 $R \subseteq S$。

性质 8 $R \subseteq S \Leftrightarrow R \cup S = S \Leftrightarrow R \cap S = R$。

性质 9 若 $R_1 \subseteq S_1, R_2 \subseteq S_2$,则有 $(R_1 \cup R_2) \subseteq (S_1 \cup S_2), (R_1 \cap R_2) \subseteq (S_1 \cap S_2)$。

性质 10 $R \subseteq S \Leftrightarrow \bar{R} \supseteq \bar{S}$。

对于任意 $\lambda \in [0,1]$,记 $R_\lambda = (\lambda_{ij})$,其中

$$\lambda_{ij} = \begin{cases} 1, & \text{当 } r_{ij} \geq \lambda \text{ 时} \\ 0, & \text{当 } r_{ij} < \lambda \text{ 时} \end{cases}$$

称 R_λ 为 R 的 λ 截矩阵,它所对应的关系叫做 R 的截关系。截矩阵必是布尔矩阵。

性质 11 $R \subseteq S \Leftrightarrow R_\lambda \subseteq S_\lambda$。

性质 12 $(R \cup S)_\lambda = R_\lambda \cup S_\lambda$ (此时不能推广到无限个矩阵的并集)

$(R \cap S)_\lambda = R_\lambda \cap S_\lambda$

(2) 模糊关系的合成与模糊矩阵的合成

设 $Q \in F_{U \times V}, R \in F_{V \times W}$,称 Q 对 R 的合成为 U 到 W 的一个模糊关系,它具有隶属度函数

$$\mu_{(Q \circ R)}(x,z) = \bigvee_{y \in V}(\mu_Q(x,y) \wedge \mu_R(y,z))$$

设 $Q = (q_{ij})_{nm}, R = (r_{jk})_{m1}$,定义 $S = Q \circ R \in F_{n1}$ 且有

$$S_{ik} = \bigvee_{j=1}^{m}(q_{ij} \wedge r_{jk})$$

式中,"$\wedge$"表示求最小值,"$\vee$"表示求最大值。

称矩阵 Q 对矩阵 R 的合成为矩阵 S。S 也叫做 Q 对 R 的模糊积。

由上述定义可以得到以下结论:对于有限论域,由模糊矩阵乘积的定义,其运算过程与普通矩阵乘法相同,只不过将实数加法改成求并集,实数乘法改成求交集而已。

例:若 $Q = \begin{bmatrix} 0.3 & 0.7 & 0.2 \\ 1 & 0 & 0.4 \\ 0 & 0.5 & 1 \\ 0.6 & 0.7 & 0.8 \end{bmatrix}$ $R = \begin{bmatrix} 0.1 & 0.9 \\ 0.9 & 0.1 \\ 0.6 & 0.4 \end{bmatrix}$ 则有 $S = Q \circ R = \begin{bmatrix} 0.7 & 0.3 \\ 0.4 & 0.9 \\ 0.6 & 0.4 \\ 0.7 & 0.6 \end{bmatrix}$

$S_{11} = (q_{11} \wedge r_{11}) \vee (q_{12} \wedge r_{21}) \vee (q_{13} \wedge r_{31})$

$= (0.3 \wedge 0.1) \vee (0.7 \wedge 0.9) \vee (0.2 \wedge 0.6)$

$= 0.1 \vee 0.7 \vee 0.2$

$= 0.7$

如此,等等。

性质 13 对模糊矩阵有
$$(Q \circ R)_\lambda = Q_\lambda \circ R_\lambda$$

性质 14 模糊乘法结合律
$$(Q \circ R) \circ S = Q \circ (R \circ S)$$

推论:$R^m \circ R^n = R^{m+n}$

性质 15
$$(Q \cup R) \circ S = (Q \circ S) \cup (R \circ S)$$
$$S \circ (Q \cup R) = (S \circ Q) \cup (S \circ R)$$

性质 16 $0 \circ R = R \circ 0, I \circ R = R \circ I = R$

(3) 模糊关系的基本性质

我们把具有自反性、对称性、传递性的模糊关系称为等价模糊关系。

自反性:对于一个 $\tilde{X} \times \tilde{X}$ 中的模糊关系 R,对所有 $X \in \tilde{X}$,若 $\mu_R(X,X) = 1$ 成立,则称这种模糊关系 R 具有自反性。

对称性:若对所有的 $(X_i, X_j) \in \tilde{X} \times \tilde{X}$ 均有 $\mu_R(X_i, X_j) = \mu_R(X_j, X_i)$ 成立,则称模糊关系 R 具有对称性。

相似关系:我们把具有自反性和对称性的模糊关系称为相似关系。

一个 $\tilde{X} \times \tilde{X}$ 中的模糊关系 R,如果矩阵 $\mu_R(X_i, X_j)$ 中的对角线元素均为 1,则 R 具有自反性,若主对角线对称的元素均相等,则 R 具有对称性。若满足 $R \cdot R \subseteq R$,则 R 具有传递性,传递性关系实质上包含着它与它自己的合成。

例如:
$$R = \begin{bmatrix} 1 & 0.9 & 0.6 & 0.3 & 0.3 \\ 0.9 & 1 & 0.9 & 0.9 & 0.9 \\ 0.6 & 0.9 & 1 & 0.3 & 0.3 \\ 0.3 & 0.9 & 0.3 & 1 & 0.2 \\ 0.3 & 0.9 & 0.3 & 0.2 & 1 \end{bmatrix}$$

R 对角线为 1,具有自反性;R 关于对角线对称,具有对称性;$R \circ R = R$,满足传递性,所以,R 是一个等价矩阵。

10.4 模糊集在模式识别中的应用

模式识别实际上是一个分类问题,它是将一个未知模式指定为已知类别中的一种。利用模糊子集理论可以归纳为:隶属原则识别法和择近原则识别法。在实际问题中还有另一种分类问题,也就是我们可以利用模糊关系进行聚类分析。

1. 隶属原则识别法

在通常的模式识别中,所谓模式,总是有一个明确、清晰、肯定的样式,例如,识别手写数字时,其模式就是印刷体的数字。根据隶属度最大的原则来分类是很自然的。这种直接由计算样品的隶属度来判断其归属的方法,称做模式分类的隶属度原则,也叫做模糊模式分类的直接方法。

隶属度原则：设论域$\widetilde{X}$中有M个模糊子集$\omega_1,\omega_2,\cdots,\omega_M$，且对于每一个$\omega_i$都有隶属度函数$\mu_{\omega_i}(X)$，对任意$X_0 \in \widetilde{X}$，若有

$$\mu_{\omega i}(X_0) = \max[\mu_{\omega_1}(X_0),\mu_{\omega_2}(X_0),\cdots,\mu_{\omega_M}(X_0)] \tag{10-33}$$

则认为X_0属于ω_i，隶属原则是明显的，易于公认的，但其效果如何却十分依赖于建立已知模式类隶属函数的技巧。

2. 择近原则识别法

在实际的模式识别中，被识别的对象往往不是论域$\widetilde{X}$中的一个确定的元素，而是$\widetilde{X}$中的一个子集。这时，所讨论的对象不是一个元素对集合的隶属程度，而是两个模糊子集间的贴近程度。

设ω_A,ω_B是$\widetilde{X}$上的两个模糊子集，则其间的贴近度定义为

$$(\omega_A,\omega_B) = \frac{1}{2}[\omega_A \cdot \omega_B + (1 - \omega_A \odot \omega_B)] \tag{10-34}$$

式中

$$\omega_A \cdot \omega_B = \bigvee_{x \in E}(\omega_A(x) \wedge \omega_B(x))$$

$$\omega_A \odot \omega_B = \bigwedge_{x \in E}(\omega_A(x) \vee \omega_B(x))$$

分别称为A和B的内积和外积。

例如，$\widetilde{X} = \{a,b,c,d,e,f\}$

$$\omega_A = 0.6/a + 0.8/b + 1.0/c + 0.8/d + 0.6/e + 0.4/f$$
$$\omega_B = 0.4/a + 0.6/b + 0.8/c + 1.0/d + 0.8/e + 0.6/f$$

则

$\omega_A \odot \omega_B = (0.6 \vee 0.8) \wedge (0.8 \vee 0.6) \wedge (1.0 \vee 0.8) \wedge (0.8 \vee 1.0) \wedge (0.6 \vee 0.8) \wedge (0.4 \vee 0.6) = 0.6$

$\omega_A \cdot \omega_B = (0.6 \wedge 0.4) \vee (0.8 \wedge 0.6) \vee (1.0 \wedge 0.8) \vee (0.8 \wedge 1.0) \vee (0.6 \wedge 0.8) \vee (0.4 \wedge 0.6) = 0.8$

$$(\omega_A,\omega_B) = \frac{1}{2}[0.8 + (1 - 0.6)] = 0.6$$

利用贴近度进行分类：

设$\widetilde{X}$上n个模糊子集$\omega_{A_1},\omega_{A_2},\cdots,\omega_{A_n}$及另一个模糊子集$\omega_B$，若有$1 \leq i \leq n$使

$$(\omega_B,\omega_{A_i}) = \max_{1 \leq j \leq n}(\omega_B,\omega_{A_j})$$

则称ω_B与ω_{A_i}最接近，或者说ω_B属于ω_{A_j}类。

上式说明，要判别某一模糊子集ω_B属于$\omega_{A_1},\omega_{A_2},\cdots,\omega_{A_n}$中的哪一类，则应首先计算$\omega_B$与$\omega_{A_1},\omega_{A_2},\cdots,\omega_{A_n}$各类的贴近度，然后把$\omega_B$归入贴近度最大的那一类。

10.5 基于模糊的聚类分析

1. 理论基础

同时满足自反性、对称性、传递性的模糊关系是等价模糊关系，等价模糊关系可以用来进行模式聚类。不具有等价关系的模糊关系不能用于聚类。为了得到模糊关系R的模糊等价

关系,可以用 R 自乘得到,即 $R \circ R = R^2, R^2 \circ R^2 = R^4 \cdots$,一直到 $R^{2k} = R^k$,至此,R^k 便是一模糊等价关系。此方法是由"传递闭包"而来的,此处不予证明。

例:设论域 $\tilde{X} = \{X_1, X_2, \cdots, X_5\}$

给定模糊关系矩阵:

$$R = \begin{bmatrix} 1 & 0.48 & 0.62 & 0.41 & 0.47 \\ 0.48 & 1 & 0.48 & 0.41 & 0.47 \\ 0.62 & 0.48 & 1 & 0.41 & 0.47 \\ 0.41 & 0.41 & 0.41 & 1 & 0.41 \\ 0.47 & 0.47 & 0.47 & 0.41 & 1 \end{bmatrix}$$

显然 R 是自反的和对称的。验证可得 $R \circ R = R^2 = R$,故 R 是一个模糊等价关系。现根据不同的 λ 分类:

① $0.62 < \lambda \leq 1$ 时,

$$R_\lambda = \begin{bmatrix} 1 & 0 & 0 & 0 & 0 \\ 0 & 1 & 0 & 0 & 0 \\ 0 & 0 & 1 & 0 & 0 \\ 0 & 0 & 0 & 1 & 0 \\ 0 & 0 & 0 & 0 & 1 \end{bmatrix}$$,此时共分五类,每个元素一类,这是"最细分类"。

② $0.48 < \lambda \leq 0.62$ 时,

$$R_\lambda = \begin{bmatrix} 1 & 0 & 1 & 0 & 0 \\ 0 & 1 & 0 & 0 & 0 \\ 1 & 0 & 1 & 0 & 0 \\ 0 & 0 & 0 & 1 & 0 \\ 0 & 0 & 0 & 0 & 1 \end{bmatrix}$$,此时分四类:$\{x_1, x_3\}, \{x_2\}, \{x_4\}, \{x_5\}$

③ 当 $0.47 < \lambda \leq 0.48$ 时,

$$R_\lambda = \begin{bmatrix} 1 & 1 & 1 & 0 & 0 \\ 1 & 1 & 1 & 0 & 0 \\ 1 & 1 & 1 & 0 & 0 \\ 0 & 0 & 0 & 1 & 0 \\ 0 & 0 & 0 & 0 & 1 \end{bmatrix}$$,此时分三类:$\{x_1, x_2, x_3\}, \{x_4\}, \{x_5\}$

④ 当 $0.41 < \lambda \leq 0.47$ 时,

$$R_\lambda = \begin{bmatrix} 1 & 1 & 1 & 0 & 1 \\ 1 & 1 & 1 & 0 & 1 \\ 1 & 1 & 1 & 0 & 1 \\ 0 & 0 & 0 & 1 & 0 \\ 1 & 1 & 1 & 0 & 1 \end{bmatrix}$$,此时分两类:$\{x_1, x_2, x_3, x_5\}, \{x_4\}$

⑤ $0 < \lambda \leq 0.41$ 时,全部元素分为一类。

2. 实现步骤

① 在左视图中建立数据源(手写、标准数字按钮,打开位图文件),如图10-2所示,调用

GetFeature( )函数,获得所有样品特征。

图 10-2 源图像

② 选择"模糊聚类"菜单,弹出"模糊距离选择"对话框,如图 10-3 所示,从对话框中选择距离模式(欧氏距离、数量积、相关系数、最大最小法、算数平均法、几何平均最小法)。

③ 选择不同的聚类计算公式,程序会给出选定距离模式下的模糊矩阵。计算选定距离模式下的模糊矩阵,如图 10-4 所示。

调用 GetFuzzyDistance( )函数,得到样品之间的模糊距离,生成初始模糊矩阵。调用 GetFuzzyIntergral( )函数,得到模糊矩阵中的模糊积。

④ 在对话框中输入阈值,如图 10-5 所示。

图 10-3 选择距离模式

图 10-4 输出选定距离模式下的模糊矩阵

⑤ 在原来的模糊矩阵中,模糊系数大于给定阈值的将被置成 1,小于阈值的将被置成 0,就会得到根据阈值聚类的模糊矩阵对照表,如图 10-6 所示。

[图:输入阈值对话框，当前阈值 0.22933; 0.24005; 0.29816; 0.46811; 0.57877; 0.64377; 0.65392; 0.69647; 0.69939; 0.70074; 0.74846; 1; 输入阈值(模糊系数大于该阈值的样品将被归为同类) 0.3]

图 10-5　输入聚类模糊系数阈值

⑥ 将等价矩阵中每行为 1 的系数所对应的列归为同一类，输出聚类结果，如图 10-7 所示。

图 10-6　输出聚类前后模糊矩阵对照表

图 10-7　模糊聚类结果

3. 编程代码

函数调用关系：

[m_pattern] = C_FuzzyCluster(m_pattern, patternNum)//用模糊聚类方法对全体样品进行分类

　　↳ [result] = GetFuzzyDistance(p1, p2, disType, m_pattern, patternNum)// 计算两个样品 p1，p2 的模糊距离，距离模式由参数 disType 给出

　　↳ [result] = GetFuzzyIntegral(dis, i, j, patternNum) // 返回模糊距离矩阵 dis 中第 i 行第 j 列的模糊积

%%%
% 函数名称: C_FuzzyCluster( )
% 参数: m_pattern:样品特征库; patternNum:样品数目
% 返回值: m_pattern:样品特征库
% 函数功能: 按照模糊聚类法对全体样品进行分类
%%%
function [m_pattern] = C_FuzzyCluster(m_pattern, patternNum)
　　disType = FuzzyDisSelDlg( ); % 获得距离计算类型
　　dis = zeros(patternNum, patternNum); % 模糊系数矩阵

```
tempDis = zeros(patternNum, patternNum);
%得到初始模糊距离
for i = 1:patternNum
    for j = 1:patternNum
        dis(i,j) = GetFuzzyDistance(i,j,disType,m_pattern,patternNum);
    end
end
%构造等价类
flag = true;

while(flag)
    flag = false;
    for i = 1:patternNum
        for j = 1:patternNum
            if(i == j)%对角线为1
                tempDis(i,j) = 1;
            else
                tempDis(i,j) = GetFuzzyIntegral(dis,i,j,patternNum);
            end
        end
    end

    for i = 1:patternNum
        for j = 1:patternNum
            if((tempDis(i,j) - dis(i,j))^2 > 0.000001)
                flag = true;
                break;
            end
        end
        if(flag)
            break;
        end
    end

    dis = tempDis;
end

%显示模糊系数矩阵
num = zeros(patternNum + 1, patternNum + 1);
for i = 1:patternNum + 1
    for j = 1:patternNum + 1
        if(i == 1&&j~=1)
            num(i,j) = j - 1;
```

```
                elseif( i == 1&&j == 1 )
                    num(i,j) = 0;
                elseif( j == 1 )
                    num(i,j) = i - 1;
                else
                    num(i,j) = dis(i - 1,j - 1);
                end
            end
        end
% 当样品个数小于 16 个时,显示模糊系数矩阵
if( patternNum < 16 )
    a = [ (980 - 60 * patternNum)/2,650 - 30 * patternNum,65 * patternNum,30 * patternNum ];
    h = figure('Position',a,'Name','模糊系数矩阵 ');
    figure(h);
    axes('XTick',[ ],'YTick',[ ],'Units','pixels','XColor',[ 1 1 1 ],'YColor',[ 1 1 1 ],'Position',
        [0,0,a(3),a(4)]);
        for i = 1:patternNum + 1
            for j = 1:patternNum + 1
                if (i~ = 1||j~ = 1)
                    text(60 * (j - 1) + 10,a(4) - 20 * i,num2str(num(i,j)),'Units','pixels');
                else
                    text(60 * (j - 1) + 10,a(4) - 20 * i,'行/列 ','Units','pixels');
                end
            end
        end
end
pointer = 1;
xiShu = - ones(1,patternNum * patternNum);
% 记录模糊系数矩阵中不同的系数
    for i = 1:patternNum
        for j = i:patternNum
            done = false;
            for k = 1:pointer
                d = (xiShu(1,k) - dis(i,j))^2;
                if( (xiShu(1,k) - dis(i,j))^2 < 0.0000001 )
                    done = true;
                    break;
                end
            end
            if( ~done )
                xiShu(1,pointer) = dis(i,j);
                pointer = pointer + 1;
            end
```

```
            end
    end

for i = 1 : pointer − 1% 对阈值由小到大排序
    for j = 1 : pointer − i − 1
        if( xiShu( 1 ,j ) > xiShu( 1 ,j + 1 ) )
            temp = xiShu( 1 ,j ) ;
            xiShu( 1 ,j ) = xiShu( 1 ,j + 1 ) ;
            xiShu( 1 ,j + 1 ) = temp ;
        end
    end
end
str1 = [ '当前阈值 '] ;
str3 = ['输入阈值(模糊系数大于该阈值的样品将被归为同类)'] ;
str2 ='' ;
for i = 1 : pointer − 1
    str2 = [ str2  num2str( xiShu( 1 ,i ) ) '；  '] ;
end
show = char( str1 ,str2 ,str3 ) ;
T = inputdlg( show ,'输入阈值对话框 ') ;
T = str2num( T{1,1}) ;

% 根据阈值输出聚类结果
result = zeros( patternNum ,patternNum ) ;
for i = 1 : patternNum
    m _ pattern( i ). category = 0 ;
    for j = 1 : patternNum
        if ( dis( i ,j ) > T)
            result( i ,j ) = 1 ;
        else
            result( i ,j ) = 0 ;
        end
    end
end
centerNum = 0 ;

% 显示模糊聚类结果
for i = 1 : patternNum + 1
    for j = 1 : patternNum + 1
        if( i = = 1&&j ~ = 1 )
            num( i ,j ) = j − 1 ;
        elseif( i = = 1&&j = = 1 )
            num( i ,j ) = 0 ;
```

```matlab
                elseif(j==1)
                    num(i,j) = i-1;
                else
                    num(i,j) = result(i-1,j-1);
                end
            end
    end
    % 当样品个数小于16个时,显示模糊系数矩阵对照表
    if(patternNum < 16)
        set(h,'Name','每行中"1"对应的列为同一类','Position',[a(1),a(2),a(3)/2,a(4)]);
        axes('XTick',[],'YTick',[],'Units','pixels','XColor',[1 1 1],'YColor',[1 1 1],'Position',[0,0,a(3)/2,a(4)]);
            for i = 1:patternNum + 1
                    for j = 1:patternNum + 1
                        if (i ~ =1||j ~ =1)
                            text(30*(j-1)+10,a(4)-20*i,num2str(num(i,j)),'Units','pixels');
                        else
                            text(30*(j-1)+10,a(4)-20*i,'行/列','Units','pixels');
                        end
                    end
            end
        set(h,'WindowStyle','modal');
    end

    % 按照阈值分类
    for i = 1:patternNum
        for j = i:patternNum
            if(result(i,j) = = 1)
                if(m_pattern(i).category ~ =0)
                    m_pattern(j).category = m_pattern(i).category;
                elseif(m_pattern(j).category ~ =0)
                    m_pattern(i).category = m_pattern(j).category;
                else
                    centerNum = centerNum + 1;
                    m_pattern(i).category = centerNum;
                    m_pattern(j).category = centerNum;
                end
            end
        end
    end
    %*****************************************************
```

% 函数名称:GetFuzzyDistance(p1,p2,disType,m_pattern,patternNum)
% 参数：   p1： 样品 1 序号
%   p2：   样品 2 序号
%   disType：   距离模式 1:欧氏距离;2:数量积;
%   3:相关系数;4:最大最小法
%   5:算数平均法;6:几何平均最小法
%   m_pattern:样品特征库
%   patternNum:样品数量
% 返回值：   result:距离
% 函数功能:计算样品 1 和样品 2 间的模糊距离,距离模式由参数 disType 给定
%***
function [result] = GetFuzzyDistance(p1,p2,disType,m_pattern,patternNum)
    result = 0;
    global Nwidth;
    switch(disType)
        case 1% 欧氏距离
            max = 0;
            for i = 1:patternNum − 1
                for j = i + 1:patternNum
                    tempDis = GetDistance(m_pattern(i),m_pattern(j),1) ;
                    if(max < tempDis)
                        max = tempDis;
                        result = (max − GetDistance(m_pattern(p1),m_pattern(p2),1))/max;
                    end
                end
            end
        case 2% 数量积
            max = 0;
            for i = 1:patternNum − 1
                for j = i + 1:patternNum
                    temp = m_pattern(i).feature(:)' * m_pattern(j).feature(:);
                    if(max < temp)
                        max = temp;
                    end
                end
            end
            temp = m_pattern(p1).feature(:)' * m_pattern(p2).feature(:);
            result = temp/max;
        case 3% 相关系数
            ap1 = 0;
            ap2 = 0;
            ap1 = mean(mean(m_pattern(p1).feature));
            ap2 = mean(mean(m_pattern(p2).feature));

```
            ap1 = ap1 * ones(Nwidth * Nwidth,1);
            ap2 = ap2 * ones(Nwidth * Nwidth,1);
            a = (m_pattern(p1).feature(:) - ap1)' * (m_pattern(p2).feature(:) - ap2);
            b1 = (m_pattern(p1).feature(:) - ap1)' * (m_pattern(p21).feature(:) - ap1);
            b2 = (m_pattern(p2).feature(:) - ap2)' * (m_pattern(p2).feature(:) - ap2);
            if(b2 * b1 ~ = 0)
                result = a/sqrt(b1 * b2);
            end
        case 4% 最大最小法
            min = 0;
            max = 0;
            for m = 1:Nwidth
                for n = 1:Nwidth
                    if(m_pattern(p1).feature(m,n) < m_pattern(p2).feature(m,n))
                        min = min + m_pattern(p1).feature(m,n);
                        max = max + m_pattern(p2).feature(m,n);
                    else
                        min = min + m_pattern(p2).feature(m,n);
                        max = max + m_pattern(p1).feature(m,n);
                    end
                end
            end
            if(max ~ = 0)
                result = min/max;
            end
        case 5% 算数平均法
            min = 0;
            max = 0;
            for m = 1:Nwidth
                for n = 1:Nwidth
                    if(m_pattern(p1).feature(m,n) < m_pattern(p2).feature(m,n))
                        min = min + m_pattern(p1).feature(m,n);
                    else
                        min = min + m_pattern(p2).feature(m,n);
                    end
                    max = max + m_pattern(p1).feature(m,n) + m_pattern(p2).feature(m,n);
                end
            end
            if(max ~ = 0)
                result = 2 * min/max;
            end
        case 6% 几何平均最小法
            min = 0;
```

第 10 章 模糊聚类分析

```
                max = 0;
                for m = 1:Nwidth
                    for n = 1:Nwidth
                        if(m_pattern(p1).feature(m,n) < m_pattern(p2).feature(m,n))
                            min = min + m_pattern(p1).feature(m,n);
                        else
                            min = min + m_pattern(p2).feature(m,n);
                        end
                        max = max + sqrt(m_pattern(p1).feature(m,n) * m_pattern(p2).feature
                        (m,n));
                    end
                end
                if(max ~ = 0)
                    result = min/max;
                end
        end
%*******************************************
% 函数名称:          GetFuzzyIntegral()
% 参数:              dis:   模糊距离数组
%                    i:     数组的第 i 行
%                    j:     数组的第 j 列
%                    patternNum: 样本数量
% 返回值:            result:模糊积
% 函数功能:          返回模糊距离数组中第 i 行第 j 列的模糊积
%*******************************************
function [ result ] = GetFuzzyIntegral( dis,i,j,patternNum )
        result = 0;
        for t = 1:patternNum
            if(dis(i,t) < dis(t,j))
                td = dis(i,t);
            else
                td = dis(t,j);
            end
            if(result < td)
                result = td;
            end
        end
end
```

4. 效果图

(1) 在选择阈值恰当情况下的聚类效果

在左视图中建立数据源(手写、标准数字按钮、打开文件),如图 10-8(a)所示,选择"模糊聚类"菜单,弹出"模糊距离选择"对话框,如图 10-8(b)所示,选择不同的聚类计算公式,然后程序会给出选定距离模式下的模糊矩阵,如图 10-8(c)所示。根据模糊矩阵选取分类阈值,如图 10-8(d)所示,就会得到根据阈值聚类的模糊矩阵对照表。在原来的模糊矩阵中,

(a) 源图像

(b) 选择距离模式

(c) 输出选定距离模式下的模糊矩阵

(d) 输入聚类模糊系数阈值

(e) 输出聚类前后模糊矩阵对照表

(f) 模糊聚类结果

图 10-8 正确聚类的阈值和结果

第 10 章 模糊聚类分析

模糊系数大于给定阈值的将被置成 1,小于阈值的将被置成 0,如图 10-8(e)所示。可以看到选择不同的分类阈值,会得到不同的聚类结果,如图 10-8(f)所示。不同的聚类计算公式会产生不同的阈值,而阈值的正确选择可得到正确的聚类结果。将等价矩阵中每行为 1 的系数所对应的列归为同一类,输出聚类结果。

图 10-8 列举了应用欧氏距离(读者可以选择不同的距离计算公式)进行模糊聚类的效果图。

(2) 在选择阈值过小情况下的聚类效果

当用户给定的阈值过小时,如图 10-9(a)所示,则会减少分类数目,根据如图 10-9(b)所示的模糊矩阵对照表,将不同的样品归入同一类,如图 10-9(c)所示。

(a) 输入阈值过小

(b) 模糊矩阵对照表　　　　　(c) 聚类结果,不同类样品被归入同一类

图 10-9　阈值过小时的聚类结果

(3) 在选择阈值过大情况下的聚类效果

如果用户给定的阈值过大,如图 10-10(a)所示,则会增大聚类数目,根据如图 10-10(b)所示的模糊矩阵对照表,将本来属于同一类的样品分到不同的类中,如图 10-10(c)所示。

(4) 应用于图形情况下的聚类效果

模糊聚类法同样能应用于图形的聚类中,如图 10-11(a)所示。选择一种距离模式如图 10-11(b)所示,根据该距离模式产生如图 10-11(c)所示的模糊矩阵,给定阈值,如图 10-11(d)所示。输出聚类前后的模糊矩阵对照表,如图 10-11(e)所示,输出模糊聚类的结果,如图 10-11(f)所示。由图可见,模糊聚类法效果令人满意。

(a) 输入阈值过大

(b) 模糊矩阵对照表

(c) 聚类结果，同类样品被归入不同类

图 10-10　阈值过大时的聚类结果

(a) 图形原文件

(b) 输入聚类模式

(c) 输出该距离模式下的模糊矩阵

图 10-11　模糊聚类应用于图形聚类

(d) 输入模糊系数的阈值

(e) 输出聚类前后的模糊矩阵对照表

(f) 模糊聚类的结果

图 10-11　模糊聚类应用于图形聚类(续)

本章小结

本章介绍了模糊集的基本概念,包括隶属函数和模糊子集的定义,介绍了模糊集运算及其性质,还介绍了模糊关系及模糊集在模式识别中的应用,详细介绍了模糊集理论应用于聚类问题的方法和步骤。

习题 10

1. 模糊集合与普通集合有什么区别?
2. 什么是隶属度函数? 它和模糊子集有什么关系?
3. 叙述模糊集运算的性质。
4. 如何将一个普通模糊矩阵转化成等价矩阵?
5. 叙述将模糊集理论应用于聚类问题的步骤。

第 11 章　遗传算法聚类分析

本章要点：
☑ 遗传算法的基本概念
☑ 遗传算法的构成要素
☑ 控制参数的选择
☑ 基于遗传算法的聚类分析

11.1　遗传算法的基本原理

遗传算法(Genetic Algorithms,GA)是一种新近发展起来的搜索最优解方法。它模拟生命进化机制,也就是说,模拟自然选择和遗传进化中发生的繁殖、交配和突变现象,从任意一个初始种群出发,通过随机选择、交叉和变异操作,产生一群新的更适应环境的个体,使群体进化到搜索空间中越来越好的区域。这样一代一代不断繁殖、进化,最后收敛到一群最适应环境的个体上,求得问题的最优解。遗传算法对于复杂的优化问题无须建模和复杂运算,只要利用遗传算法的三种算子就能得到最优解。

经典遗传算法的一次进化过程示意图如图 11-1 所示,该图给出了第 n 代群体经过选择、交叉、变异生成第 $n+1$ 代群体的过程。

个体1		个体1		子孙1 (1×2)		新子孙1
个体2		个体2		子孙2 (1×2)		新子孙2
个体3		个体3		子孙3 (3×4)		新子孙3
个体4		个体4		子孙4 (3×4)		新子孙4
个体5		个体5		子孙5 (5×6)		新子孙5
		个体6		子孙6 (5×6)		新子孙6
						新子孙7
个体n						
父代(n代)	选择	中间群体	交叉	中间群体	变异	子代($n+1$代)

图 11-1　遗传算法的一次进化过程

1. 术语介绍

从图 11-1 可见,遗传算法涉及一些基本概念,下面对常见的术语进行解释。
① 个体(individual):GA 所处理的基本对象、结构。
② 群体(population):个体的集合。

③ 位串(bit string):个体的表示形式,对应于遗传学的染色体(chromosome)。

④ 基因(gene):位串中的元素,表示不同的特征,对应于生物学中的遗传物质单位,以 DNA 序列形式把遗传信息译成编码。

⑤ 基因位(locus):某一基因在染色体中的位置。

⑥ 等位基因(allele):表示基因的特征值,即相同基因位的基因取值。

⑦ 位串结构空间(bit string space):等位基因任意组合构成的位串集合,基因操作在位串结构空间进行,对应于遗传学中的基因型的集合。

⑧ 参数空间(paremeteres space):是指位串空间在物理系统中的映射,对应于遗传学中的表现型的集合。

⑨ 适应值(fitness):某一个体对于环境的适应程度,或者在环境压力下的生存能力,取决于遗传特性。

⑩ 选择(selection):在有限资源空间上的排他性竞争。

⑪ 交叉(crossover):一组位串或染色体上对应基因段的交换。

⑫ 变异(mutation):染色体水平上的基因变化,可以遗传给子代个体。

为了说明这些术语的含义,图 11-2 给出了对个体的形象化表示。

图 11-2 个体结构(由位串或染色体组成)

2. 遗传算法的问题求解过程

遗传算法的问题求解过程如下所述。

① 编码:遗传算法在求解之前,先将问题解空间的可行解表示成遗传空间的基因型串结构数据,串结构数据的不同组合构成了不同的可行解。

② 生成初始群体:随机产生 N 个初始串结构数据,每个串结构数据成为一个个体,N 个个体组成一个群体,遗传算法以该群体作为初始迭代点。

③ 适应度评估检测:根据实际标准计算个体的适应度,评判个体的优劣,即该个体所代表的可行解的优劣。

④ 选择:从当前群体中选择优良的(适应度高的)个体,使它们有机会被选中进入下一次迭代过程,舍弃适应度低的个体。体现了进化论的"适者生存"原则。

⑤ 交叉:遗传操作,下一代中间个体的信息来自父辈个体,体现了信息交换的原则。

⑥ 变异:随机选择中间群体中的某个个体,以变异概率 P_m 大小改变个体某位基因的值。变异为产生新个体提供了机会。

经典遗传算法流程图如图 11-3 所示,算法完全依靠三个遗传算子进行求解,当停止运算条件满足时,达到最大循环次数,同时最优个体不再进化。

图 11-3 遗传算法流程图

3. 遗传算法的特点

遗传算法与其他优化算法相比,主要有以下几个特点:

① 遗传算法以问题参数的编码集为处理对象。传统的优化算法往往直接利用问题的参数的实际值本身来进行优化计算,通过调整参数的值找到最优解。但是遗传算法通过将参数编码,在求解问题的决定因素和控制参数的编码集上进行操作,因而不受函数限制条件(如导数的存在、连续性、单调性等)的约束,可以解决传统方法不能解决的问题。

② 遗传算法求解是从问题的解位串集开始搜索,而不是单个解开始搜索,搜索空间范围大,降低了陷入局部最优的可能性。

③ 遗传算法仅使用目标函数进行搜索,不需要其他辅助信息。这使遗传算法大大扩大了应用范围,因为目标函数总是存在的,所以遗传算法可以应用在绝大部分问题中。

④ 遗传算法的三个遗传算子(选择、交叉、变异)是随机的。

⑤ 隐含的并行性。

⑥ 可扩展性,易于同其他技术结合。

11.2 遗传算法的构成要素

11.2.1 染色体的编码

所谓编码,就是指将问题的解空间转换成遗传算法所能处理的搜索空间。进行遗传算法求解前,必须对问题的解空间进行编码,以使它能够被遗传算法的算子操作。例如,用遗传算法进行模式识别,将样品标识后,各个样品的特征及所属类别构成了聚类问题的解空间。编码是应用遗传算法时要解决的首要问题,也是关键问题,它决定了个体的染色体中基因的排列次序,也决定了遗传空间到解空间的变换解码方法。编码的方法也影响到了遗传算子(选择、交叉、变异)的计算方法,好的编码方法能够大大提高遗传算法的效率。

如何确定编码没有统一的标准,Dejong 曾给出两条参考规则。

① 有意义的积木块编码原则:易于产生与所求问题相关,且具有低阶、短定义、长模式的编码方案。"模式"是指具有某些基因相似性的个体集合,而具有最短定义长度、低阶、确实硬度较高的模式称为构造优良个体的积木块或基因块。该原则理解为应采用易于生成高适应度个体的编码方案。

② 最小字符集编码原则:能使问题得到自然表示,或其描述具有最小编码字符集的编码方案。

这两条仅仅是指导规则,并不一定适用于所有场合。在实际应用中对编码方法、遗传算子等应统一考虑,以获得一种描述方便、计算效率高的方案。

常用的编码方法有以下几种。

(1) 二进制编码

二进制编码是遗传算法编码中最常用的方法。其编码符号集是二值符号集$\{0,1\}$,其个体基因是二值符号串。

二进制编码中符号串的长度与问题的求解精度相关。设某一参数 x 的变化范围是$[a,b]$,编码长度为 n,则编码精度为 $\dfrac{b-a}{2^n-1}$。

二进制编码、解码操作简单易行,遗传操作便于实现,符合最小字符集编码原则。

(2) 符号编码方法

符号编码方法是指个体染色体串中的基因值取自一个无数值意义的只有代码含义的符号集。这个符号集可以是一个字母表,如$\{A,B,C,\cdots\}$,也可以是一个序号表$\{1,2,3,\cdots\}$,其优点是符合有意义的积木块原则,便于在遗传算法中利用所求问题的专业知识。

(3) 浮点数编码

此编码方案中个体的每个基因值是一个浮点数,一般采用决策变量的真实值。该方法适合在遗传算法中表示较大的数,应用于高精度的遗传算法,搜索空间较大,改善了算法的复杂性。

11.2.2 适应度函数

在遗传算法中,模拟自然选择的过程主要通过评估函数 CalObjValue( ) 和适应度函数 CalFitnessValue( ) 来实现。前者计算每个个体优劣的绝对值,后者计算每个个体相对于整个群体的相对适应性。个体适应度的大小决定了其继续繁衍还是消亡。适应度高的个体被复制到下一代的可能性高于适应度低的个体。

适应度函数是整个遗传算法中极为关键的一部分。好的适应度函数能够指导我们从非最优的个体进化到最优个体,并且能够用来解决一些遗传算法中的问题,如过早收敛与过慢结束的矛盾。

如果个体的适应度值很高,大大高于个体适应度均值,它将得到更多的机会被复制,所以有可能在没有达到最优解,甚至没有得到可接受解时,就因为某个或某些个体的副本充斥整个群体而过早地收敛到局部最优解,失去了找到全局最优解的机会。这就是所谓的过早收敛问题。要解决过早收敛问题,就要调整适应度函数,对适应度值的范围进行压缩,防止那些"过于适应"的个体过早地在整个群体中占据统治地位。

与之相对应,遗传算法中还存在着结束缓慢的问题。也就是说,在迭代许多代以后,整个种群已经大部分收敛,但是还没有得到稳定的全局最优解。整个种群的平均适应度值较高,而且最优个体的适应度值与全体适应度均值间的差别不大,这就导致没有足够的力量推动种群遗传进化找到最优解。解决这个问题的方法是扩大适应度函数值的范围,拉大最优个体适应度值与群体适应度均值的距离。解决这个问题的方法还有适应度函数缩放方法、适应度函数排序法、适应度窗口技术、锦标赛选择等方法。

11.2.3 遗传算子

1. 选择算子

遗传算法中的"选择"算子就是用来确定如何从父代群体中按照某种方法,选择哪些个体作为子代的遗传算子。选择算子建立在对个体适应度进行评价的基础上,目的是避免基因损失,提高全局收敛性和计算效率。常用选择算子的操作方法有以下几种。

(1) 赌轮选择方法

赌轮选择方法又称比例选择方法,其基本思想是个体被选择的概率与其适应度值大小成正比。由于选择算子是随机操作的,这种算法的误差比较大,有时适应度最高的个体也不会被选中。各个样品按照其适应度值占总适应度值的比例组成面积为 1 的一个圆盘,指针转动停止后,指向的个体将被复制到下一代,适应度高的个体被选中的概率大,但是适应度低的个体也有机会被选中,这样有利于保持群体的多样性。

(2) 排序选择法

在计算每个个体的适应度之后,根据适应度大小对群体中的个体排序,再将事先设计好的概率表分配给各个个体,所有个体按适应度大小排序,选择概率与适应度无关,仅与序号相关。

(3) 最优保存策略

最优保存策略的基本思想是:适应度最高的个体尽量保留到下一代群体中。其操作过程如下:

① 找出当前群体中适应度最高和最低的个体。
② 若当前个体适应度比总的迄今为止最好的个体适应度还要高,则用当前最优个体替代总的最优个体。
③ 用迄今为止最好个体替换最差个体。

最优保存策略保证最优个体不被破坏,能够被复制到下一代,是遗传算法收敛性的一个重要保证条件。另一方面,它也会使一个局部最优解不易被淘汰而迅速扩散,导致算法的全局搜索能力不强。

2. 交叉算子

在进化算法中,交叉是遗传算法所独有的方法,用于保留原始性特征。遗传算法交叉算子模仿自然界有性繁殖的基因重组过程,其作用在于将原有的优良基因遗传给下一代个体,并生成包含更复杂结构的新个体。交叉操作一般分为以下几个步骤:

① 从交配池中随机地取出要交配的一对个体。

② 根据位串长度 L 对要交配的这对个体,随机地选取 $[1,L]$ 中的一个或多个整数作为交叉位。

③ 根据交叉概率 $P_c(0<P_c\leqslant1)$ 实时交叉操作,配对个体在交叉位置相互交换各自的部分内容,从而形成一个新的个体。

通常使用的交叉算子有一点交叉、两点交叉、多点交叉和一致交叉等。

(1) 一点交叉

一点交叉是指在染色体中随机选择一个交叉点,如图 11-4(a)所示,交叉点在第五位,然后把第一个父代的交叉点前的位串和第二个父代交叉点及其以后的位串,组成一个新的染色体,第二个父代的交叉点前的位串和第一个父代的交叉点及其以后的位串组合成另一个新的染色体,如图 11-4(b)所示。

2 3 2 4	1 1 3 2 4 3 2 1	父代1
2 1 1 4	4 3 2 3 2 1 4 2	父代2

(a) 交叉点在父代染色体的第五位

2 3 2 4	4 3 2 3 2 1 4 2	子代1
2 1 1 4	1 1 3 2 4 3 2 1	子代2

(b) 交叉后得到的子代个体

图 11-4 一点交叉示意图

(2) 两点交叉

两点交叉是指在父代的染色体中随机选择两个交叉点,如图 11-5(a)所示,然后交换父代染色体中交叉点间的基因,得到下一代个体,如图 11-5(b)所示。

2 3 2 4	1 1 3 2	4 3 2 1	父代1
2 1 1 4	4 3 2 3	2 1 4 2	父代2

(a) 父代的交叉点在低五位和第九位

2 3 2 4	4 3 2 3	4 3 2 1	父代1
2 1 1 4	1 1 3 2	2 1 4 2	父代2

(b) 交叉后得到的子代个体

图 11-5 两点交叉示意图

（3）一致交叉

在一致交叉中，子代的每一位随机地从两个父代中的对应位取得。

3. 变异算子

变异操作模拟自然界生物体进化中，染色体上某位基因发生的突变现象，从而改变染色体的结构和物理性状。变异是遗传算法中保持物种多样性的一个重要途径。它以一定的概率选择个体染色体中的某一位或某几位，随机地改变该位基因值，以达到变异的目的。

在遗传算法中，由于算法执行过程中的收敛现象，可能使整个种群的染色体上的某一位或某几位都收敛到固定值。如果整个种群所有的染色体中有 n 位取值相同，那么单纯的交叉算子所能够达到的搜索空间只占整个搜索空间的 $(1/2)^n$，大大降低了搜索能力，所以引进变异算子改变这种情况是必要的。生物学家一般认为变异是更为重要的进化方式，并且认为只通过选择与变异就能够进行生物进化的过程。

11.3 控制参数的选择

在遗传算法的运行过程中，存在着对其性能产生重大影响的一组参数，这组参数在初始阶段和群体进化过程中需要合理地选择和控制，以使遗传算法以最佳的搜索轨迹达到最优解。主要参数有染色体位串长度 L、群体规模 n、交叉概率 P_c 和变异概率 P_m。

（1）位串长度 L

位串长度的选择取决于特定问题解的精度。要求精度越高，位串越长，需要的计算时间越多。为了提高运行效率，可采用变长位串的编码方法。

（2）群体规模 n

大群体含有较多的模式，为遗传算法提供了足够的模式采样容量，可以改善遗传算法的搜索质量，防止成熟前收敛。但是大群体增加了个体适应性的评价计算量，从而降低了收敛速度。一般情况下专家建议 $n = 20 \sim 200$。

（3）交叉概率 P_c

交叉概率控制着交叉算子使用的频率，在每一代新的群体中，需要对 $P_c \cdot n$ 个个体的染色体结构进行交叉操作。交叉概率越高，群体中结构的引入就越快，已获得的优良基因结果的丢失速度也相应地提高了，而交叉概率太低则可能导致搜索阻滞。一般取 $P_c = 0.6 \sim 1.0$。

（4）变异概率 P_m

变异操作是保持群体多样性的手段，交叉结束后，中间群体中的全部个体位串上的每位基因值按变异概率 P_m 随机改变，因此每代中大约发生 $P_m \cdot n \cdot L$ 次变异。变异概率太小，可能使某些基因位过早地丢失信息而无法恢复；而变异（变异）概率过高，则遗传算法将变成随机搜索。一般取 $P_m = 0.005 \sim 0.05$。

实际上，上述参数与问题的类型有着直接的关系。问题的目标函数越复杂，参数选择就越困难。从理论上讲，不存在一组适用于所有问题的最佳参数值，随着问题特征的变化，有效参数的差异往往非常显著。如何设定遗传算法的控制参数，以使遗传算法的性能得到改善，还需要结合实际问题深入研究。

11.4 基于遗传算法的聚类分析

1. 问题提出

许多学科要根据所测得的相似数据进行分类,把探测数据归入到各个聚合类中,且在同一个聚合类中的模式比不同聚合类中的模式更相似,从而对模式间的相互关系做出估计。聚类分析的结果可以被用来对数据提出初始假设,分类新数据,测试数据的同类型及压缩数据。聚类问题的特点是事先不了解一批样品中每一个样品的类别或者其他的先验知识,而唯一的分类依据是样品的特性,利用样品的特性来构造分类器。聚类算法的重点是寻找特征的相似性。

一幅图像中含有多个物体,在图像中进行聚类分析需要对不同的物体分割标识,如图 11-6 所示,手写了 (1,2,3,4,4,2,3,3,3,4,4,4) 共 12 个待分类样品,要分成 4 类,如何让计算机自动将这 12 个样品归类呢?遗传算法在解决这种聚类问题上表现非常出色,它不仅运算速度快,而且准确率高。本节介绍用遗传算法解决聚类问题的实现方法。

图 11-6 待聚类的样品数字

2. 染色体的构造

对图 11-6 所示的 12 个样品进行编号,如图 11-7 所示,在每个样品的右上角,不同的样品编号不同,而且编号始终固定。

采用符号编码,位串长度 L 取 12 位,基因代表样品所属的类号 (1~4),基因位的序号代表样品的编号,基因位的序号是固定的,也就是说某个样品在染色体中的位置是固定的,而每个样品所属的类别随时在变化。如果基因位为 n,则其对应第 n 个样品,而第 n 个基因位所指向的基因值代表第 n 个样品的归属类号。

图 11-7 待测样品的编号

每个个体包含一种分类方案。设初始某个个体的染色体编码为:(2,3,2,1,4,4,2,3,1,3,2,3),其含义为:第 1、3、7、11 个样品被分到第 2 类;第 2、8、10 和 12 个样品被分到第 3 类;第 4、9 个样品被分到第 1 类;第 5、6 个样品属于第 4 类,这时还处于假设分类情况,不是最优解,如表 11-1 所示。

表 11-1 初始某个染色体编码

样品值	(4)	(3)	(2)	(1)	(3)	(3)	(2)	(4)	(4)	(4)	(4)	(3)
基因值（分类号）	2	3	2	1	4	4	2	3	1	3	2	3
基因位	1	2	3	4	5	6	7	8	9	10	11	12
样品编号	1	2	3	4	5	6	7	8	9	10	11	12

经过遗传算法找到的最优解如图 11-8 所示。遗传算法找到的最优染色体编码如表 11-2 所示。通过样品值与基因值比较对照,就会发现相同的数据被归为一类,分到相同的类号,而且全部正确。

图 11-8 遗传算法找到的最优解

表 11-2 遗传算法最终找到的最优染色体编码

样品值	(4)	(3)	(2)	(1)	(3)	(3)	(2)	(4)	(4)	(4)	(4)	(3)
基因值（分类号）	2	1	3	4	1	1	3	2	2	2	2	1
基因位	1	2	3	4	5	6	7	8	9	10	11	12
样品编号	1	2	3	4	5	6	7	8	9	10	11	12

3. 设定评估函数

评估函数 CalObjValue( )结果为评估值,代表每个个体优劣的程度。

对初始群体中的每个染色体计算它们的评估值 m_pop(i).value,实现步骤如下:

① 通过人工干预获得聚类类别总数,centerNum 为聚类类别总数($2 \leqslant \text{centerNum} \leqslant N$,$N$ 是总的样品个数)。

② 找出染色体中相同类号的样品,$X^{(\omega_i)}$ 表示属于第 i 个类的样品。

③ 统计每一类的样品个数,N_i 是第 i 个类别的个数,样品总数为:$N = \sum_{i=1}^{\text{cneterNum}} N_i$。

④ 计算每一类的中心 $\overline{X^{(\omega)}}$,$\overline{X^{(\omega_i)}}$ 是第 i 个类中心,

$$\overline{X^{(\omega_i)}} = \frac{1}{N_i} \sum_{k=1}^{N_i} X_k^{(\omega_i)}, i = 1, 2, \cdots, \text{cneterNum};$$

⑤ 同一个类内计算每一个样品到中心的距离,并将它们累加求和。采用 K-均值模型为聚类模型,K-均值的理论已经在第 9 章介绍过。计算公式如下:

$$D_i = \sum_{j=1}^{N_i} \| X_j^{(\omega_i)} - \overline{X^{(\omega_i)}} \|^2 \tag{11-1}$$

显然当聚类类别总数的数目 centerNum = N 时,累加和 $\sum D_i$ 为 0。因此,当聚类数目 centerNum 不定时,我们必须对目标函数进行修正。实际上,式(11-1)仅为类内距离之和,因此可以使用类内距离与类间距离之和作为目标函数,即

$$D = \min \left[w \cdot \sum_{i=1}^{\text{centerNum}} \sum_{j=1}^{N_i} \| X_j^{(\omega_i)} - \overline{X^{(\omega_i)}} \|^2 + \sum_{i=1}^{\text{centerNum}} \sum_{j=i}^{\text{centerNum}} \| \overline{X^{(\omega_i)}} - \overline{X^{(\omega_j)}} \|^2 \right] \tag{11-2}$$

其中,w 是权重,反映决策者的偏爱;当 w 变大时,聚类总数数目将变大,反之聚类总数数目将变小。

⑥ 将不同类计算出的 D_i 求和赋给 m_pop(i).value,以 m_pop(i).value 作为评估值。

$$\text{m\_pop}(i).\text{value} = \sum_{i=1}^{\text{centerNum}} \sum_{j=1}^{N_i} \| X_j^{(\omega_i)} - \overline{X^{(\omega_i)}} \|^2 = \sum_{i=1}^{\text{centerNum}} D_i \tag{11-3}$$

m_pop(i).value 越小,说明这种分类方法的误差越小,该个体被选择到下一代的概率也就越大。

4. 设定适应度函数

适应度函数是整个遗传算法中极为关键的一部分。好的适应度函数能够从非最优的个体进化到最优个体,能够解决过早收敛与过慢结束的矛盾。

适应度函数 CalFitnessValue( )结果代表每个个体相对于整个群体的相对适应性。个体适应度的大小决定了它继续繁衍还是消亡。适应度高的个体被复制到下一代的可能性高于适应度低的个体。

(1) 选择机制在遗传算法中存在的问题

以 m_pop(i).value 作为适应度，其选择机制在遗传算法中存在两个问题：

① 群体中极少数适应度相当高的个体被迅速选择、复制遗传，使得算法提前收敛于局部最优解。

② 群体中个体适应度彼此非常接近，算法趋向于纯粹的随机选择，使优化过程趋于停止。

这里不以 m_pop(i).value 直接作为该分类方法的适应度值，采用的方法是适应度排序法。不管个体的 m_pop(i).value 是多少，被选择的概率只与序号有关，从而避免了一代群体中过于适应或过于不适应个体的干扰。

(2) 适应度函数计算步骤

① 按照原始的 m_pop(i).value 由小到大排序，依次编号为 1,2,…,popSize。index 是排序序号。

② 计算适应度值：

$$\text{m\_pop}(i).\text{fitness} = a(1-a)^{\text{index}-1} \quad (11-4)$$

其中，a 取值范围是 $(0,1)$，取 $a=0.6$。

5. 遗传算子

(1) 选择算子

建立选择数组 cFitness(popSize)，循环统计从第 1 个个体到第 i 个个体适应度值之和占所有个体适应度值总和的比例 cFitness(i)，以 cFitness(i) 作为选择依据。

$$\text{cFitness}(i) = \frac{\sum_{k=1}^{i} \text{m\_pop}(i).\text{fitness}}{S} \quad (11-5)$$

式中，$S = \sum_{i=1}^{\text{popSize}} \text{m\_pop}(i).\text{fitness}$。

循环产生随机数 p，当 $p < \text{cFitness}(i)$ 时，对应的第 i 个个体复制到下一代中，直到生成中间群体。例如，由 4 个个体组成的群体，$a=0.6$，cFitness(i) 计算方式如表 11-3 所示。

表 11-3 选择依据计算方式

index	适应度值:$a(1-a)^{\text{index}-1}$	选择依据:cFitness(i)
1	$0.6(1-0.6)^0 = 0.6$	$0.6/S$
2	$0.6(1-0.6)^1 = 0.6 \cdot 0.4 = 0.24$	$(0.6+0.6 \cdot 0.4)/S$
3	$0.6(1-0.6)^2 = 0.6 \times 0.4 \times 0.4 = 0.096$	$(0.6+0.6 \cdot 0.4+0.6 \times 0.4 \times 0.4)/S$
4	$0.6(1-0.6)^3 = 0.6 \times 0.4 \times 0.4 \times 0.4 = 0.0384$	$(0.6+0.6 \cdot 0.4+0.6 \times 0.4 \times 0.4+0.6 \times 0.4 \times 0.4 \times 0.4)/S$

(2) 交叉算子

以概率 P_c 生成一个"一点交叉"的交叉位 point，随机不重复地从中间群体中选择两个个体，对交叉位后的基因进行交叉运算，直到中间群体中所有个体都被选择到。

(3) 变异算子

对所有个体，循环每一个基因位，产生随机数 p。当概率 $p < P_m$ 时，对该位基因进行变异

运算,随机产生 1～centerNum 之间的一个数赋值给该位,生成子代群体。

变异概率一般很小,P_m 在 0.001～0.1 之间,如果变异概率过大,会破坏许多优良品种,也可能无法得到最优解。

6. 实现步骤

① 设置相关参数。

初始化初始种群总数 popSize = 200,交叉概率 0.6,变异概率 0.05。从对话框得到用户输入的最大迭代次数 MaxGeneration,聚类中心数目 centerNum。

② 获得所有样品个数及特征。

③ 群体初始化。

④ 计算每一个个体的评估值 m_pop(i).value。

⑤ 计算每一个个体的适应度值 m_pop(i).fitness。

⑥ 生成下一代群体。

➢ 选择算子:建立适应度数组 cFitness(popSize),计算 cFitness(i)。循环产生随机数 p,当 p < cFitness(i)时,对应的个体复制到下一代中,直到生成 200 个中间群体。

➢ 交叉算子:以概率 P_c = 0.6 生成一个"一点交叉"的交叉位 point,随机从中间群体中选择两个个体,对交叉位后的基因进行交叉运算,直到中间群体中所有个体都被选择过。

➢ 变异算子:对所有个体,循环每一个基因位,产生随机数 p,当概率 p < P_m = 0.05 时,对该位基因进行变异运算,随机产生 1～centerNum 之间的一个数赋值给该位,生成子代群体。

⑦ 再次调用 EvaPop() 函数对新生成的子代群体(200 个)进行评估。

⑧ 调用 FindBW() 函数保留精英个体,若新生成的子代群体中的最优个体 D 值低于总的最优个体的 D 值(相互之间距离越近,D 越小),则用当前最好的个体替换总的最好的个体,否则用总的最好个体替换当前最差个体。

⑨ 若已经达到最大迭代次数,则退出循环,否则转到第⑥步"生成下一代群体"继续运行。

⑩ 将总的最优个体的染色体解码,返回给各个样品的类别号。

遗传算法应用于聚类分析的程序总体流程图如图 11-9 所示。

7. 编程代码

本书提供的基于遗传算法聚类具体功能在 GA.m 中定义。

(1) 初始化各个参数

```
%%%%%%%%%%%%%%%%%%%%%%%%%%%%%%%%%%%%%%%%%%%
% 函数名称:C_GA()
% 参数:m_pattern:样品特征库;patternNum:样品数目
% 返回值:m_pattern:样品特征库
% 函数功能    按照遗传算法对全体样品进行聚类
%%%%%%%%%%%%%%%%%%%%%%%%%%%%%%%%%%%%%%%%%%%
function [ m_pattern ] = C_GA( m_pattern,patternNum )
[centerNum MaxGeneration] = InputClassDlg();% 获得类中心数和最大迭代次数
disType = DisSelDlg();% 获得距离计算类型
popSize = 200;% 种群大小
```

```
┌─────────────────────────────────────┐
│   随机产生染色体种群（200）个         │
│   如（2，3，2，1，4，4，2，3，1，3，2，3）│
└─────────────────────────────────────┘
                 ↓
┌─────────────────────────────────────┐
│  找出属于同一个类的群体，计算这个群体的各个中心 │
│  （第1、3、7、11个样品被分到第2类；    │
│   第2、8、10和12个样品被分到第3类；   │
│   第4、9个样品被分到第1类；           │
│   第5、6个样品属于第4类）             │
└─────────────────────────────────────┘
                 ↓
┌─────────────────────────────────────┐
│       计算每个染色体的评估值          │
│                                     │
│   Value = $\sum_{i=1}^{centerNum} \sum_{j=1}^{N_i} \| X_j^{(\omega_i)} - \overline{X^{(\omega_i)}} \|^2$ │
└─────────────────────────────────────┘
                 ↓
┌─────────────────────────────────────┐
│  对这个群体以Value值排序，求出序号index │
└─────────────────────────────────────┘
                 ↓
┌─────────────────────────────────────┐
│  计算适应度值fitness：$a(1-a)^{index-1}$ │
└─────────────────────────────────────┘
                 ↓
┌─────────────────────────────────────┐
│  记录当前群体中最优和最差个体         │
└─────────────────────────────────────┘
                 ↓
┌─────────────────────────────────────┐
│  建立适应度数组cFitness[200]，cFitness(i)的值为从第1个个体到第i个个体适应度 │
│  值之和与所有个体适应度值总和的比例。产生随机数p，以概率$P_m$将第一个大 │
│  于p的cFitness(i)对应的个体复制到中间群体中，直到生成所有的200个中间群体 │
└─────────────────────────────────────┘
                 ↓
┌─────────────────────────────────────┐
│       对中间群体进行交叉运算          │
└─────────────────────────────────────┘
                 ↓
┌─────────────────────────────────────┐
│   对中间群体进行变异运算，生成子代群体 │
└─────────────────────────────────────┘
                 ↓
┌─────────────────────────────────────┐
│  计算新生成的子代群体每个个体的染色体的Value值 │
│                                     │
│   Value = $\sum_{i=1}^{centerNum} \sum_{j=1}^{N_i} \| X_j^{(\omega_i)} - \overline{X^{(\omega_i)}} \|^2$ │
└─────────────────────────────────────┘
                 ↓
┌─────────────────────────────────────┐
│  对子代群体以Value值排序，求出序号index │
└─────────────────────────────────────┘
                 ↓
┌─────────────────────────────────────┐
│  计算子代群体中每个个体的适应度值fitness：$a(1-a)^{index-1}$ │
└─────────────────────────────────────┘
                 ↓
┌─────────────────────────────────────┐
│  记录当前群体中最优和最差个体         │
└─────────────────────────────────────┘
                 ↓
┌─────────────────────────────────────┐
│  若当前群体中最优个体优于总的最优个体，则用当前最优替换 │
│  总的最优，否则用总的最优替换当前最差                   │
└─────────────────────────────────────┘
                 ↓
           ╱─────────╲
          ╱ 循环次数    ╲  N
         ⟨ generation>最大 ⟩────→（回到上方）
          ╲ 循环次数？   ╱
           ╲─────────╱
                 ↓ Y
┌─────────────────────────────────────┐
│  运算结束，返回总的最优个体，染色体解码为实际问题的解 │
└─────────────────────────────────────┘
```

图 11-9　基于遗传算法的聚类问题流程图

第 11 章 遗传算法聚类分析

% 初始化种群体结构
for i = 1:popSize
　　　m_pop(i).string = ceil(centerNum. * rand(1,patternNum));% 初始化个体位串
　　　m_pop(i).index = -1;% 索引
　　　m_pop(i).value = 0;% 评估值
　　　m_pop(i).fitness = 0;% 适应度
end
% 初始化全局最优最差个体
cBest = m_pop(1);% 其中 cBest 的 index 属性记录最优个体出现在第几代中
cWorst = m_pop(1);
pc = 0.6;% 交叉概率
pm = 0.05;% 变异概率

(2) 评价群体

　　　[m_pop] = CalObjValue(m_pop,popSize,patternNum,centerNum,m_pattern,disType);
% 计算个体的评估值
　　　[m_pop] = CalFitnessValue(m_pop,popSize);% 计算个体的适应度
　　　[cBest,cWorst] = FindBW(m_pop,popSize,cBest,cWorst,generation);
% 寻找最优个体,更新总的最优个体 generation 当前代数。
%%%
% 函数名称:CalObjValue( )
% 参数:m_pop:种群结构;popSize:种群规模;patternNum:样品数目;
%　　　enterNum:类中心数;m_pattern:样品特征库;
%　　　disType:距离类型
% 返回值:m_pop:种群结构;
% 函数功能:计算个体的评估值
%%%
function [m_pop] = CalObjValue(m_pop,popSize,patternNum,centerNum,m_pattern,disType)
　　　global Nwidth;
　　　for i = 1:popSize
　　　　　for j = 1:centerNum% 初始化聚类中心
　　　　　　　m_center(j).index = i;
　　　　　　　m_center(j).feature = zeros(Nwidth,Nwidth);
　　　　　　　m_center(j).patternNum = 0;
　　　　　end
　　　　　% 计算聚类中心
　　　　　for j = 1:patternNum

　　　　　　　m_center(m_pop(i).string(1,j)).feature = m_center(m_pop(i).string(1,j)).feature + m_pattern(j).feature;
　　　　　　　m_center(m_pop(i).string(1,j)).patternNum = m_center(m_pop(i).string(1,j)).patternNum + 1;
　　　　　end

```
        d = 0;
        for j = 1:centerNum
            if(m_center(j).patternNum ~= 0)
                m_center(j).feature = m_center(j).feature/m_center(j).patternNum;
            else
                d = d + 1;
            end
        end
        m_pop(i).value = 0;
        %计算个体评估值
        for j = 1:patternNum

            m_pop(i).value = m_pop(i).value + GetDistance(m_center(m_pop(i).string(1,j)),
            m_pattern(j),disType)^2;
        end
        m_pop(i).value = m_pop(i).value + d;
    end
```

%%
% 函数名称:CalFitnessValue()
% 参数:m_pop:种群结构;popSize:种群规模;
% 返回值:m_pop:种群结构;
% 函数功能:计算个体的适应度
%%

```
function [ m_pop ] = CalFitnessValue(m_pop,popSize)
    for i = 1:popSize
        m_pop(i).index = -1;
    end
    %按照 value 大小排序
    for i = 1:popSize
        index = 1;
        for j = 1:popSize
            if(m_pop(j).value < m_pop(i).value&&i ~= j)
                index = index + 1;
            elseif(m_pop(i).value == m_pop(j).value&&m_pop(j).index ~= -1&&i ~= j)
                index = index + 1;
            end
        end
        m_pop(i).index = index;
    end
    a = 0.6;
    for i = 1:popSize
        m_pop(i).fitness = a * (1 - a)^(m_pop(i).index - 1);
```

```
        end
%%%%%%%%%%%%%%%%%%%%%%%%%%%%%%%%%%%%%%%%%%
% 函数名称:FindBW()
% 参数:m_pop:种群结构;popSize:种群规模;
%      cBest:最优个体;cWorst:最差个体;generation:当前代数
% 返回值:cBest:最优个体;cWorst:最差个体;
% 函数功能:寻找最优个体,更新总的最优个体
%%%%%%%%%%%%%%%%%%%%%%%%%%%%%%%%%%%%%%%%%%
function [cBest,cWorst] = FindBW(m_pop,popSize,cBest,cWorst,generation)
    % 初始化局部最优个体
    best = m_pop(1);
    worst = m_pop(1);
    for i = 2:popSize
        if( m_pop(i).value < best.value)
            best = m_pop(i);
        elseif( m_pop(i).value > worst.value)
            worst = m_pop(i);
        end
    end
    if( generation == 1)
        cBest = best;
        cBest.index = 1;
    else
        if( best.value < cBest.value)
            cBest = best;
            cBest.index = generation;
        end
    end
end
```

(3) 生成下一代群体

[m_pop] = Selection(m_pop,popSize)//选择算子

[m_pop] = Crossover(m_pop,popSize,pc,patternNum)//交叉算子

[m_pop] = Mutation(m_pop,popSize,pm,patternNum,centerNum)//变异算子

① 选择算子

建立适应度数组 cFitness[popSize],cFitness(i)的值为从第1个个体到第i个个体适应度值之和占所有个体适应度值总和的比例。即:设 $S = \sum_{i=1}^{popSize} m\_pop(i).value$,则

$$cFitness(i) = \frac{\sum_{k=1}^{i} m\_pop(i).value}{S}$$

产生随机数 p,以概率 P_m 将第一个大于 p 的 cFitness(i)对应的个体复制到下一代中,直

到生成200个中间群体。编程代码如下。

```
%%%%%%%%%%%%%%%%%%%%%%%%%%%%%%%%%%%%%%%%
% 函数名称:Selection( )
% 参数:m_pop:种群结构;popSize:种群规模;
% 返回值:m_pop:种群结构
% 函数功能:选择操作
%%%%%%%%%%%%%%%%%%%%%%%%%%%%%%%%%%%%%%%%
function [m_pop] = Selection(m_pop,popSize)
    cFitness = zeros(1,popSize);
    for i = 1:popSize
        if(i == 1)
            cFitness(i) = m_pop(i).fitness;
        else
            cFitness(i) = cFitness(i-1) + m_pop(i).fitness;
        end
    end
    cFitness = cFitness/cFitness(popSize);
    for i = 1:popSize
        p = rand;
        index = 1;
        while(cFitness(index) < p)
            index = index + 1;
        end
        newPop(i) = m_pop(index);
    end
    m_pop = newPop;
```

② 交叉算子

以概率 P_c 生成一个"一点交叉"的交叉位 point,从中间群体中随机选择两个个体,对交叉位后的基因进行交叉运算,直到中间群体中所有个体都被选择过。

编程代码:

```
%%%%%%%%%%%%%%%%%%%%%%%%%%%%%%%%%%%%%%%%
% 函数名称:Crossover( )
% 参数:m_pop:种群结构;popSize:种群规模;pc:交叉概率;
%       patternNum:样品数量
% 返回值:m_pop:种群结构
% 函数功能:交叉操作
%%%%%%%%%%%%%%%%%%%%%%%%%%%%%%%%%%%%%%%%
function [m_pop] = Crossover(m_pop,popSize,pc,patternNum)
    % 交叉操作
    for i = 1:popSize/2
        p = rand;
```

```
            if(p < pc)
                point = fix(rand * patternNum);%生成随机位
                for j = point + 1:patternNum% 交叉
                    temp = m_pop(2 * i - 1).string(1,j);
                    m_pop(2 * i - 1).string(1,j) = m_pop(2 * i).string(1,j);
                    m_pop(2 * i).string(1,j) = temp;
                end
            end
        end
```

③ 变异算子

对所有个体,以概率 P_m 对染色体中的每一位进行变异运算,使该位随机的生成 1-centernum 之间的一个数,生成子代群体。

```
%%%%%%%%%%%%%%%%%%%%%%%%%%%%%%%%%%%%%%%%
% 函数名称:Mutation( )
% 参数:m_pop:种群结构;popSize:种群规模;pm 变异概率;
%       patternNum:样品数量;centerNum:类中心数;
% 返回值:m_pop:种群结构
% 函数功能:变异操作
%%%%%%%%%%%%%%%%%%%%%%%%%%%%%%%%%%%%%%%%
function [m_pop] = Mutation(m_pop,popSize,pm,patternNum,centerNum)
    for i = 1:popSize
        for j = 1:patternNum
            p = rand;
            if(p < pm)
                m_pop(i).string(1,j) = fix(rand * centerNum + 1);
            end
        end
    end
```

(4) 评估子代群体

再次对新生成的子代群体进行评估。

(5) 保留精英个体

若新生成的子代群体中的最优个体适应度值高于总的最优个体的适应度值,则用当前最好的个体替换总的最好的个体。

(6) 判断循环条件

若已经达到最大循环次数,则退出循环,否则转到第(3)步"生成下一代群体"继续运行。

(7) 获得最优解

将总的最优个体的染色体解码,返回给各个样品的类别号。

```
    for i = 1:patternNum
```

m_pattern(i). category = cBest. string(1,i);
end

8. 效果图

这里给读者提供两个实例效果图,一个是基于数字聚类结果,如图 11-10 所示,另一个是基于图形聚类结果,如图 11-11 所示。这两个图也比较复杂,但从结果可以看出,应用遗传算法解决聚类问题效果非常好。注意:图右上角显示样品编号,左下角显示该样品所属类别。

(a) 待分类的样品

(b) 输入聚类中心数目和最大迭代次数

(c) 显示第几代出现最优解

(d) 输出聚类结果

图 11-10 遗传算法应用于数字聚类分析

(a) 图形聚类源

(b) 分 3 类,迭代10次

(c) 显示第几代出现最优解

(d) 聚类结果

图 11-11 遗传算法应用于图形聚类分析

本章小结

本章介绍了遗传算法的基本概念,包括遗传算法的构成要素、染色体的编码等内容;介绍了遗传算子的实现方法,包括选择算子、交叉算子和变异算子以及评估函数、适应度函数的设定方法,还介绍了遗传算法进行问题求解的过程以及控制参数的选择,并着重介绍了遗传算法在聚类问题中的实现方法和步骤。

习题 11

1. 简述遗传算法的构成要素。
2. 简述选择算子、交叉算子和变异算子的作用。
3. 简述遗传算法进行问题求解的步骤。
4. 如果一幅位图当中包含有 15 个样品,分成 5 类,叙述染色体的编码方法,给出一种可能的染色体编码方案,染色体长度应该设为多长?如何设定评估函数?如何设定适应度函数?
5. 叙述遗传算法在聚类问题中的实现方法和步骤。

第 12 章　粒子群算法聚类分析

本章要点：
- ☑ 粒子群算法的基本概念
- ☑ 基于粒子群算法的聚类分析

12.1　粒子群算法的基本原理

粒子群算法(Particle Swarm Optimization，PSO)是一种有效的全局寻优算法，最早由美国的 Kennedy 和 Eberhart 于 1995 年提出。它是基于群体智能理论的优化算法，通过群体中粒子间的合作与竞争产生的群体智能指导优化搜索。与传统的进化算法相比，粒子群算法保留了基于种群的全局搜索策略，然而其采用的速度—位移模型操作简单，避免了复杂的遗传操作，它特有的记忆使其可以动态跟踪当前的搜索情况而调整其搜索策略。由于每代种群中的解具有"自我"学习提高和向"他人"学习的双重优点，从而能在较少的迭代次数内找到最优解。目前已广泛应用于函数优化、数据挖掘、神经网络训练等应用领域。

1. 粒子群算法的基本原理

粒子群优化算法具有进化计算和群智能的特点。起初 Kennedy 和 Eberhart 只是设想模拟鸟群觅食的过程，后来从这种模型中得到启示，并将粒子群算法用于解决优化问题。与其他进化算法相类似，粒子群算法也是通过个体间的协作与竞争，实现复杂空间中最优解的搜索。

粒子群算法中，每一个优化问题的解被看做搜索空间中的一只鸟，即"粒子"。首先生成初始种群，即在可行解空间中随机初始化一群粒子，每个粒子都为优化问题的一个可行解，并由目标函数为之确定一个适应度值。每个粒子都将在解空间中运动，并由运动速度决定其飞行方向和距离。通常粒子将追随当前的最优粒子在解空间中搜索。在每一次迭代中，粒子将跟踪两个"极值"来更新自己，一个是粒子本身找到的最优解，另一个是整个种群目前找到的最优解，这个极值即全局极值。

粒子群算法可描述为：设粒子群在一个 n 维空间中搜索，由 m 个粒子组成种群 $Z=\{Z_1, Z_2, \cdots, Z_m\}$，其中的每个粒子所处的位置 $Z_i=\{z_{i1}, z_{i2}, \cdots, z_{in}\}$ 都表示问题的一个解。粒子通过不断调整自己的位置 Z_i 来搜索新解。每个粒子都能记住自己搜索到的最好解，记做 p_{id}，以及整个粒子群经历过的最好的位置，即目前搜索到的最优解，记做 p_{gd}。此外每个粒子都有一个速度，记做 $V_i=\{v_{i1}, v_{i2}, \cdots, v_{in}\}$，当两个最优解都找到后，每个粒子根据式(12-1)来更新自己的速度。

$$v_{id}(t+1) = wv_{id}(t) + \eta_1 \text{rand}()(p_{id} - z_{id}(t)) + \eta_2 \text{rand}()(p_{gd} - z_{id}(t)) \quad (12\text{-}1)$$

$$z_{id}(t+1) = z_{id}(t) + v_{id}(t+1) \quad (12\text{-}2)$$

式中，$v_{id}(t+1)$ 表示第 i 个粒子在 $t+1$ 次迭代中第 d 维上的速度，w 为惯性权重，η_1, η_2 为加速

常数，rand( )为 0~1 之间的随机数。此外，为使粒子速度不至于过大，可设置速度上限，v_{max}即当式(12-1)中 $v_{id}(t+1) > v_{max}$ 时，$v_{id}(t+1) = v_{max}$；$v_{id}(t+1) < -v_{max}$ 时，$v_{id}(t+1) = -v_{max}$。

从式(12-1)和式(12-2)可以看出，粒子的移动方向由三部分决定：自己原有的速度 $v_{id}(t)$、与自己最佳经历的距离 $p_{id} - z_{id}(t)$、与群体最佳经历的距离 $p_{gd} - z_{id}(t)$，并分别由权重系数 w, η_1, η_2 决定其相对重要性。如图 12-1 所示为 3 种移动方向的加权求和示意图。

图 12-1　3 种移动方向的加权求和示意图

粒子群算法的基本流程如图 12-2 所示。

① 初始化粒子群，即随机设定各粒子的初始位置和初始速度 V。

② 根据初始位置和速度产生各粒子新的位置。

③ 计算每个粒子的适应度值。

④ 对于每个粒子，比较它的适应度值和它经历过的最好位置 p_{id} 的适应度值，如果更好则更新。

⑤ 对于每个粒子，比较它的适应度值和群体所经历的最好位置 p_{gd} 的适应度值，如果更好则更新 p_{gd}。

⑥ 根据式(12-1)和式(12-2)调整粒子的速度和位置。

⑦ 如果达到终止条件(足够好的位置或最大迭代次数)，则结束，否则转到步骤③继续迭代。

2. 全局模式与局部模式

图 12-2　粒子群算法流程示意图

Kennedy 等在对鸟群觅食的观察过程中发现，每只鸟并不总是能看到鸟群中其他所有鸟的位置和运动方向，而往往只是看到相邻的鸟的位置和运动方向。因此提出了两种粒子群算法模式：全局模式(global version PSO)和局部模式(local version PSO)。

全局模式是指每个粒子的运动轨迹受粒子群中所有粒子的状态影响，粒子追随两个极值，自身极值 p_{id} 和种群全局极值 p_{gd}，式(12-1)和式(12-2)的算法描述的就是全局模式；而在局部模式中，粒子的轨迹只受自身的认知和邻近的粒子状态的影响，而不是被所有粒子的状态所影响，粒子除了追随自身极值 p_{id} 外，不追随全局极值 p_{gd}，而是追随邻居粒子当中的局部极值 p_{nd}。在该模式中，每个粒子需记录自己及其邻居的最优值，而不需要记录整个群体的最优值。此时，速度更新过程可用式(12-3)表示。

$$v_{id}(t+1) = wv_{id}(t) + \eta_1 \text{rand}()(p_{id} - z_{id}(t)) + \eta_2$$
$$\text{rand}()(p_{nd} - z_{id}(t)) \tag{12-3}$$

全局模式具有较快的收敛速度,但是鲁棒性较差。相反,局部模式具有较高的鲁棒性而收敛速度相对较慢,因此在运用粒子群算法解决不同的优化问题时,应针对具体情况采用相应的模式。本章所讨论的粒子群算法采用全局模式。

3. 参数选取

参数选取对算法的性能和效率有很大的影响。在粒子群算法中有 3 个重要参数:惯性权重 w、速度调节参数 η_1 和 η_2。惯性权重 w 使粒子保持运动惯性,速度调节参数 η_1 和 η_2 表示粒子向 p_{id} 和 p_{gd} 位置的加速项权重。如果 $w = 0$,则粒子速度没有记忆性,粒子群将收缩到当前的全局最优位置,失去搜索更优解的能力。如果 $\eta_1 = 0$,则粒子失去"认知"能力,只具有"社会"性,粒子群收敛速度会更快,但是容易陷入局部极值。如果 $\eta_2 = 0$,则粒子只具有"认知"能力,而不具有"社会"性,等价于多个粒子独立搜索,因此很难得到最优解。

实践证明没有绝对最优的参数,针对不同的问题选取合适的参数才能获得更好的收敛速度和鲁棒性,一般情况下 w 取 $0 \sim 1$ 之间的随机数,η_1,η_2 分别取 2。

4. 粒子群算法与其他进化算法的比较

(1) 相同点

粒子群算法与其他进化算法(如遗传算法和蚁群算法)有许多相似之处:

① 粒子群算法和其他进化算法都基于"种群"概念,用于表示一组解空间中的个体集合。它们都随机初始化种群,使用适应度值来评价个体,而且都根据适应度值来进行一定的随机搜索,并且不能保证一定能找到最优解。

② 种群进化过程中通过子代与父代竞争,若子代具有更好的适应度值,则子代将替换父代,因此都具有一定的选择机制。

③ 算法都具有并行性,即搜索过程是从一个解集合开始的,而不是从单个个体开始的,不容易陷入局部极小值。并且这种并行性易于在并行计算机上实现,可提高算法的性能和效率。

(2) 不同点

粒子群算法与其他进化算法的区别:

① 粒子群算法在进化过程中同时记忆位置和速度信息,而遗传算法和蚁群算法通常只记忆位置信息。

② 粒子群算法的信息通信机制与其他进化算法不同。遗传算法中染色体互相通过交叉等操作进行通信,蚁群算法中每只蚂蚁以蚁群全体构成的信息素轨迹作为通信机制,因此整个种群比较均匀地向最优区域移动。在全局模式的粒子群算法中,只有全局最优粒子提供信息给其他的粒子,整个搜索更新过程是跟随当前最优解的过程,因此所有的粒子很可能更快地收敛于最优解。

12.2 粒子群算法的实现方法与步骤

1. 理论基础

设模式样品集为 $X = \{X_i, i = 1, 2, \cdots, N\}$，其中 X_i 为 n 维模式向量，聚类问题就是要找到一个划分 $\omega = \{\omega_1, \omega_2, \cdots, \omega_M\}$，使得总的类内离散度和达到最小。

$$J = \sum_{j=1}^{M} \sum_{X_i \in \omega_j} d(X_i, \overline{X^{(\omega_j)}}) \tag{12-4}$$

式中，$\overline{X^{(\omega_j)}}$ 为第 j 个聚类的中心，$d(X_i, \overline{X^{(\omega_j)}})$ 为样品到对应聚类中心的距离，聚类准则函数 J 即为各类样品到对应聚类中心距离的总和。

当聚类中心确定时，聚类的划分可由最近邻法则决定。即对样品 X_i，若第 j 类的聚类中心 $\overline{X^{(\omega_j)}}$ 满足式(12-5)，则 X_i 属于类 j。

$$d(X_i, \overline{X^{(\omega_j)}}) = \min_{l=1,2,\cdots,M} d(X_i, \overline{X^{(\omega_l)}}) \tag{12-5}$$

在粒子群算法求解聚类问题中，每个粒子作为一个可行解组成粒子群(即解集)。根据解的含义不同，通常可以分为两种方法：一种是以聚类结果为解；一种是以聚类中心集合为解。本节讨论的方法采用的是基于聚类中心集合作为粒子对应解，也就是每个粒子的位置是由 M 个聚类中心组成的，M 为已知的聚类数目。

一个具有 M 个聚类中心，样品向量维数为 n 的聚类问题中，每个粒子 i 由三部分组成，即粒子位置、速度和适应度值。粒子结构 i 表示为

$$\text{Particle}(i) = \{ \\ \text{location}[\ ], \\ \text{velocity}[\ ], \\ \text{fitness} \\ \} \tag{12-6}$$

粒子的位置编码结构表示为

$$\text{Particle}(i).\text{location}[\ ] = [\overline{X^{(\omega_1)}}, \overline{X^{(\omega_2)}}, \cdots, \overline{X^{(\omega_M)}}] \tag{12-7}$$

式中，$\overline{X^{(\omega_j)}}$ 表示第 j 类的聚类中心，是一个 n 维矢量。同时每个粒子还有一个速度，其编码结构为

$$\text{Particle}(i).\text{velocity}[\ ] = [V_1, V_2, \cdots, V_M] \tag{12-8}$$

V_j 表示第 j 个聚类中心的速度值，可知 V_j 也是一个 n 维矢量。

粒子适应度值 Particle.fitness 为一实数，表示粒子的适应度，可以采用以下方法计算其适应度。

① 按照最近邻法式(12-5)，确定该粒子的聚类划分。
② 根据聚类划分，重新计算聚类中心，按照式(12-4)计算总的类内离散度 J。
③ 粒子的适应度可表示为式(12-9)。

$$\text{Particle.fitness} = k/J \tag{12-9}$$

式中，J 为总的类内离散度和，k 为常数，根据具体情况而定。即粒子所代表的聚类划分的总类

间离散度越小,粒子的适应度越大。

此外,每个粒子在进化过程中还记忆一个个体最优解 P_{id},表示该粒子经历的最优位置和适应度值。整个粒子群存在一个全局最优解 P_{gd},表示粒子群经历的最优位置和适应度。

$$P_{id}(i) = \begin{cases} \text{locatior}[\ ], \\ \text{fitness} \end{cases} \tag{12-10}$$

$$P_{gd} = \begin{cases} \text{location}[\ ], \\ \text{fitness} \end{cases} \tag{12-11}$$

根据式(12-1)和式(12-2),可以得到粒子 i 的速度和位置更新公式。

$$\text{Particle}(i).\text{velocil}[\ ]' = w\text{Particle}(i).\text{veiocity}[\ ]$$
$$+ \eta_1 \text{rand}()(P_{id}(i).\text{location})[\ ] - \text{Particle}(i).\text{location}[\ ])$$
$$+ \eta_2 \text{rand}()(P_{gd}.\text{location})[\ ] - \text{Particle}(i).\text{location}[\ ])$$
$$\tag{12-12}$$

$$\text{Particle}(i).\text{location}[\ ]' = \text{Particle}(i).\text{location}[\ ] + \text{Particle}(i).\text{velocity}[\ ]' \tag{12-13}$$

根据已定义好的粒子群结构,采用上节介绍的粒子群优化算法,可实现求解聚类问题的最优解。

以如图12-3所示的原始数据为例,介绍粒子结构。从图中可见样品分为6个类别。首先产生 m 个粒子,每个粒子对图12-3中的样品随机分类,并计算各个类的中心 $\overline{X^{(\omega_i)}}$,初始速度 V_i 为0。粒子编码如表12-1所示,个体最优解 P_{id} 编码如表12-2所示,全局最优解 P_{gd} 编码如表12-3所示。

图 12-3 原始数据

粒子群聚类算法流程如图12-4所示。

表 12-1 粒子编码

类中心 ω	$\overline{X^{(\omega_1)}}$	$\overline{X^{(\omega_2)}}$	$\overline{X^{(\omega_3)}}$	$\overline{X^{(\omega_4)}}$	$\overline{X^{(\omega_5)}}$	$\overline{X^{(\omega_6)}}$
每个类中心速度 V	V_1	V_2	V_3	V_4	V_5	V_6
适应度	fitness $= k/J = k/\sum_{j=1}^{M}\sum_{X_i \in \omega_j} d(X_i, \overline{X^{(\omega_j)}})$					

表 12-2 一个个体最优解 P_{id} 编码

粒子 i 的最优解 P_{id}	$\overline{X^{(\omega_1)}}$	$\overline{X^{(\omega_2)}}$	$\overline{X^{(\omega_3)}}$	$\overline{X^{(\omega_4)}}$	$\overline{X^{(\omega_5)}}$	$\overline{X^{(\omega_6)}}$

表 12-3　全局最优解 P_{gd} 编码

全局最优解 P_{gd}	$\overline{X^{(\omega_1)}}$	$\overline{X^{(\omega_2)}}$	$\overline{X^{(\omega_3)}}$	$\overline{X^{(\omega_4)}}$	$\overline{X^{(\omega_5)}}$	$\overline{X^{(\omega_6)}}$

2. 实现步骤

① 粒子群的初始化。初始化粒子群,给定聚类数目 M 和粒子数量 m,对于第 i 个粒子 Particle(i),先将每个样品随机指派为某一类,作为最初的聚类划分,并计算各类的聚类中心,作为粒子 i 的位置编码 Particle(i).location[ ],计算粒子的适应度 Particle(i).fitness,设置粒子 i 的各中心的初始速度为 0。反复进行,生成 m 个粒子。

② 根据初始粒子群得到粒子的个体最优位置 $P_{id}(i)(i=1,\cdots,m)$ 和全局最优位置 P_{gd}。

③ 根据式(12-12)和式(12-13)更新所有粒子的速度和位置。其中 $\eta_1=2,\eta_2=2,\omega$ 按式(12-14)取值,其中 iter 为当前迭代次数,itermax 为最大迭代次数,$w_{max}=1,w_{min}=0$。式(12-14)可描述为 w 在迭代过程中由 w_{max} 减小到 w_{min}。

$$w = w_{max} - iter \times \frac{w_{max} - w_{min}}{itermax} \quad (12-14)$$

④ 对每个样品,根据粒子的聚类中心编码,按照最近邻法则来确定该样品的聚类划分。

⑤ 对每个粒子,按照相应聚类划分,计算新的聚类中心,更新粒子的适应度值。

⑥ 对每个粒子 i,比较它的适应度值和它经历过的最好位置的适应度值 $P_{id}(i)$,如果更好,更新 $P_{id}(i)$。

⑦ 对每个粒子 i,比较它的适应度值和群体所经历的最好位置 P_{gd} 的适应度值,如果更好,更新 P_{gd}。

⑧ 如果达到结束条件(得到足够好的位置或最大迭代次数),则结束算法,输出全局最优解;否则转到步骤③继续迭代。

图 12-4　粒子群聚类算法流程

3. 编程代码

```
%%%%%%%%%%%%%%%%%%%%%%%%%%%%%%%%%%%%%%%%%%%
% 函数名称:C_PSO( )
```

```
%参数:m_pattern:样品特征库;patternNum:样品数目
%返回值:m_pattern:样品特征库
%函数功能      按照粒子群聚类法对全体样品进行分类
%%%%%%%%%%%%%%%%%%%%%%%%%%%%%%%%%%%%%%
function [ m_pattern ] = C_PSO( m_pattern,patternNum )
    disType = DisSelDlg();%获得距离计算类型
    [centerNum iterNum] = InputClassDlg();%获得类中心数和最大迭代次数
    particleNum = 200;%初始化粒子数目
    %初始化中心和速度
    global Nwidth;
    for i = 1:centerNum
        m_center(i).feature = zeros(Nwidth,Nwidth);
        m_center(i).patternNum = 0;
        m_center(i).index = i;
        m_velocity(i).feature = zeros(Nwidth,Nwidth);
    for i = 1:particleNum
        Particle(i).location = m_center;%粒子各中心
        Particle(i).velocity = m_velocity;%粒子各中心速度
        Particle(i).fitness = 0;%适应度
        P_id(i).location = m_center;%粒子最优中心
        P_id(i).velocity = m_velocity;%粒子最优速度
        P_id(i).fitness = 0;%粒子最优适应度
    end
    P_gd.location = m_center;%全局粒子最优中心
    P_gd.velocity = m_velocity;%全局粒子最优速度
    P_gd.fitness = 0;%全局粒子最优适应度
    P_gd.string = zeros(1,patternNum);
    for i = 1:particleNum%生成随机粒子分布矩阵
        ptDitrib(i,:) = ceil(centerNum.*rand(1,patternNum));%初始化类号
    end
    %生成初始粒子群
    for i = 1:particleNum
        for j = 1:patternNum
            m_pattern(j).category = ptDitrib(i,j);
        end
        for j = 1:centerNum
            m_center(j) = CalCenter(m_center(j),m_pattern,patternNum);
        end
        Particle(i).location = m_center;
    End
    %初始化参数
    w_max = 1;
    w_min = 0;
```

```
h1 = 2;
h2 = 2;

for iter = 1:iterNum
    % 计算粒子适应度
    for i = 1:particleNum
        temp = 0;
        for j = 1:patternNum
            temp = temp + GetDistance(m_pattern(j), Particle(i).location
                (ptDitrib(i,j)), disType);
        end
        if(temp == 0) % 最优解,直接退出
            iter = iterNum + 1;
            break;
        end
        Particle(i).fitness = 1/temp;
    end
    if(iter > iterNum)
        break;
    end
    w = w_max - iter * (w_max - w_min)/iterNum; % 更新权重系数
    for i = 1:particleNum % 更新 P_id, P_gd
        if(Particle(i).fitness > P_id(i).fitness)
            P_id(i).fitness = Particle(i).fitness;
            P_id(i).location = Particle(i).location;
            P_id(i).velocity = Particle(i).velocity;
            if(Particle(i).fitness > P_gd.fitness)
                P_gd.fitness = Particle(i).fitness;
                P_gd.location = Particle(i).location;
                P_gd.velocity = Particle(i).velocity;
                P_gd.string = ptDitrib(i,:);
            end
        end
    end
    % 更新粒子速度,位置
    for i = 1:particleNum
        for j = 1:centerNum
            Particle(i).velocity(j).feature =
                w * Particle(i).velocity(j).feature + h1 * rand(Nwidth, Nwidth). *
                (P_id(i).location(j).feature - Particle(i).location(j).feature)
                + h2 * rand(Nwidth, Nwidth). * (P_gd.location(j).feature
                - Particle(i).location(j).feature);
            Particle(i).location(j).feature = Particle(i).location(j).feature
```

```
                + Particle(i).velocity(j).feature;
            end
        end
        %最近邻聚类
        for i = 1:particleNum
            for j = 1:patternNum
                min = inf;
                for k = 1:centerNum
                    tempDis = GetDistance(m_pattern(j),Particle(i).location(k),
                        disType);
                    if(tempDis < min)
                        min = tempDis;
                        m_pattern(j).category = k;
                        ptDitrib(i,j) = k;
                    end
                end
            end
        end
        %重新计算聚类中心
        for j = 1:centerNum
            Particle(i).location(j) = CalCenter(Particle(i).location(j),
                m_pattern,patternNum);
        end
    end
    for i = 1:patternNum
        m_pattern(i).category = P_gd.string(1,i);
    end
end
```

4. 效果图

如图 12-5 所示为粒子群聚类算法效果图。

本章小结

本章介绍了粒子群算法的基本概念,包括粒子群算法的基本思想、粒子群算法的两种模型、参数选取及粒子群算法与其他进化算法的比较,着重介绍了粒子群算法用于聚类问题的实现方法和步骤。基于粒子群的聚类算法在产生下一代解时有较大的随机性,不容易陷入局部极小值,而且由于每代所有解"信息"的共享性和各个解的"自我素质"的提高,使得每代种群中的解具有"自我"学习提高和向"他人"学习的双重优点,所以具有较快的收敛速度。由于不存在随机寻优的退化现象,因此后期收敛比较平稳,很少出现波动现象。

第 12 章 粒子群算法聚类分析

(a) 原始数据　　(b) 选择欧氏距离

(c) 设定聚类数目和最大迭代次数　　(d) 聚类结果

图 12-5　粒子群聚类算法效果图

习题 12

1. 简述粒子群算法的基本原理。
2. 叙述粒子群算法与其他进化算法的异同。
3. 在粒子群算法聚类问题设计中,简述如何定义粒子结构以及粒子的更新方式。
4. 叙述粒子群算法在聚类问题中的实现方法和步骤。

第 13 章 Memetic 算法仿生计算

本章要点：
- ☑ Memetic 算法
- ☑ Memetic 算法仿生计算在聚类分析中的应用

13.1 Memetic 算法

1. 基本原理

1976 年，英国科学家 Dawkins 在《The Selfish Gene》中首次提出了模因（Meme）的概念。它是仿照基因（Gene）一词的拼写，代表的是一个文化传播或模拟单位，是人们交流传播的信息单元。Meme 与 Gene 的区别在于前者不仅能够通过遗传物质传递给下一代，而且在传播前也会因为个人的思想和理解而发生改变，而后者只是简单的传播。Memetic 一词是由 Meme 发展而来的，根据 Dawkins 的本意，应理解为"文化基因"。1989 年，PMoscato 首次提出了 Memtic Algorithm 这一术语，因此将其称为文化基因算法。

Memetic 算法是一种结合了遗传算法和局部搜索策略的新型智能算法，因此很多人又将 Memetic 算法称为混合遗传算法、遗传局部优化等。通过与局部优化策略的结合，可以局部调整进化后产生的新个体，强化算法的局部搜索能力。Memetic 算法采用的这种全局搜索和局部搜索相结合的机制使得其搜索效率在某些领域比传统的遗传算法快几个数量级，显示出了较高的寻优效率，并被尝试应用于求解各种经典的优化问题及各类工程优化问题。

Memetic 算法提出的是一种框架，采用不同的搜索策略可以构成不同的 Memtic 算法。如全局搜索可以采用遗传算法、进化规划、进化策略等，局部搜索策略可以采用模拟退火、爬山算法、禁忌搜索等。对于不同的问题，可以灵活地构建适合该问题的 Memetic 算法。

Memetic 算法采用与遗传算法相似的框架和流程操作，并在此基础上增加局部搜索算子，使得在每一次迭代过程中的所有个体都能达到局部最优。通过遗传算法来进行种群的全局搜索，通过局部搜索策略来进行个体的深度搜索。它不仅具有很强的全局寻优能力，在每一次进行遗传操作后都进行局部搜索，加快了算法的求解速度，并且能够很好地保证收敛性能，同时还能够获得高质量的解。

2. 术语介绍

由于 Memetic 算法是在遗传算法的基础上加入了局部搜索策略发展起来的，因此该算法沿用了很多遗传算法的术语，下面进行简单的介绍。

（1）染色体（Chronmosome）

染色体即为待求优化问题的可行解，又称为基因型个体（Individuals），在算法中为字符串。Memetic 算法包含两个必需的数据转换操作,即把搜索空间中的参数或解转换成 Memetic 空间中的染色体或个体,称为编码操作;反之,称为译码操作。染色体的编码及初始种群的产生对应于所要解决的寻优问题的解,对于它的编码方式需要依据问题的类型来确定。比较常用的编码方式有二进制编码、十进制编码等。对于初始种群的产生一般有两种方式:一种是完全随机产生的,另一种是结合先验知识产生的。前者适用于没有任何先验知识的情况,而后者会使得算法较快地收敛到最优解。

(2) 群体(Population)及群体规模(Population Size)

一定数量的个体组合在一起构成了一个群体,染色体是群体的基本组成单元。群体中的个体数目称为群体规模,又叫做群体大小。对于种群规模的大小应该具体问题具体分析,规模太小,很容易出现"早熟"现象,使得算法陷入局部最优,很难求得全局最优解;规模过大,又会增加算法的时间复杂度,降低算法的效率。

(3) 基因(Gene)、等位基因(Allele)、基因位(Locus)

基因是染色体的基本元素,用来表示个体的特征。如有一个串 A = 1100,则其中的 1、1、0、0 这 4 个元素就称为基因。它们的值称为等位基因(Allele),表示基因的特征值,即相同基因位的基因取值。基因位表示一个基因在串中的位置。基因位由串的左边开始向右计算,如在串 S = 1011 中,0 的基因位置是 2。

(4) 适应度(Fitness)

个体对环境的适应程度叫做适应度(Fitness)。引入适应度函数来评价每个染色体对于环境的适应能力。

(5) 遗传操作

Memetic 算法采用与遗传算法相似的框架和流程操作,通过遗传算法来进行种群的全局搜索,具有很强的全局寻优能力,遗传操作对应遗传算法的三个算子,有选择、交叉和变异算子,是遗传算法的特征。

① 选择算子:主要作用于现有的群体,根据个体的适应度值来评价个体的质量。对于适应度值较高的个体,以较大的概率进入下一步操作。

② 交叉算子:指按一定的概率随机选择两条染色体,并按某种方式互换其部分基因,从而形成两个新的个体的过程。

③ 变异算子:是指以某一概率随机改变染色体串上的某些基因位,从而形成新的个体的过程。

(6) 局部搜索算子

局部搜索算子是指采用一定的搜索策略,对个体上的基因位给予部分改变,能够及早地剔除不良个体,进而减少迭代次数。为了进一步提高算法的搜索深度,Memetic 算法在每一次进行遗传操作后都进行局部搜索,局部搜索算子是 Memetic 算法对遗传算法改进的主要方面,简单来说就是在每个个体的周围进行一次邻域搜索,如果搜索到比当前位置好的解,就用好的解来代替,否则,保留当前解,即选出局部区域中最优的个体来替代种群中原有的个体。

(7) 群体更新

在经过遗传操作和局部搜索之后,会产生一些新的个体,这些新个体与原来的个体组成了一个大的群体,为了保持群体规模的大小,采用轮盘赌、锦标赛等方法进行选择,将一些适应度不高的个体剔除掉。

(8) 算法的终止条件

Memetic 算法类似于遗传算法,当进化过程到达一定的步数,或者解的适应度值收敛时,则算法将会终止。在实际应用中,并不允许算法无休止地运行。根据问题类型的不同和规模的大小,常用的终止条件有如下 7 种。

① 进化次数限制:设定最大进化代数,当程序计数器到达最大代数时,停止进化,输出当前最优解。

② 设定最佳搜索解的最大停滞代数:当从某一代开始,当前最优解没有得到提高,并且进化代数达到设定的最大停滞代数时,停止进化,输出当前最优解。

③ 一个个体已经满足最优解的条件,比如个体适应值达到一个设定好的阈值。

④ 设定个体评价总数:将所有个体的适应值求和,当结果大于设定的个体评价总数时,停止进化,输出当前最优解。

⑤ 计算耗费的资源限制,例如,计算时间、占用的内容等。

⑥ 人为干预。

⑦ 以上两种或多种方法的组合。

3. 基本流程

Memetic 算法通常是按照以下步骤进行的。

① 确定问题的编码方案,设置相关的参数。

② 初始化群体。

③ 执行遗传算法的交叉算子,生成下一代群体。

④ 执行局部搜索算子,对种群中的每一个体进行局部搜索,更新所有个体。

⑤ 执行遗传算法的变异操作,产生新的个体。

⑥ 再次执行局部搜索算子,对种群中的每一个个体进行局部搜索,更新所有个体。

⑦ 根据适应度函数计算种群中所有个体的适应度。

⑧ 执行选择算子,进行群体更新。

⑨ 判断算法是否满足终止条件,若满足,则退出程序,输出最优解;否则,继续执行步骤③。

Memetic 算法的基本流程图如图 13-1 所示。

图 13-1 Memetic 算法的基本流程图

4. Memetic 算法的构成要素

Memetic 算法的主要构成要素包括选择算子、交叉算子、变异算子和局部搜索算子,选择算子、交叉算子和变异算子属于遗传操作,对于整个群体的进化起着关键的作用,与传统的进化算法一致,是生物进化的驱动因素。而局部搜索算子是 Memetic 算法对遗传算法的改进。通过局部搜索提高了对解空间的搜索深度,进一步提高了解的质量。下面具体介绍这 4 个关键构成要素。

(1) 选择算子

选择算子主要作用于当前群体,根据个体的适应度值来决定个体以多大的概率进入下一操作。与遗传算法类似,在 Memetic 算法中,通过选择算子在每一代群体中选择部分适应度较高的个体作为父代产生下一代个体,从而提高整个群体的质量。选择算子模仿生物进化中"适者生存"的原则,将更适应环境的个体选择出来,淘汰适应度较低的个体,从而起到生物进化的作用,使得群体向最优解逼近。

选择算子最为常用的方法有轮盘赌法、锦标赛法、最优个体保留法等,不同的方法适用于不同的问题,需要根据具体的问题来确定选择哪种方法。关于 3 种常用选择算子的简单介绍如下。

① 轮盘赌法:又称比例选择方法,其基本思想是个体被选中的概率与其适应度大小成正比。实现比较简单,但若群体中个体的适应值相差太大,则容易造成算法的早熟现象;若适应值相差太小,会出现停滞现象,甚至导致算法无法收敛。

② 锦标赛法:从 N 个父代和 N 个子代群体中随机选出 M 个个体,之后,将父、子两代中的个体分别与这 M 个个体进行适应度值比较,如果它的适应度比 M 个个体中的 K 个个体要好,则其分数为 K,在 $2N$ 个个体都做完比较之后进行排名,从中选出前 N 个个体进入下一操作。锦标赛选择法适用于规模较大的群体,但是计算量比较大,且受参数 M 的影响较大。

③ 最优个体保留法:是将父代群体中的最优个体保留下来,不参加交叉和变异操作,使其直接进入下一代,最终可使遗传算法以概率 1 收敛于全局最优解。该方法的优点是进化中某一代的最优解会得到保留。但是,这会导致局部最优个体的遗传基因急剧增加,进而有可能使进化陷入局部最优解。

(2) 交叉算子

交叉算子是模仿生物界的繁殖过程,对于完成选择操作的配对染色体以一定的概率 P_c 通过某种方式互换部分基因,从而形成两个新的个体,以便于对解空间进行有效的搜索。常用的交叉算子主要有单点交叉、多点交叉、均匀交叉等,见表 13-1。

表 13-1 常用交叉算子

交叉算子	概 念	示 例
单点交叉	在染色体上随机地设置一个交叉点,然后在该点后交换两个配对染色体的部分基因	交叉前:00110101010 01011101010 交叉后:00111101010 01010101010
多点交叉	在相互配对的两个染色体中随机设置多个交叉点,交换交叉点中间部分的基因	交叉前:001101011011 010111011010 交叉后:001111011011 010101011010
均匀交叉	随机产生一个与染色体编码长度相同的二进制模板 $p = W_1 W_2 \cdots W_n$,若 $W_i = 0$,则子代继承对应父代基因位的基因,否则,执行相反的操作	交叉前:0010101011 模 板:0011100111 交叉后:0001001100

(3) 变异算子

变异算子一直以来被认为是生物进化的一个强劲的驱动因素,其主要是通过改变个体的基因来产生新个体。这是对整个群体的一个扰动,有利于增加种群的多样性,防止算法出现"早熟"现象。在变异算子中,变异概率的选择应根据具体的寻优问题来设定,变异概率不能太大,否则算法就退化到简单的随机搜索;变异概率太小又很难产生新的模式,不利于算法的全局搜索。常用的变异方法主要有基本变异算子、互换变异、逆转变异、插入变异等,如表13-2所示。

表 13-2 常用变异算子

变异算子	基本概念	示 例
基本变异算子	随机选出染色体上的一个或多个基因位,并根据一定的概率对其进行变异操作	随机选择第6位进行变异 变异前:110 101 010 变异后:110 100 010
互换变异	随机选择染色体上的两个基因位,然后将其互换	选择第2位与第5位 变异前:2 5 4 8 6 8 变异后:2 6 4 8 5 8
逆转变异	随机选取染色体上的两个点,翻转两个点之间的基因位	选择第2位与第5位 变异前:2 5 4 8 6 8 变异后:2 6 8 4 5 8
插入变异	随机选择染色体上的一个基因位,然后插入到染色体不同的随机位置	选择第3位,将其插入到第6位 变异前:2 5 4 7 8 6 变异后:2 5 7 8 6 4

(4) 局部搜索算子

局部搜索是 Memetic 算法区别于传统遗传算法的关键部分,局部搜索策略的效率和可靠性直接决定着 Memetic 算法的求解速度和求解质量。对于不同的优化问题,局部搜索策略的选取尤为重要。在实际的求解问题中要适当地选择合适的局部搜索策略,才更利于求解到最优解。

选择局部搜索策略的关键问题主要有以下3个方面。

① 局部搜索策略的确定:常用的局部搜索策略有爬山法、禁忌搜索算法、模拟退火算法等,要根据不同的问题来选择合适的搜索方法。

② 搜索邻域的确定:对于每一个个体而言,搜索的邻域越大,能够找到最优解的可能性就越大,但是这样会增加算法的时间复杂度,使计算量增多;搜索邻域太小,又不容易找到全局最优解。

③ 局部搜索在算法中位置的确定:在遗传算法与局部搜索策略结合的过程中,在哪个位置加入局部搜索方法也是一个很重要的问题。根据问题的不同,在适合的位置加入局部搜索才能发挥其最大的作用。有些算法是在遗传操作后进行一次局部搜索;还有一些算法是在交叉和变异后分别进行局部搜索,进行两次局部优化。

常用的局部搜索策略有爬山法、禁忌搜索算法、模拟退火算法等,需要根据不同的问题来选择合适的搜索方法。下面介绍常用的局部搜索策略。

(1) 爬山算法

爬山算法是从当前的个体开始,与周围的邻域个体值进行比较。如果当前个体是最优的,则将其作为当前最优个体(即山峰最高点);反之就用最高的相邻个体来替换当前个体,从而实现向山峰的高处攀爬的目的。如此循环,直至达到最高点。

(2) 模拟退火算法

模拟退火算法从当前的个体开始,计算其对应的目标函数值,将内能 E 模拟为目标函数值,初始目标函数值作为初始温度。对当前个体扰动产生新个体,计算其对应的目标函数值。计算两个个体目标函数值的差,即内能差 ΔE,比较两个个体,若新个体优于当前个体,则将新个体作为当前个体。否则,以概率 $P(P = e^{-\Delta E/(kT)})$ 接受新个体。对当前个体重复"产生新个体—计算目标函数差—接受或舍弃新个体"的迭代过程,并逐步降低温度 T 值,算法终止时当前个体为近似最优解。算法中包含一个内循环和一个外循环。内循环就是在同一温度下多次扰动产生不同个体,并按照 Metropolis 准则接受新个体;外循环包括对温度进行退火的下降处理、重置迭代次数和算法停止的判断。

(3) 禁忌搜索算法

如果邻域搜索中只接受比当前解更好的解,搜索就有陷入死循环的危险。禁忌搜索算法是在邻域搜索的基础上,为避免陷入死循环和局部最优,构造一个短期循环记忆表——禁忌表,禁忌表中存放刚刚进行过的 n 个最佳候选解,对于当前的最佳候选解,在以后的 n 次循环内是禁止的,以避免回到原先的解,n 次以后利用藐视准则来奖励赦免一些被禁忌的优良状态,进而保证多样化有效探索,以最终实现全局优化。禁忌表是一个循环表,搜索过程中被循环修改,使禁忌表始终保存着 n 个最佳候选解。禁忌搜索算法的基本流程如下。

① 算法从当前的个体开始,给当前个体一个邻域,然后在邻域中确定若干解作为候选解。
② 利用适配值函数评价这些候选解,选出最佳候选解。
③ 若最佳候选解所对应的目标值优于全局最优解,则用这个最佳候选解替代当前解和全局最优解,并将相应的解加入禁忌表中,同时修改禁忌表中各个解的任期。若候选解达不到以上条件,为避免回到该解再次判断,不考虑它与当前解的优劣,将其加入禁忌表中,同时修改禁忌表中各对象的任期。
④ 重复上述搜索过程,直至满足停止准则。

在 Memetic 算法中,这 4 种操作是算法的关键操作。在整个算法寻优过程中,通过 3 种遗传操作来驱动生物的进化过程,遗传操作作为一个全局搜索模式,提高了算法的收敛速度;通过局部搜索,在个体周围不断寻找新的优秀的解,增加了解的搜索深度,大大加强了算法的局部搜索能力。

5. 控制参数选择

在 Memetic 算法中,关键参数主要有群体规模、交叉概率、变异概率、最大进化次数等。这些参数都是在算法开始之前就设定好的,对于算法的运算性能有很大的影响。

(1) 群体规模

群体规模的大小要根据具体的求解优化问题来决定,不同的问题适用于不同的群体规模。群体规模过大,虽然可以增大搜索空间,使得所求的解更逼近于最优解,但是这也同样增加了求解的计算量;群体规模过小,虽然可以较快地收敛到最优,但是又不容易求得最优解。

(2) 交叉概率

交叉概率主要用来控制交叉操作的频率。交叉概率过大,群体中个体的更新速度过快,这样很容易使一些高适应度的个体结构遭到破坏;交叉概率过小,即交叉操作很少进行,则会使搜索很难前进。

(3) 变异概率

变异操作在进化阶段起着非常重要的作用。变异概率太小,很难产生新的基因结构;变异概率太大,则会使算法变成单纯的随机搜索。

(4) 最大进化次数

最大进化次数的选取是根据某一具体问题的实验得出的。进化次数过少,使得算法还没有取得最优解就已经结束;进化次数过多,可能算法早已收敛到了最优解,之后进行的迭代对于最优解的改进几乎没有什么效果,还增加了算法的运算时间。

因此在实际问题的求解中,一定要根据具体的优化问题合理地选择群体规模、交叉概率、变异概率和最大进化次数,以使算法更好地寻找到最优解。

6. Memetic 算法群体智能搜索策略分析

(1) 个体行为及个体之间信息交互分析

Memetic 算法中的个体行为主要体现在交叉、变异与局部搜索三个操作中。交叉操作是传统进化算法的一个非常重要的步骤,它是模仿生物繁殖现象抽象出来的,交叉算子就是指以一定的概率选取两个个体,按照某种方式互换部分基因,从而形成两个新的个体的过程,便于对解空间进行有效搜索。变异操作是 Memetic 算法中非常重要的一步,变异操作一直以来被认为是生物进化的一个强劲的驱动因素,其主要是通过改变个体的基因来产生新个体。这是对整个群体的一个扰动,有利于增加种群的多样性,防止算法出现"早熟"现象。

局部搜索是 Memetic 算法区别于遗传算法的关键部分,局部搜索指的是在进行完遗传操作后对每一个个体在一定范围内做一个邻域搜索,在每一个小空间中选择最优的解,这样增加了个体搜索的深度,有效地提高了最优解的质量。对于不同的实际问题,需要根据具体情况来选择搜索策略,常用的搜索策略主要有爬山算法、模拟退火算法、禁忌搜索算法等。爬山算法是一种局部择优的方法,是对深度优先搜索的一种改进,它利用反馈信息帮助生成解的决策,通过启发式选择部分个体,避免遍历,从而达到提高效率的目的。模拟退火从某一较高初温出发,伴随温度参数的不断下降,结合概率突跳特性在解空间中随机寻找目标函数的全局最优解,局部最优解能概率性地跳出,从而可有效避免陷入局部极小,并最终趋于全局最优,是一种启发式随机搜索算法,具有并行性和渐近收敛性。禁忌搜索算法是对局部领域搜索的一种扩展,在搜索过程中采用禁忌准则,即不考虑处于禁忌状态的解,标记对应已搜索的局部最优解的一些对象,在进一步的迭代搜索中尽量避开这些对象(而不是绝对禁止循环),避免迂回搜索,从而保证对不同的有效搜索途径的探索,是一种模拟人类智力过程的全局逐步寻优算法。

(2) 群体进化分析

选择操作是指在每一代的群体中根据个体的适应度值来选取较好的个体进入下一步的操

作。选择算子体现了生物界"适者生存"的原则,通过选择算子不断地将整个群体的适应度提高,从而不断地优化可行解的质量。

Memetic 算法的群体进化类似于传统的生物进化算法,通过选择算子不断地将整个群体的适应度提高,从而不断地优化可行解的质量,增加了算法的收敛速度。与遗传算法不同,在整个 Memetic 算法中通过选择算子、交叉算子、变异算子和局部搜索算子的联合使用对解空间进行高效搜索,遗传操作的三个算子对于全局搜索起到了关键作用,增加了解搜索的范围,有效地防止算法陷入局部最优。通过局部搜索策略的使用,引入邻域竞争机制,加强了算法的局部搜索能力,增加了解的搜索深度,为在个体邻域内寻找到最优解提供了保障。

每一代的进化都对当前最优解与全局最优解进行比较,如果当前代的最优解比全局最优解好,就用它来代替全局最优解,否则,将保留全局最优解,使得在群体进化的过程中,解的质量整体趋势不断向最优解方向逼近。

13.2 Memetic 算法仿生计算在聚类分析中的应用

Memetic 算法作为一种新型的群体智能优化算法,与传统的优化算法相比,Memetic 算法提供了一种解决优化问题的方法,对于不同领域的优化问题,在进化阶段可以采用遗传算法、进化规划、进化策略等算法进行全局搜索,在局部搜索阶段可以采用不同的搜索策略进行局部搜索,大大拓宽了算法的应用领域。算法采用局部搜索策略,改善了解的空间分布,扩大了解的搜索空间,提高了解的质量,提高了算法的局部搜索能力。Memetic 算法具有极强的容错能力,算法的初始种群可能包含与最优解相差很远的个体,但算法能通过遗传操作与局部搜索等策略,剔除适应度很差的个体,使可行解不断地向最优解逼近。Memetic 算法具有并行性,表现在两个方面:一是内在并行性,使其本身适合大规模的运算,让多台计算机各自独立运行种群进化运算,适合在目前所有的并行机或分布式系统上进行并行处理,且容易实现;二是内含并行性,可以同时搜索种群的不同方向,具有极好的全局搜索性能,将搜索重点集中于性能高的部分,能够以很大的概率找到问题最优解。Memetic 算法在解决聚类问题上的表现非常出色,它不仅运算速度快,而且准确率高。

一幅图像中含有多个物体,在图像中进行聚类分析需要对不同的物体分割标识。如图 13-2 所示,通过画图工具手工绘制了 4 种形状的图形共 8 个待聚类样品,要分成 4 类,如何让计算机自动将这 8 个物体归类呢?本节以图像中不同物体的聚类分析为例,介绍用 Memetic 算法解决聚类问题的实现方法。

1. 构造个体

对图 13-2 所示的 8 个样品编号,样品编号在每个样品的右上角,如图 13-3 所示,不同的待测样品编号不同,而且编号始终固定。

采用符号编码,位串长度 L 取 8 位,分类号代表样品所属的类号(1~4),样品编号是固定的,也就是说某个样品在每个解中的位置是固定的,而每个样品所属的类别随时在变化。如果编号为 n,则其对应第 n 个样品,而第 n 个位所指向的值代表第 n 个样品的归属类号。

每个解包含一种分类方案。为了算法求解方便,设竖线用数字 1 表示,圆形用数字 2 表示,三角形用数字 3 表示,矩形用数字 4 表示。设初始解的编码为(2,3,4,1,3,4,2,1),这时处于假设分类情况,不是最优解,其含义为:第 1、7 个样品被分到第 2 类;第 2、5 个样品被分到第

图 13-2 待聚类样品

图 13-3 待测样品编号

3 类;第 3、6 个样品被分到第 4 类;第 4、8 个样品被分到第 1 类,见表 13-3。

表 13-3 初始解

样品值	(1)	(2)	(1)	(4)	(3)	(2)	(4)	(3)
分类号	2	3	4	1	3	4	2	1
样品编号	1	2	3	4	5	6	7	8

经过 Memetic 算法找到的最优解如图 13-3 所示。Memetic 算法找到的最优解编码见表 13-4。通过样品值与基因值对照比较,会发现相同的数据被归为一类,分到相同的类号,而且全部正确。

表 13-4 Memetic 算法找到的最优解

样品值	(1)	(2)	(1)	(4)	(3)	(2)	(4)	(3)
分类号	3	4	3	2	1	4	2	1
样品编号	1	2	3	4	5	6	7	8

2. 设定评估函数

评估函数 CalObjValue( ) 的结果为评估值,代表每个个体优劣的程度。

对初始群体中的每个染色体计算其评估值 m_pop(i).value,实现步骤如下。

① 通过人工干预获得聚类类别总数,centerNum 为聚类类别总数($2 \leqslant$ centerNum $\leqslant$ patternNum -1,patternNum 是总的样品个数)。

② 找出染色体中相同类号的样品,X_i 表示属于第 i 个类的样品。

③ 统计每一个类的样品个数 n,n_i 是第 i 个类别的个数,样品总数为 patternNum = $\sum_{i=1}^{\text{centerNum}} n_i$。

④ 计算同一个类的中心 C,C_i 是第 i 个类中心,$C_i = \dfrac{1}{n_i} \sum_{k=1}^{n_i} X_k^{(i)}$,($i = 1,2,\cdots,$ centerNum)。

⑤ 同一个类内计算每一个样品到中心的距离,并将它们累加求和。

采用 K - 均值模型为聚类模型(K - 均值的理论在《群体智能与仿生计算——MATLAB 技术实现(第 2 版)》中详细有所介绍)。计算公式如下。

$$D_i = \sum_{j=1}^{n_i} \| X_j^{(i)} - C_i \|^2 \tag{13-1}$$

显然,当聚类类别总数的数目 centerNum = patternNum 时,累加和 $\sum D_i$ 为 0。

⑥ 将不同类计算出的 D_i 求和赋给 m_pop(i).value,以 m_pop(i).value 作为评估值。

$$\text{m\_pop}(i).\text{value} = \sum_{i=1}^{\text{centerNum}} \sum_{j=1}^{n_i} \| X_j^{(i)} - C_i \|^2 = \sum_{i=1}^{\text{centerNum}} D_i \tag{13-2}$$

m_pop(i).value 越小,说明这种分类方法的误差越小,该个体被选择到下一代的概率也就越大。

3. 计算适应度

适应度函数是整个 Memetic 算法中极为关键的一部分,好的适应度函数能够从非最优的个体进化到最优个体,能够解决早收敛与过慢结束的矛盾。

适应度函数 CalFitnessValue( ) 的结果代表每个个体相对于整个群体的相对适应性。个体适应度的大小决定了它是继续繁衍还是消亡。适应度高的个体被复制到下一代的可能性高于适应度低的个体。

以 m_pop(i).value 作为适应度,其选择机制在 Memetic 算法中存在以下两个问题。

➢ 群体中极少数适应度相当高的个体被迅速选择、复制遗传,引起算法提前收敛于局部最优解。

➢ 群体中个体适应度彼此非常接近,算法趋向于纯粹的随机选择,使优化过程趋于停止。这里不以 m_pop(i).value 直接作为该分类方法的适应度值,采用的方法是适应度排序法。无论个体的 m_pop(i).value 是多少,被选择的概率只与序号有关。这样避免了一代群体中过于适应或过于不适应个体的干扰。

适应度函数的计算步骤如下。

① 按照原始的 m_pop(i).value 由小到大排序,依次编号为 $1,2,\cdots,N$。index 是排序

序号。

② 计算适应度值：

$$m\_pop(i).fitness = a(1-a)^{index-1} \quad (13-3)$$

a 的取值范围是 $(0,1)$，取 $a = 0.6$。

4. 遗传算子

(1) 选择算子

建立选择数组 cFitness[N]，循环统计从第 1 个个体到第 i 个个体适应度值之和占所有个体适应度值总和的比例 cFitness(i)，以 cFitness(i) 作为选择依据。

$$cFitness(i) = \frac{\sum_{k=1}^{i} m\_pop(i).fitness}{S} \quad (13-4)$$

其中，$S = \sum_{i=1}^{popSize} m\_pop(i).fitness$

循环产生随机数 rand，当 rand < cFitness(i) 时，对应的个体复制到下一代中，直到生成 N 个中间群体。cFitness(i) 的计算方法请参考前面遗传算法中的介绍。

(2) 交叉算子

以概率 P_c 生成一个"一点交叉"的交叉位 Point，随机不重复地从中间群体中选择两个个体，对交叉位后的基因进行交叉运算，直到中间群体中所有个体都被选择过。

(3) 变异算子

对所有个体，循环每一个基因位，产生随机数 rand，当概率 P_m > rand 时，对该位基因进行变异运算，随机产生 1 ~ centerNum 之间的一个数赋值给该位，生成子代群体。

变异概率一般很小，P_m 在 0.001 ~ 0.1 之间，如果变异概率过大，会破坏许多优良品种，也可能无法得到最优解。

5. 局部搜索

局部搜索是 Memetic 算法区别于传统遗传算法的主要部分，这里采用爬山算法实现局部搜索，在算法中对于每一个个体，随机产生两个基因位，交换两个基因位上的值来产生邻域范围的个体。在局部搜索中直接用个体的评估值来表示个体的适应度。评估值越小适应度越高，通过多次搜索，选出评估值最小的个体，即适应度最高的个体。

6. 实现步骤

① 设置相关参数：初始化群体总数 N、交叉概率 0.6、变异概率 0.05。从对话框得到用户输入的最大迭代次数 MaxIter 和聚类中心数目 centerNum。

② 获得所有样品个数及特征。

③ 群体初始化。

④ 计算每一个个体的评估值 m_pop(i).value。

⑤ 计算每一个个体的适应度值 m_pop(i).fitness。

⑥ 生成下一代群体。
- 选择算子:建立适应度数组 cFitness[N],计算 cFitness(i)。循环产生随机数 rand,当 rand < cFitness(i)时,对应的个体复制到下一代中,直到生成 N 个中间群体。
- 交叉算子:以概率 P_c = 0.6 生成一个"一点交叉"的交叉位 Point,随机地从中间群体中选择两个个体,对交叉位后的基因进行交叉运算,直到中间群体中的所有个体都被选择过。
- 局部搜索:这里采用爬山算法实现局部搜索,对于每一个个体,随机产生两个基因位,通过交换两个基因位上的值来产生邻域范围的个体。进行 3 次搜索过程,选出较优个体,最终将适应度最高的个体作为当前解。
- 变异算子:对所有个体,循环每一个基因位,产生随机数 p,当概率 P_m = 0.05 > p 时,对该位基因进行变异运算,随机产生 1 ~ centerNum 之间的一个数赋值给该位,生成子代群体。
- 局部搜索:与上次的局部搜索策略一致。

⑦ 再次调用 EvaPop( )函数对新生成的子代群体(N 个)进行评估。

⑧ 调用 FindBest( )函数保留精英个体,若新生成子代群体中的最优个体 D 值低于总的最优个体 D 值(相互之间距离越近,D 值越小),则用当前最好的个体替换总的最好个体,否则用总的最好个体替换当前最差个体。

⑨ 若已经达到最大迭代次数,则退出循环,否则到第⑥步"生成下一代群体"继续运行。

⑩ 将总的最优个体的染色体解码,返回各个样品的类别号。

基于 Memetic 算法的聚类分析流程图如图 13-4 所示。

7. 编程代码

```
%%%%%%%%%%%%%%%%%%%%%%%%%%%%%%%%%%%%%%%%%%%%%%%
% 函数名称:C_MTC
% 参数 m_pattern:样品特征库; patternNum:样品数目
% 返回值 m_pattern:样品特征库
% 函数功能:按照 Memetic 算法对全体样品进行聚类
%%%%%%%%%%%%%%%%%%%%%%%%%%%%%%%%%%%%%%%%%%%%%%%
function[ m_pattern ] = C_MTC( m_pattern,patternNum)
disType = DisSelDlg( );% 获得距离计算类型
[centerNum MaxIter] = InputClassDlg( );% 获得类中心数和最大迭代次数
popSize = 80;% 种群大小
searchNum = 3;
% 初始化种群结构
for i = 1:popSize
    m_pop(i). string = ceil( centerNum * rand(1,patternNum));% 个体位串
    m_pop(i). fitness = 0;% 适应度
end
% 初始化全局最优、最差个体
cBest = m_pop(1);% 其中 cBest 的 index 属性记录最优个体出现在第几代
```

```
                    ┌─ 算法开始 ─┐
                           │
                           ▼
              设定算法参数（种群大小 N、局
              部搜索次数 searchNum=3、交叉概
              率 $P_c$=0.6、变异概率 $P_m$=0.05）
                           │
                           ▼
              用户从对话框输入最大迭代次数
              MaxIter、聚类中心数 centerNum
                           │
                           ▼
                   初始化每个个体
                   m_pop(i).string
                           │
                           ▼◄──────────────────┐
              交叉概率 $P_c$=0.6，随机产生一个数 p， │
              当 p>$P_c$ 时，两个个体进行交叉，直到 │
              所有个体都被选择过                    │
                           │                      │
                           ▼                      │
              利用爬山算法进行局部搜索，随机产生    │
              0～patternNum 之间两个不相等的数，交换│
              这两个基因位的值，计算评估值作为适应  │
              度值。搜索 3 次，选取适应度最高的个体 │
                           │                      │
                           ▼                      │
              变异概率 $P_m$=0.05，循环个体的每一个基│
              因位，随机产生一个数 p，当 p<$P_m$ 时，用│
              0～centerNum 之间的随机数来代替该位基因│
                           │                      │
                           ▼                      │
              再次利用爬山算法进行局部搜索，随机产生│
              0～patternNum 之间两个不相等的数，交换这两│
              个基因位的值，计算评估值作为适应度值。搜│
              索 3 次，选取适应度最高的个体          │
                           │                      │
                           ▼                      │
                     计算适应度                    │
                    m_pop(i).fitness               │
                           │                      │
                           ▼                      │
              选择，随机产生一个数 p，当 cFitness>p │
              时，对应的个体复制到下一代，直到生成  │
              N 个个体                              │
                           │                      │
                           ▼                      │
                  ◇是否满足结束条件?◇──否────────┘
                           │是
                           ▼
                ( 输出最优解，算法结束 )
```

图 13-4　基于 Memetic 算法的聚类分析流程图

pc = 0.6;%交叉概率
pm = 0.05;%变异概率
m_pop = CalFitness(m_pop,popSize,patternNum,centerNum,m_pattern,disType);
% 计算个体的评估值
[cBest] = FindBest(m_pop,popSize,cBest,1);% 寻找最优个体,更新总的最优个体
% 迭代计算
for iter = 2:MaxIter

% 选择
　　[m_pop] = Selection(m_pop, popSize);
% 交叉
　　[m_pop] = Crossover(m_pop, popSize, pc, patternNum);
% 局部搜索
　　[m_pop] = locsearch(m_pop, popSize, patternNum, centerNum, searchNum, m_pattern, disType);
% 变异
　　[m_pop] = Mutation(m_pop, popSize, pm, patternNum, centerNum);
% 局部搜索
　　[m_pop] = locsearch(m_pop, popSize, patternNum, centerNum, searchNum, m_pattern, disType);
% 计算个体的评估值
　　m_pop = CalFitness(m_pop, popSize, patternNum, centerNum, m_pattern, disType);
% 寻找最优个体,更新总的最优个体
　　[cBest] = FindBest(m_pop, popSize, cBest, iter);
end
for i = 1:patternNum
　　m_pattern(i).category = cBest.string(1,i);
end
% 显示结果
str = ['最优解出现在第' num2str(cBest.index) '代'];
msgbox(str, 'modal');
%%%
% 函数名称:CalFitness()
% 参数 m_pop:种群结构; popSize:种群规模; patternNum:样品数目;
% CenterNum:类中心数; m_pattern:样品特征库; disType:距离类型
% 返回值:m_pop:种群结构
% 函数功能:计算个体的评估值
%%%
function[m_pop] = CalFitness(m_pop, popSize, patternNum, centerNum, m_pattern, disType)
global Nwidth;
for i = 1:popSize
　　for j = 1:centerNum % 初始化聚类中心
　　　　m_center(j).index = i;
　　　　m_center(j).feature = zeros(Nwidth, Nwidth);
　　　　m_center(j).patternNum = 0;
　　end
　　% 计算聚类中心
　　for j = 1:patternNum
　　　　m_center(m_pop(i).string(1,j)).feature = m_center(m_pop(i).string(1,j)).feature + m_pattern(j).feature;
　　　　m_center(m_pop(i).string(1,j)).patternNum = m_center(m_pop(i).string(1,j)).patternNum + 1;
　　end

```
            d = 0;
            for j = 1:centerNum
                if(m_center(j).patternNum ~= 0)
                    m_center(j).feature = m_center(j).feature/m_center(j).patternNum;
                else
                    d = d + 1;
                end
            end
            m_pop(i).fitness = 0;
            % 计算个体评估值
            for j = 1:patternNum

                m_pop(i).fitness = m_pop(i).fitness + GetDistance(m_center(m_pop(i).string(1,j)),m_pattern(j),disType)^2;
            end
            m_pop(i).fitness = 1/(m_pop(i).fitness + d);
end
%%%%%%%%%%%%%%%%%%%%%%%%%%%%%%%%%%%%%%%%%%%%%
% 函数名称:CalOnefitness( )
% 参数 m_pop:种群结构;popSize:种群规模;patternNum:样品数目;
% centerNum:类中心数;m_pattern:样品特征库;disType:距离类型
% 返回值:m_pop:种群结构
% 函数功能:计算个体的评估值
%%%%%%%%%%%%%%%%%%%%%%%%%%%%%%%%%%%%%%%%%%%%%
function[ m_pop_i] = CalOnefitness(m_pop_i,patternNum,centerNum,m_pattern,disType)
global Nwidth;
for j = 1:centerNum% 初始化聚类中心
    m_center(j).index = i;
    m_center(j).feature = zeros(Nwidth,Nwidth);
    m_center(j).patternNum = 0;
end
% 计算聚类中心
for j = 1:patternNum

    m_center(m_pop_i.string(1,j)).feature = m_center(m_pop_i.string(1,j)).feature + m_pattern(j).feature;
    m_center(m_pop_i.string(1,j)).patternNum = m_center(m_pop_i.string(1,j)).patternNum + 1;
end
d = 0;
for j = 1:centerNum
    if(m_center(j).patternNum ~= 0)
        m_center(j).feature = m_center(j).feature/m_center(j).patternNum;
    else
```

```
                d = d + 1;
        end
end
m_pop_i.fitness = 0;
% 计算个体评估值
for j = 1:patternNum

        m_pop_i.fitness = m_pop_i.fitness + GetDistance(m_center(m_pop_i.string(1,j)),m_pattern(j),
disType)^2;
end
m_pop_i.fitness = 1/(m_pop_i.fitness + d);
%%%%%%%%%%%%%%%%%%%%%%%%%%%%%%%%%%%%%%%%%%%%%%%
% 函数名称:FindBest( )
% 参数 m_pop:种群结构;popSize:种群规模;
%       cBest:最优个体;cWorst:最差个体;generation:当前代数
% 返回值 cBest:最优个体;cWorst:最差个体
% 函数功能:寻找最优个体,更新总的最优个体
%%%%%%%%%%%%%%%%%%%%%%%%%%%%%%%%%%%%%%%%%%%%%%%
function[cBest] = FindBest(m_pop,popSize,cBest,generation)
% 初始化局部最优个体
best = m_pop(1);
for i = 2:popSize
        if(m_pop(i).fitness > best.fitness)
                best = m_pop(i);
        end
end
if(generation == 1)
        cBest = best;
        cBest.index = 1;
else
        if(best.fitness > cBest.fitness)
                cBest = best;
                cBest.index = generation;
        end
end
%%%%%%%%%%%%%%%%%%%%%%%%%%%%%%%%%%%%%%%%%%%%%%%
% 函数名称:Selection( )
% 参数 m_pop:种群结构;popSize:种群规模
% 返回值:m_pop:种群结构
% 函数功能:选择操作
%%%%%%%%%%%%%%%%%%%%%%%%%%%%%%%%%%%%%%%%%%%%%%%
function[m_pop] = Selection(m_pop,popSize)
cFitness = zeros(1,popSize);
```

```matlab
for i = 1:popSize
    if(i == 1)
        cFitness(i) = m_pop(i).fitness;
    else
        cFitness(i) = cFitness(i-1) + m_pop(i).fitness;
    end
end
cFitness = cFitness/cFitness(popSize);
for i = 1:popSize
    p = rand;
    index = 1;
    while(cFitness(index) < p)
        index = index + 1;
    end
    newPop(i) = m_pop(index);
end
m_pop = newPop;
%%%%%%%%%%%%%%%%%%%%%%%%%%%%%%%%%%%%%%%%%%%%%%%%%%
% 函数名称:Crossover( )
% 参数 m_pop:种群结构;popSize:种群规模;pc:交叉概率;
%       patternNum:样品数量
% 返回值:m_pop:种群结构
% 函数功能:交叉操作
%%%%%%%%%%%%%%%%%%%%%%%%%%%%%%%%%%%%%%%%%%%%%%%%%%
function [m_pop] = Crossover(m_pop, popSize, pc, patternNum)
crossPop = randperm(popSize);
% 交叉操作
for i = 1:popSize/2
    p = rand;
    if(p < pc)
        point = fix(rand * patternNum); % 生成随机位
        for j = point + 1:patternNum % 交叉
            temp = m_pop(crossPop(2*i-1)).string(1,j);
            m_pop(crossPop(2*i-1)).string(1,j) = m_pop(crossPop(2*i)).string(1,j);
            m_pop(crossPop(2*i)).string(1,j) = temp;
        end
    end
end
%%%%%%%%%%%%%%%%%%%%%%%%%%%%%%%%%%%%%%%%%%%%%%%%%%
% 函数名称:Mutation( )
% 参数 m_pop:种群结构;popSize:种群规模;pm:变异概率;
% patternNum:样品数量;centerNum:类中心数
% 返回值:m_pop:种群结构
```

```
% 函数功能:变异操作
%%%%%%%%%%%%%%%%%%%%%%%%%%%%%%%%%%%%%%%%%%%%%%%%
function [m_pop] = Mutation(m_pop, popSize, pm, patternNum, centerNum)
for i = 1:popSize
    for j = 1:patternNum
        p = rand;
        if(p < pm)
            m_pop(i).string(1,j) = fix(rand * centerNum + 1);
        end
    end
end
%%%%%%%%%%%%%%%%%%%%%%%%%%%%%%%%%%%%%%%%%%%%%%%%
% 函数名称:locsearch()
% 参数 m_pop:种群结构; popSize:种群规模; patternNum:样品数量;
% centerNum:类中心数; searchNum:执行局部搜索的次数
% 返回值 m_pop:种群结构
% 函数功能:局部搜索操作
%%%%%%%%%%%%%%%%%%%%%%%%%%%%%%%%%%%%%%%%%%%%%%%%
function [m_pop] = locsearch(m_pop, popSize, patternNum, centerNum, searchNum, m_pattern, disType)
for i = 1:popSize
    t = 0;
    while t < searchNum
        t = t + 1;
        pop_exchange = m_pop(i);
        exchange1 = ceil(rand * patternNum);
        exchange2 = ceil(rand * patternNum);
        while exchange1 == exchange2
            exchange2 = ceil(rand * patternNum);
        end
        temp = pop_exchange.string(1, exchange1);
        pop_exchange.string(1, exchange1) = pop_exchange.string(1, exchange2);
        pop_exchange.string(1, exchange2) = temp;

        pop_search = pop_exchange;
        pop_search = CalOnefitness(pop_search, patternNum, centerNum, m_pattern, disType);
        if pop_search.fitness > m_pop(i).fitness
            m_pop(i) = pop_search;
        end
    end
end
```

8. 效果图

这里给读者提供一个基于手写的数字聚类结果图,如图13-5所示。从结果中可以看出,禁忌搜索算法应用于聚类分析效果很好。

(a) 距离选择对话框

(b) 参数输入对话框

(c) 待聚类的样品

(d) 输出聚类结果

(e) 显示最优解出现在第几次迭代中

图 13-5　基于手写的数字聚类结果图

本章小结

　　Memetic 算法是一种结合遗传算法和局部搜索策略的新型智能算法，通过与局部优化策略的结合，可以局部调整进化后产生的新个体，强化了算法的局部搜索能力。Memetic 算法采用全局搜索和局部搜索相结合的机制，使得其搜索效率在某些问题领域比传统的遗传算法快几个数量级，显示出了较高的寻优效率，并被尝试应用于求解各种经典的优化问题及各类工程优化问题。本章主要介绍了 Memetic 算法的基本概念，包括 Memetic 算法的构成要素、染色体的编码、局部搜索策略及控制参数的选择等内容，着重介绍了将 Memetic 算法应用于聚类分析的实现方法。

习题 13

1. 简述 Memetic 算法的基本原理。
2. 简述局部搜索策略的作用。
3. 简述应用 Memetic 算法进行问题求解的步骤。
4. 叙述 Memetic 算法在聚类问题中的实现方法。

参 考 文 献

[1] Beigy, H. , Meybodi, M. R. . Adaptation of parameters of BP algorithm using learning automata. In Proceedings of Neural Networks. IEEE,2000.

[2] Wen Jin, Zhao Jia Li, Luo Si Wei, Han Zhen. The improvement of BP neuralnetwork learning algorithm. In Proceedings of Signal Processing. IEEE,2000.

[3] RoyChowdhury, P. , Singh, Y. P. , Chansarkar, R. A. . Dynamic tunneling technique for eficient training of multi-layer perceptrons[J]. Neural Networks, IEEE Transactions,1999,10(1): 48-55.

[4] Billings S A, Zheng G L. Radial basis function networks configuration using genetic algorithms[J]. Neural Networks,1995,8(6): 877-890.

[5] Chen, S. , Cowan, C. F. N. , Grant, P. M. . Orthogonal Least Square Learning Algorithm for Radial Basis Function Networks[J]. Neural Networks, IEEE Transactions,1991,2(2): 302-309.

[6] Kaminski, W. , Strumillo, P. . Kernel Orthonormalization in Radial Basis Function Neural Networks[J]. Neural Networks, IEEE Transactions,1997,8(5): 1177-1183.

[7] Xu, L. , Krzyzak, A. , Oja, E. . Rival Penalized Competitive Learning for Clustering Analysis RBF Net and Curve Detection[J]. Neural Networks, IEEE Transactions,1993,4(4): 636-649.

[8] Pal, N. R. , Bezdek, J. C. , Tsao, E. C. -K. . Generalized Clustering Networks and Kohonen´s Self- Organizing Scheme[J]. Neural Networks, IEEE Transactions,1993,4(4): 549-557.

[9] Plamondon Rejean, Srihari Sargur N. On-line and off-line handwriting recognition: a comprehensive survey[J]. IEEE Transactions on Pattern Analysis and Machine Intelligence,2000,22(1): 63-84.

[10] Specht D F. Probabilistic neural networks[J]. Neural Networks,1990,3(1): 109-118.

[11] Streit, R. L. , Luginbuhl, T. E. . Maximum likelihood training of probabilisticNeural networks[J]. Neural Networks, IEEE Transactions,1994,5(5): 764-783.

[12] Rustkowski L. A daptive probabilistic neural networks for pattern classification in time- varying environment [J]. Neural Networks,2004,15(4): 811-827.

[13] Z. B. Xu, C. P. Kwong. Global Convergence and Asymptotic Stability of Asymmetric Hopfield Neural Networks [J]. Mathematical Analysis and Applications,1995,191(3): 405-427.

[14] Kim, J. H. , Yoon, S. H. , Kim, Y. H. , Park, E. H. , Ntuen, C. , Sohn, K. H. , Alexander, W. E. . An efficient matching algorithm by a hybrid Hopfield network for object recognition. In Proceedings of Circuits and Systems. IEEE,1994.

[15] Abu- Mostafa, Y. , St. Jacques, J. . Information capacity of the Hopfield model[J]. Neural Networks, IEEE Transactions,1985,31(4): 461-464.

[16] Chen, L. -C. , Fan, J. -Y. , Chen, Y. -S. . A high speed modified Hopfield neural network and a design of character recognition system. In Proceedings of Security Technology, IEEE International Carnahan. IEEE,1991.

[17] Galan- Marin, G. , Munoz- Perez, J. . Design and Analysis of Maximum Hopfield Networks[J]. Neural Networks, IEEE Transactions,2001,12(2): 329-339.

[18] Li, S. Z. . Improving convergence and solution quality of Hopfield- type neural networks with augmented Lagrange multipliers. In Proceedings of Neural Networks. IEEE,1996.

[19] Abu-Mostafa, Y., St. Jacques, J.. Information capacity of the Hopfield model[J]. Information Theory, IEEE Transactions, 1985, 31(4): 461-464.

[20] Galan-Marin, G., Munoz-Perez, J.. Design and Analysis of Maximum Hopfield Networks[J]. Neural Networks, IEEE Transactions, 2001, 12(2): 329-339.

[21] Zheng Pei, Keyun Qin, Yang Xu. Dynamic adaptive fuzzy neural-network identification and its application. In Proceedings of Systems, Man and Cybernetics. IEEE, 2003.

[22] Pan Zeng. Neural computing in mechanics[J]. Applied Mechanics Reviews, 1998, 51(2): 173-197.

[23] Khan, F., Cervantes, A.. Real time object recognition for teaching neural networks. In Proceedings of Frontiers in Education. IEEE, 1999.

[24] DORIGO M, GAMBARDELLA L M. A study of some properties of Ant-Q. In Proceedings of the 44th International Conference on Parallel Problem Solving from Nature. Springer-Verlag, 1996.

[25] T. Krink, J. S. Vesterstrom, J. Riget. Particle swarm optimization with spatial particle extension. In Proceedings of IEEE on Evolutionary Computation. IEEE, 2002.

[26] Xiaohui Hu, Eberhart, R. C.. Adaptive particle swarm optimization: detection and response to dynamic systems. In Proceedings of the 2002 Congress on Evolutionary Computation. IEEE, 2002.

[27] Parsopoulos K E, Vrahati s M N. Recent approaches to global optimization problems through particle swarm optimization[J]. Natural Computing, 2002, 1(2-3): 235-306.

[28] Tin-Yau Kwok, Dit-Yan Yeung. A theoretically sound learning algorithm for constructive neural networks. In Proceedings of Speech, Image Processing and Neural Networks. IEEE, 1994.

[29] Chandramouli, K., Izquierdo, E.. Image Classification using Chaotic Particle Swarm Optimization. In Proceedings of Image Processing. IEEE, 2006.

[30] Yang Shuying, He Peilian. Moving target detection through omni-orientational vision fixed on AGV. In Proceedings of SPIE-Intelligent Robots and Computer Vision XXIV : Algorightms, Techniques, and Active Vision. SPIE, 2006.

[31] Yang Shuying, He Peilian. Design of Real-time Multi-targets Recognition System. In Proceedings of SPIE-MIPPR 2005: Image Analysis Techniques. SPIE, 2005.

[32] Shu Ying Yang, Cheng Zhang, Wei Yu Zhang, Pi Lian He. Unknown Moving Target Detecting and Tracking Based on Computer Vision. In Proceedings of Fourth International Image and Graphics. IEEE, 2007.

[33] Peihao Zhu, Qingchun Zheng, Yahui Hu, et al. A novel method of designing the structure prototype of the gear shaping machine based on variable density method [J]. Journal of the Balkan Tribological Association, Vol. 22, NO 2A.

[34] Wang Lei; Zheng Qing-chun; Hu Ya-hui, Construction of Static Contact Model of Sliding Rails Based on ABAQUS[J]. Modular Machine Tool & Automatic Manufacturing Technique, 2013, (20):19-21.

[35] Xu Chun-lei; Zheng Qing-chun; Yang Chang-qing; Optimization design method research of vertical precision grinder bed structure driven by multi-objective[J]. Modular Machine Tool & Automatic Manufacturing Technique, 2013.

[36] Peihao Zhu, Qingchun Zheng, Kechang Li, Yahui Hu, et al. A Prospective Study on Structure of Gear Shaping Machine of Multi-objective Optimization Based on Response Surface Model [J]. Revista de la Facultad de Ingeniería U. C. V., Vol. 32, NO. 4, 09-18.

[37] Peihao Zhu, Qingchun Zheng, Yahui Hu, et al. Experimental research on dynamic characteristics analysis of machine tool based on unit structure [J]. Revista de la Facultad de Ingenieria, V31, NO. 4, 70-84.

[38] 杨淑莹,何丕廉. 基于遗传算法的目标识别实时系统设计[J]. 模式识别与人工智能, 2006(3): 325-330.

[39] 杨淑莹,郭翠梨.FCCU分流塔产品质量预测系统的设计[J].哈尔滨工业大学学报,2005(4):501-503.
[40] 杨淑莹,王厚雪,章慎锋,何丕廉.序列图像中运动目标聚类识别技术研究[J].天津师范大学学报自然科学版,2005(3):51-53.
[41] 杨淑莹,王厚雪,章慎锋.基于图像分割的伪并行免疫遗传算法聚类设计[J].天津理工大学学报,2006(5):85-87.
[42] 杨淑莹,王厚雪,章慎锋.基于BP神经网络的手写字符识别[J].天津理工大学学报,2006,22(4):82-84.
[43] 杨淑莹.基于机器视觉的齿轮产品外观缺陷检测[J].天津大学学报,2007,40(9):1111-1114.
[44] 杨淑莹,章慎锋,王厚雪.一种特定问题多目标识别系统设计[J].河北工业大学学报,2005(3):105-108.
[45] 杨淑莹,王厚雪,章慎锋.基于Bayes决策的手写体数字识别[J].天津理工大学学报,2006,22(1):80-82.
[46] 杨淑莹,郭翠梨.CLIPS专家系统与神经网络FCCU分流塔装置的应用[J].计算机工程与应用,2005(3):222-225.
[47] 杨淑莹,王厚雪,章慎锋.序列图像中多运动目标的识别[J].天津理工大学学报,2005(2):3-5.
[48] 杨淑莹,韩学东.基于视觉的自引导车实时跟踪系统研究[J].哈尔滨工业大学学报,2004(11):1471-1473.
[49] 杨淑莹.图像模式识别VC++技术实现[M].北京:清华大学出版社,2005.
[50] 杨淑莹.VC++图像处理程序设计[M].第2版.北京:清华大学出版社,2004.
[51] 张贤达.矩阵分析与应用[M].北京:清华大学出版社,2003.
[52] 张宏林.Visual C++数字图像模式识别技术及工程实践[M].北京:人民邮电出版社,2003.
[53] 沈清,汤霖.模式识别导论[M].长沙:国防科技大学出版社,1991.
[54] 李月景.图像识别技术及其应用[M].北京:机械工业出版社,1985.
[55] 王碧泉,陈祖荫.模式识别[M].北京:地震出版社,1989.
[56] 边肇祺,张学工.模式识别[M].北京:清华大学出版社,2000.
[57] 边肇祺,张学工.模式识别[M].第2版.北京:清华大学出版社,2003.
[58] 罗耀光,盛立东.模式识别[M].北京:人民邮电出版社,1989.
[59] Richard O. Duda,Peter E. Hart,David G. Stork.模式分类[M].第2版.北京:机械工业出版社,2003.
[60] Sergios Theodoridis,Konstantinos Koutroumbas.模式识别[M].第2版.北京:机械工业出版社,2003.
[61] 殷勤光,杨宗凯,谈正等编译.模式识别与神经网络[M].北京:机械工业出版社,1992.
[62] 高隽.人工神经网络原理及仿真实例[M].北京:机械工业出版社,2003.
[63] 史忠植.神经计算[M].北京:工业出版社,1993.
[64] 王旭,王宏,王文辉.人工神经元网络原理与应用[M].沈阳:东北大学出版社,2000.
[65] 李敏强,寇纪淞,林丹,李书全[M].遗传算法的基本理论与应用[M].北京:科学出版社,2002.
[66] 周冠雄.计算机模式识别(统计方法)[M].武汉:华中工学院出版社,1986.
[67] 戚飞虎,周源华,余松煜,郑志航等译.模式识别与图像处理[M].上海:上海交通大学出版社,1989.
[68] 黄振华,吴诚一.模式识别原理[M].杭州:浙江大学出版社,1991.
[69] 苏金明,阮沈勇.MATLAB实用教程[M].北京:电子工业出版社,2006.
[70] 徐东艳,孟晓刚.MATLAB函数库查询辞典[M].北京:中国铁道出版社,2006.
[71] 飞思科技产品研发中心编著.神经网络理论与BATLAB7实现[M].北京:电子工业出版社,2006.
[72] 梁循.数据挖掘算法与应用[M].北京:北京大学出版社,2006.
[73] 吴启迪,汪镭著.智能蚁群算法及应用[M].上海:上海科技教育出版社,2004.

[74] 李士勇. 蚁群算法及其应用[M]. 哈尔滨:哈尔滨工业大学出版社,2004.
[75] Nello Cristianini John Shawe-Taylor. 支持向量机导论[M]. 北京:电子工业出版社,2005.
[76] 雷英杰,张善文,李续武,周创明. MATLAB 遗传算法工具箱及应用[M]. 陕西:西安电子科技大学出版社,2005.
[77] 高尚,杨静宇. 群智能算法及其应用[M]. 北京:中国水利水电出版社,2006.
[78] 王岩,隋思涟,王爱青. 数理统计与 MATLAB 工程数据分析[M]. 北京:清华大学出版社,2006.
[79] 陈念贻,钦佩,陈瑞亮,文聪. 模式识别方法在化工中的应用[M]. 北京:科学出版社,2002.
[80] 李介谷,蔡国廉. 计算机模式识别技术[M]. 上海:上海交通大学出版社,1986.
[81] 肖健华. 智能模式识别方法[M]. 广州:华南理工大学出版社,2006.
[82] 《数学手册》编写组. 数学手册[M]. 北京:高等教育出版社,2004.
[83] Sergios Theodoridis Konstantinos Koutroumbas. 模式识别[M]. 第二册. 北京:电子工业出版社,2004.
[84] 唐启义,冯明光. DSP 数据处理身体——实验设计、统计分析及数据挖掘[M]. 北京:科学出版社,2007.
[85] 董长虹. MATLAB 神经网络与应用[M]. 北京:国防工业出版社,2005.
[86] 范金城,梅长林. 数据分析[M]. 北京:科学出版社,2004.
[87] 陈仲生. 基于 MATLAB7.0 的统计信息处理[M]. 长沙:湖南科学技术出版社,2005.
[88] 徐士良. C 常用算法程序集[M]. 北京:清华大学出版社,1996.
[89] 王家文,王皓,刘海. MATLAB7.0 编程基础[M]. 北京:机械工业出版社,2005.
[90] 梁旭,赵戈,王民生. 改进的禁忌搜索算法求解多机并行模糊调度问题[J]. 大连交通大学学报,2009(4):51-54.
[91] 梁旭,黄明. 禁忌-并行遗传算法在作业车间调度中的应用[J]. 计算机集成制造系统-CIMS,2005(5):678-681.
[92] 戚海英,黄明,李瑞,一种求解 Job-Shop 调度问题的快速禁忌搜索算法[J]. 大连铁道学院学报,2005(3):46-48.
[93] 黄明,闫淑娟,染旭. 遗传算法和禁忌搜索算法在车间调度中的研究进展[J]. 工业控制计算机,2004(2):4-5.
[94] 吴明光,陈曦,王明兴,钱积新. 基于禁忌搜索算法的系统辨识[J]. 电路与系统学报,2005(2):108-111.
[95] 董宗然,周慧. 基于禁忌搜索算法的系统辨识[J]. 软件工程师,2010(z1):96-98.

反侵权盗版声明

电子工业出版社依法对本作品享有专有出版权。任何未经权利人书面许可,复制、销售或通过信息网络传播本作品的行为;歪曲、篡改、剽窃本作品的行为,均违反《中华人民共和国著作权法》,其行为人应承担相应的民事责任和行政责任,构成犯罪的,将被依法追究刑事责任。

为了维护市场秩序,保护权利人的合法权益,我社将依法查处和打击侵权盗版的单位和个人。欢迎社会各界人士积极举报侵权盗版行为,本社将奖励举报有功人员,并保证举报人的信息不被泄露。

举报电话:(010)88254396;(010)88258888
传　　真:(010)88254397
E-mail: dbqq@phei.com.cn
通信地址:北京市万寿路 173 信箱
　　　　　电子工业出版社总编办公室
邮　　编:100036